Ullstein Sachbuch

ÜBER DAS BUCH UND DEN AUTOR:

Das erstmals 1864 erschienene Buch Eugene Rimmels ist inzwischen zum vielzitierten Klassiker der Parfum- und Toilette-Geschichte avanciert. Ausgehend von seinen eigenen Erfahrungen als Parfumeur und seinen Reisen in fremde Länder hat der Autor eine eindrucksvolle Geschichte des Parfums und anderer Kosmetika von der Antike bis zum 19. Jahrhundert zusammengestellt.
Der Leser gewinnt Einblick in die Physiologie der Düfte, in die Techniken zur Gewinnung der wichtigsten Duftstoffe und deren Verwendung. Die amüsant und detailliert geschilderte Bedeutung der Duftstoffe in Religion, Sitte und Mode der unterschiedlichsten Gesellschaften zeigt die Geschichte des Parfums als ein spannendes Stück Kultur- und Zivilisationsgeschichte.

Eugene Rimmel

Das Buch des Parfums

Die klassische Geschichte des Parfums
und der Toilette

Mit 224 Abbildungen

Ullstein Sachbuch

Ullstein Sachbuch
Ullstein Buch Nr. 34475
im Verlag Ullstein GmbH,
Frankfurt/M – Berlin
Herausgegeben und übersetzt von
Karin-Beate Voigt-Karben

Ungekürzte Ausgabe

Umschlagentwurf:
Theodor Bayer-Eynck
Unter Verwendung eines Fotos aus
dem Archiv für Kunst und Geschichte,
Berlin (Gerrit Valck, *Der Parfumeur,*
Kupferstich nach Nikolaus
de Larmessin, um 1695, koloriert).

Mit freundlicher Genehmigung des
Gebr. Weiss Verlags, Dreieich

Printed in Germany 1988
Druck und Verarbeitung:
Ebner Ulm
ISBN 3 548 34475 5

September 1988

CIP-Titelaufnahme
der Deutschen Bibliothek

Rimmel, Eugene:
Das Buch des Parfums: d. klass.
Geschichte d. Parfums u. d. Toilette /
Eugene Rimmel. [Hrsg. u. übers. von
Karin-Beate Voigt-Karben]. – Ungekürzte
Ausg. – Frankfurt/M; Berlin: Ullstein,
1988
(Ullstein-Buch; Nr. 34475:
Ullstein-Sachbuch)
ISBN 3-548-34475-5
NE: GT

INHALT

INHAŁT

KAPITEL VII

Die Orientalen

KAPITEL VIII

Der Ferne Osten

KAPITEL IX

Unzivilisierte Nationen

* Calamus aromaticus

DER LADEN DES PARFUMEURS RENÉ AUF DER PONT-AU-CHANGE, PARIS

VORWORT

AUCH wenn ich mir bewußt bin, daß Einleitungen aus der Mode geraten und es heutzutage üblich ist, gleich in *medias res* zu gehen, fühle ich mich in diesem Fall doch bewogen, von der allgemeinen Regel abzuweichen und zu erläutern, wie ich veranlaßt wurde, aus den Tiefen meines Labors aufzutauchen und vor den Augen der Öffentlichkeit *in einer völlig neuen Rolle* zu erscheinen. Vor vier Jahren hatte ich für die Society of Arts * ein Schriftstück über "Die Kunst der Parfumerie, ihre Geschichte und kommerzielle Entwicklung" vorzubereiten. Um mich nun für diese Aufgabe zu qualifizieren und herauszufinden, welch mysteriöser Künste sich die Alten zur Erbauung ihres Geruchssinnes und zur Verschönerung des göttlichen, menschlichen Antlitzes bedienten, war ich zum Studium eines riesigen Stoßes gewichtiger Bücher gezwungen. Zwei Jahre später wurde ich als Mitglied in die Jury der Weltausstellung berufen und aufgefordert, den offiziellen Bericht über die Abteilung "Parfumerie" abzufassen. Die von mir anläßlich der erstgenannten Gelegenheit durchzuführenden Recherchen und meine Beobachtungen bei der letztgenannten vermittelten mir eine vollständige Einsicht sowohl in die antike als auch die moderne Welt der "süßen Düfte". Im Glauben daran, daß sich die so gesammelten Notizen in Verbindung mit den Resultaten meiner Erfahrung als praktischer Parfumeur und meiner Reisen in fremde

* Gesellschaft der Schönen Künste

Länder sich für einige Leser, insbesondere für Damen, als interessant erweisen könnten, publizierte ich im "Englishwoman's Magazine" eine Serie von Artikeln über die "Geschichte der Parfumerie und der Toilette". Als diese wenigen beiläufigen Blätter eine sehr viel günstigere Aufnahme fanden, als zu erwarten ich mir angemaßt hatte, ist man in mich gedrungen, sie in Form eines Buches unter Hinzufügung sehr viel frischen Materials und zahlreicher Illustrationen erneut zu veröffentlichen.

Viele Autoren haben ihre Feder bereits an dem Thema Parfumerie geübt, von Aspasia, der Gattin des Perikles, bis Mr. Charles Lilly, dem Parfumeur auf dem Strand, Ecke Beaufort Buildings, dessen Geschäftsräume ich nun zu besitzen die Ehre habe und dessen Name im "Tatler" und anderen zeitgenössischen Magazinen unsterblich gemacht wurde. Die Liste dieser Werke wäre lang und mühsam, und jene, die beachtenswert sind, wird man an angemessener Stelle auf den nachfolgenden Seiten vergezeichnet finden.

Moderne Bücher über Parfumerie lassen sich in zwei Klassen unterteilen; wobei einige schlicht Rezeptbücher mit Anspruch auf einen nützlichen Zweck sind, den sie jedoch nicht erfüllen, da sie nichts als antiquierte und von verständigen Praktikern längst abgetane Formeln enthalten; und andere sind das, was unsere Nachbarn als *Réclames* bezeichnen, nämlich in einem hochtrabenden Stil geschriebene, aber unweigerlich *en queue de poisson** mit dem Lob eines von dem Verfasser hergestellten Mittels endende Werke.

Neben diesen Schöpfungen sind gelegentlich Artikel über Parfumerie in Periodika erschienen; aber obgleich einige von ihnen mit offensichtlichem Talent verfaßt sind, beeinträchtigt der Mangel an technischem Wissen seitens

*belanglose

der Autoren ihren Wert beträchtlich. Ich möchte als ein Beispiel ein kürzlich vom "Grand Journal" publiziertes Essay erwähnen, in dem ein gewisser Pariser Arzt ernsthaft behauptet, Rouge werde aus Vermillon * hergestellt, und zahlreiche andere Schnitzer begeht, die zwar vom allgemeinen Publikum nicht notiert werden, in den Augen eines Praktikers aber seine völlige Ignoranz des Themas kennzeichnen, das er zu behandeln suchte.

Beim Schreiben dieses Buches habe ich mich bemüht, diese Einwände durch die Wahl des folgenden Arbeitsplans zu umgehen, der sich, wie man feststellen wird, völlig von denen meiner Vorgänger unterscheidet. Nachdem ich einige Seiten der Physiologie von Wohlgerüchen im allgemeinen widme, verfolge ich die Geschichte der Düfte und Kosmetika von der Frühzeit bis zur Gegenwart, und das ist das Charakteristische meines Werkes. Ich gebe dann eine knappe Schilderung der diversen, zum Ausziehen des Duftes aus Pflanzen und Blumen gebräuchlichen Verfahrensweisen und schließe mit einer Zusammenfassung der in unserer Herstellung verwendeten wichtigsten Duftstoffe. Kurz gesagt, ich gebe alle Informationen, von denen ich annehme, daß sie den allgemeinen Leser interessieren. Ich zitiere einzig solche Rezepturen, von denen ich glaube, daß sie aufgrund ihrer Wunderlichkeit unterhalten könnten, nehme aber aus den nachfolgenden, hoffentlich ausreichend erscheinenden Gründen davon Abstand, moderne Formeln anzuführen:

Es gab eine Zeit, in der Damen ihren eigenen privaten Destillierraum hatten und persönlich die Herstellung der verschiedenen, für ihre Toilette benutzten "Erzeugnisse" überwachten. Dies war jedoch damals fast eine Notwendigkeit,

* feinstes Zinnober

da einheimische Parfumeure rar und exotische Präparate teuer und schwer zu beschaffen waren. Das ist heute nicht der Fall. Gute Parfumeure und gute Düfte gibt es reichlich genug; und selbst mit den besten Rezepten der Welt wären die Damen außerstande, den Erzeugnissen unserer Laboratorien zu entsprechen, denn wie könnten sie die diversen Materialien beschaffen, die wir aus allen Teilen der Welt erhalten? Und selbst wenn es ihnen gelänge, fehlte es noch an den notwendigen Geräten und dem *modus faciendi**, der nicht leicht zu erwerben ist. Ich begreife den Sinn eines Kochbuches, denn die kulinarische Kunst ist eine, die daheim praktiziert werden muß. Parfumartikel aber lassen sich immer viel besser und billiger von Händlern erwerben, als sie privat von ungeschulten Personen erzeugt werden können.

Daher wären die Rezepturen, selbst wenn man sie als echt anerkennt, nur für jene von Nutzen, die das gleiche Gewerbe betreiben wie ich selbst. Aber kann es billigerweise erwartet werden, daß ich, nachdem ich mein Leben bei der Vervollkommnung meiner Kunst verbracht habe, so das Ergebnis meiner Mühen in einem Anfall donquichotischer Großzügigkeit fortwerfe? Hätte ich Mittel und Wege zum Erleichtern der Leiden meiner Mitmenschen entdeckt, würde ich es als meine Pflicht erachten, mein Geheimnis zum Wohle der Menschheit preiszugeben. Aber ich fühle mich nicht durch die gleichen Erwägungen genötigt, meinen Rivalen im Gewerbe den Nutzen meiner praktischen Erfahrung zu schenken, weil es dann, in der Tat, mit "Othellos Gewerbe" vorbei wäre. Dies mögen einige für eine selbstsüchtige Form des Argumentierens halten, aber nach reiflicher Überlegung werden sie erkennen, daß ich nur *auf-*

* *Herstellungsverfahren*

richtiger bin als jene, die anders zu agieren scheinen. Als Beweis brauche ich nur die Inkonsequenz eines Parfumeurs anzuführen, der einige Überlegenheit für seine Mischkunst beansprucht und gleichzeitig erklärt, durch welche Mittel er diese Überlegenheit erreicht. Zerstört er nicht zugleich sein Prestige, wenn er beteuert, daß er es anderen ermöglicht, ebenso gut wie er selbst zu fabrizieren? Der Schluß aus alldem ist, daß die in Büchern angeführten Rezepturen nie die tatsächlich verwendeten sind, und daher sage ich: *cui bono?* *

Habe ich Rezepturen vermieden, habe ich auch jede Anspielung auf mein persönliches Gewerbe gescheut. Als Geschäftsmann unterschätze ich den Wert von Anzeigen nicht, aber ich schätze alles an seinem Platz und betrachte diese hybride Mischung von Literatur und aufdringlicher Reklame als eine Beleidigung des gesunden Menschenverstandes des Lesers. Bevor ich diese kurze Ansprache schließe, möchte ich mit bestem Dank die Hilfe anerkennen, die mir in Form von zahlreichen interessanten Notizen durch viele meiner Freunde und Korrespondenten zuteil wurde. Von ihnen möchte ich erwähnen Mr. Edward Greey der Royal West India Company, Mr. Chapelié aus Tunis, Mr. Thunot aus Tahiti, Mr. Schmidt aus Shang-Hae, Mr. Elzingre aus Manila, Professor Müller aus Melbourne, Mr. Hannaford aus Madras und nicht zuletzt Mr. S. Henry Berthoud, den hervorragenden französischen *Littérateur* **, der mir liebenswürdigerweise sein einzigartiges Museum zur Verfügung stellte. Einige wertvolle Informationen fand ich auch in den folgenden Büchern (neben anderen, im Laufe des Werkes erwähnten): – Sir Gardner Wilkinsons "Ancient

* wem nützt es?

** Literat

Egyptians", Mr. Layards "Nineveh", Mr. Eastwicks ausgezeichneten Übersetzungen von Sa'dis "Gulistan" und dem "Anvar-i-Suhaili", Mr. Monier Williams nicht weniger bewundernswerter Adaption von "Sakuntala", Konsul Pethericks "Egypt, the Sudan and Central Africa", Dr. Livingstones "Travels" und Mr. Wrights "Domestic Manners and Sentiments During the Middle Ages". *

Ich habe nicht die Ehre, mit diesen Autoren bekannt zu sein, aber ich hoffe, sie werden mir nachsehen, wenn ich von ihnen auslieh, was zu meinem Thema gehörte.

Zum Schluß erbitte ich für diese Frucht meiner Mußestunden (von denen es nur wenige gibt) die gleiche Nachsicht, die den Objekten der kürzlich in verschiedenen Teilen der Metropolis veranstalteten Arbeiterausstellungen gezeigt worden ist, wo Arbeitsaufwand und Schwierigkeit beim Produzieren eines Artikels stärker berücksichtigt wurden als der tatsächliche Wert des Erzeugnisses. Dies ist ein schlichter ungeschminkter Bericht, bar jeglicher literarischer Prätention, und wenn ich auf meinem Weg ein paar Juwelen aufgelesen und in mein mosaikartiges Werk eingefügt habe, nehme ich für mich nur in Anspruch, der bescheidene Mörtel zu sein, der sie zusammenhält.

* Häusliche Sitten und Bräuche während des Mittelalters

Eugene Rimmel

96, Strand, 15.Dezember 1864

DIE PFLANZENWELT

KAPITEL I

Physiologie der Düfte

"Ah, was vermag die Sprache? Wo gibt es Worte
In so bunten Farben; und deren Kraft
Beleben könnte meine Lieder mit dem Duft
Jenes kostbaren Öls, jener würzigen Winde,
Jenes steten Reigens unerschöpflichen Strömens?"

THOMSON

US den vielen, uns von einer großzügigen Natur bereitgestellten Freuden gibt es wenig delikatere und gleichzeitig durchdringendere als jene, die über den Geruchssinn gewonnen werden. Werden die Riechnerven, in denen dieser Sinn sitzt, von wohlriechenden Ausdünstungen getroffen, wird der von ihnen empfangene, angenehme Eindruck schnell und klar an das Gehirn weitergeleitet und erhält damit gleichsam geistigen Charakter. Wer hat sich nicht durch den balsamigen Duft eines blühenden Gartens oder blumenreichen Wiese belebt und ermuntert gefühlt?

Wer kennt nicht die wonnigen Empfindungen, die durch das Einatmen einer frischen, mit der Beute des Blumenvolkes beladenen Brise hervorgerufenen werden – jenem "lieblichen Südwind", den Shakespeare so schön beschreibt:

> "Über ein Veilchenpolster hauchend
> Stiehlt und verleiht er Wohlgeruch."

Ein unbeschreibliches Gefühl erfüllt dann das ganze Sein; die Seele schmilzt in süßem Entzücken und offeriert schweigend dem Schöpfer den Tribut ihrer Dankbarkeit für die über uns ausgeschütteten Segnungen, während die Lippen bedächtig, mit Thomson flüstern:

> "Vermischt zu duft'gen Schwaden send deinen Weihrauch,
> Kräuter, Früchte, Blumen
> Zu Ihm empor, dessen Glanz erhebt,
> Dessen Odem dich in Düfte hüllt und dessen Pinsel malt."

Es ist zu jener Zeit, in der die Natur von ihrem langen Schlummer erwacht und die Fesseln des rauhen Winters abstreift, daß die reichsten Düfte die Atmosphäre füllen, zu jener reizenden Jahreszeit, die der italienische Dichter so charmant als die "Jugend des Jahres" begrüßt:

> "Primavera, gioventu dell'anno!"

Die holden und zarten Kinder des Frühlings beginnen eines nach dem anderen ihre strahlenden Blumenkronen zu öffnen und ihre aromatischen Schätze zu verströmen:

> "Lieblicher Frühling enthüllt nun alle Reize;
> Schickt Schneeglöckchen und Krokus aus als Boten;
> Tausendschön und Primel und der Veilchen dunkles Blau,
> Und Polyanthus in unzählgen Farben;
> Und gelben Goldlack, eisenbraun gefleckt
> Und für den Duft im Garten dann: Levkojen!"

Aber bald – ach zu bald! – sind diese Freuden zur Vergänglichkeit verurteilt; wie das Mädchen zur Frau reift, wird die Blume ein Samen, und ihr Duft wäre für immer verloren, hätte ihn nicht eine mysteriöse Kunst in seiner Blüte bewahrt, welche ihm neues und dauerndes Leben gibt.

> "Die Rosen am Anger sind bald schon verglüht,
> Doch aus einigen Blüten, frisch erblüht,
> Wird ein Tau destilliert, der strahlend bewahrt
> Allen Duft des Sommers, wenn der Winter naht."

So nimmt das liebliche, aber flüchtige Aroma, das andernfalls an die Winde des Himmels verstreut worden wäre, eine dauerhafte und greifbare Gestalt an und tröstet uns über den Verlust der Blumen hinweg, wenn die Natur ihr Trauergewand anlegt und der eisige Sturm uns umtost. Diesen Bedürfnissen eines verfeinerten Gemütes dienlich zu sein – die Freuden des ätherischen Frühlings durch sorgfältiges Bewahren seiner balsamischen Schätze wieder zu beleben – darin besteht die Kunst des Parfumeurs.

Wenn ich sage "die Kunst des Parfumeurs", lasse man mich diesen Ausdruck erläutern, der andernfalls ambitiös erscheinen könnte. Der erste Musiker, der mit einem durchbohrten Rohr die Gesänge der Vögel des Waldes nachzuahmen trachtete, der erste Maler, der auf einer polierten Fläche die wunderbaren Bilder zu skizzieren suchte, die er um sich herum wahrnahm, waren beides Künstler, bestrebt die Natur zu kopieren. Und so verbindet sie der Parfumeur mit einer ihm zu Gebote stehenden beschränkten Anzahl an Materialien wie Farben auf einer Palette und strebt danach, den Duft aller Blumen zu imitieren, die sich seinem Geschick widersetzen und sich weigern, ihre Essenz auszuliefern. Ist er dann nicht auch berechtigt, den Titel eines Künstlers zu beanspruchen, wenn er nur andeutungsweise die Vollkommenheit seiner reizenden Vorbilder erreicht?

Der Ursprung der Parfumerie ist in Dunkelheit gehüllt, wie der aller uralten Künste. Einige behaupten, sie sei zuerst in Mesopotamien entdeckt worden, dem Sitz des irdischen Paradieses, von dem Milton sagt:

> "Nun streuen die sanften Westwinde durch das
> Schüttern ihrer geruchreichen Flügel ein natürliches
> Rauchwerk aus, und sagen einander lispelnd, wo sie diese
> balsamische Beute gestohlen haben."

Andere behaupten, daß sie von Arabien ausging, das lange den Titel des "Landes der Düfte" innehatte und immer noch trägt. Welche Version auch immer die wahre sein mag, es ist offensichtlich, daß es die erste Eingabe des Menschen war, als er entdeckte,

> "was aus dem Myrrhestrauch tropft und was aus dem balsamischen Grase"

diese duftenden Schätze Gott als ein Feueropfer darzubringen. Das Wort "Parfum" (*per* durch *Fumum* Rauch) zeigt klar an, daß jenes (d.h. das Parfum) zuerst durch Verbrennen aromatischer Gummiharze und Hölzer entstand. Und es scheint, als wäre eine mystische Vorstellung mit dieser Opferform verbunden gewesen und als hätten die Menschen gerne geglaubt, ihre Gebete würden die Reiche ihrer Götter schneller erreichen, schwebten sie auf den blauen Kränzen, die langsam gen Himmel aufstiegen und in der

Ein primitiver Räucheralter

Atmosphäre verschwanden, während ihre berauschenden Schwaden sie in religiöse Ekstasen versetzten. Demgemäß finden wir Düfte als Bestandteil aller primitiven Anbetungsformen. Die Altäre von Zoroaster und Konfuzius, die Tempel von Memphis und jene von Jerusalem, sie alle rauchten gleichermaßen von Räucherwerk und süßduftenden Hölzern.

Bei den Griechen galten Düfte nicht nur als eine ihren Göttern zustehende Huldigung, sondern auch als Zeichen ihrer Anwesenheit. Homer und andere Dichter jener Epoche erwähnen das Erscheinen einer Göttin nie, ohne von den sie umgebenden ambrosischen Wolken zu sprechen. Folgendermaßen wird Cupids schöne Mutter in der Ilias geschildert, als sie Archilles besucht:

> "Und über sein Haupt vergoss Aphrodite, die unsterbliche Göttin,
> den himmlischen Wohlgeruch rosenduftender Salben!"

Und in einer der Tragödien des Euripides ruft Hippolites sterbend aus: „Oh Diana, duftende Göttin, ich weiß, du bist mir nahe, denn ich habe deinen balsamischen Duft erkannt."

Der Gebrauch von Düften durch die Menschen der Antike blieb nicht lange auf heilige Riten beschränkt. Seit den Frühzeiten des ägyptischen Reiches finden wir sie für Privatzwecke adaptiert und allmählich zu einer echten Notwendigkeit für all jene werdend, die irgend Anspruch auf verfeinerten Geschmack und Sitte erhoben. Wir können sagen, daß die Kunst der Parfumerie von all den verschiedenen Nationen studiert und gepflegt wurde, die nacheinander das Zepter der Zivilisation trugen. Von den Ägyptern wurde sie den Juden übertragen, dann den Assyrern, den Griechen, den Römern, den Arabern und schließlich den modernen europäischen Nationen, als diese aus ihrem langen Chaos barbarischer Unruhe auftauchten und erneut die Künste des Friedens willkommen hießen. Es wird unsere Arbeit sein, ihren Weg durch diese verschiedenen Stadien zu verfolgen; in die Mysterien der Toilette der griechischen Schönen und der römischen Matrone einzutauchen; die diversen Mittel zu beschreiben, mit denen die Damen aller Zeiten und Länder die ihnen von der Natur verschwenderisch verliehenen Reize zu erhöhen und zu bewahren suchten; und

Ägyptische Prinzessin

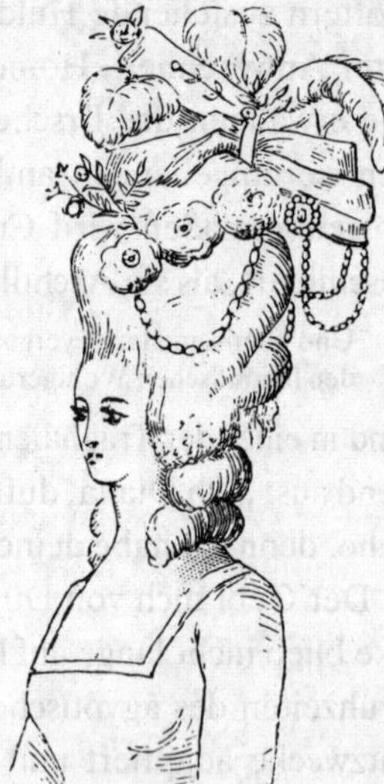

Gepuderte Schöne des vergangenen Jahrhunderts

schließlich die Entwicklung der Parfumerie bis zur Gegenwart aufzuzeichnen, wo sie danach strebt, ebenso nützlich wie schmückend zu werden, nachdem sie sich der Bande aus Ignoranz und Quacksalberei entledigt hat. Um die Geschichte der Toilette abzurunden, werden wir einen flüchtigen Blick auf die diversen Frisierstile der verschiedenen Epochen werfen, von der ägyptischen Prinzessin der Cheops-Dynastie bis zur gepuderten Schönen des letzten Jahrhunderts. Noch sollen zivilisierte Völker unsere ganze Aufmerksamkeit beanspruchen. In unseren Streifzügen "um die Welt" werden wir selbst bei wilden Stämmen einige wunderliche Moden zu verzeichnen finden, und afrikanische Schönheiten wie Tatarenmädchen werden uns die Geheimnisse ihrer sogenannten Verschönerungen verraten müssen. Wir enden dann mit einer kurzen Schilderung der wichtigsten zum Extrahieren der Düfte aus Blumen und aromatischen Pflanzen eingesetzten Verfahren sowie der hauptsächlichen Stoffe, denen wir unsere aromatischen Reichtümer verdanken, und der diversen Substanzen, die sich auch zu diesem Zweck einsetzen lassen. Bevor ich jedoch mit dieser chronologischen Erzählung beginne, möge es mir gestattet sein, ein paar Worte über Düfte im allgemeinen zu verlieren. Alle Pflanzen und Blumen verströmen einen mehr oder minder wahrnehmbaren, mehr oder minder angenehmen Duft. Einige Blumen, wie die des Orangenbaumes und die Rosen, besitzen ein derart starkes Aroma, daß die Luft in einem Umkreis von Meilen beduftet wird. Wer das Glück hat, das "freundliche Land der Pro-

Afrikanische Haartracht

Haartracht der Lepcha

vence“ zu bereisen, wenn die Blumen in voller Blüte stehen

”Und die Würze des Geißblattes füllt die Lüfte
Und Moschus verströmen die Rosen“

wird (wie es mir häufig geschehen ist) von den balsamischen

Blumenuhr

Lüften der Blumenplantagen von Grasse oder Nizza begrüßt, lange bevor er diese erreicht. Einige Blumen duften stärker bei Sonnenaufgang, andere am Mittag, wieder andere in der Nacht. Dies hängt weitgehend von dem Zeitpunkt ab, an dem sie sich zu öffnen pflegen, welcher unter dem Blumenvolk so stark variiert, daß ein geduldiger Botaniker eine Blumenuhr entwickeln konnte, bei der jede Stunde durch das Öffnen einer bestimmten Blume angezeigt ist.

Die gezeigte Abbildung mag eine Vorstellung dieser Blumenuhr geben. Ich habe sie einem alten Werk über Botanik entnommen, kann aber für ihre Richtigkeit nicht bürgen. Sie besteht aus den nachfolgenden Blumen, wobei die angegebene Stunde für einige am Morgen und für andere am Abend ist:

1 Rose	5 Convolvulus	9 Kaktus
2 Heliotrop	6 Geranie	10 Flieder
3 Wasserlilie	7 Reseda	11 Magnolie
4 Hyacinthe	8 Nelke	12 Veilchen und Stiefmütterchen

Kein Geruch gleicht dem anderen an Intensität. Einige Blumen verlieren ihren Duft, sobald sie gepflückt sind; andere dagegen behalten ihn selbst in getrocknetem Zustand. Aber keine kann im Hinblick auf Stärke und Dauerhaftigkeit mit den aus dem Tierreich stammenden Düften konkurrieren. Ein einziges Körnchen Moschus bewahrt seinen Duft über Jahre und verleiht ihn allem, womit es in Berührung kommt.

Der Botaniker Linnaeus

Gerüche sind von gelehrten Männern auf verschiedene Weise klassifiziert worden. Der Botaniker Linnaeus, der Vater der modernen botanischen Wissenschaft, unterteilte sie in sieben Klassen, von denen nur drei angenehme Gerüche sind, nämlich die aromatischen, die duftenden und die ambrosischen. Aber wie gut auch immer seine allgemeinen Unterteilungen gewesen sein mögen, war diese Klassifizierung weit davon entfernt, richtig zu sein, denn er placierte die Nelke mit Lorbeerblättern und Safran mit Jasmin, und nichts könnte unähnlicher sein. Fourcroy unterteilte sie in fünf Gruppen und De Haller in drei. Sie alle waren jedoch mehr theoretisch als praktisch, und keiner klassifizierte Gerüche nach ihren Ähnlichkeiten. Ich habe versucht, eine neue, nur angenehme Gerüche umfassende Klassifizierung aufzustellen, indem ich ein Prinzip einführte, demzufolge – wie es Primärfarben gibt, aus denen sich alle Sekundärfarbtöne zusammensetzen – Primärgerüche mit perfekten Vertretern existieren und alle anderen Aromata mit ihnen mehr oder minder verwandt sind. Die von mir gewählten Vorbilder finden sich in der nachstehenden Tabelle:

KLASSIFIZIERUNG VON GERÜCHEN

KLASSEN	ARTEN	ZUR SELBEN KLASSE GEHÖRENDE GERÜCHE
Rose	Rose	Geranie, Rosa eglanteria, Rhodium, Rosenholz
Jasmin	Jasmin	Maiglöckchen
Orangenblüten	Orangenblüten	Akazie, Syringa, Orangenblätter
Tuberose	Tuberose	Lilie, Jonquille, Narzisse, Hyacinthe
Veilchen	Veilchen	Cassie, Iriswurzel, Reseda
Balsamisch	Vanille	Peru- und Tolu-Balsam, Benzoin, Styrax, Tonka-Bohnen, Heliotrop
Gewürze	Zimt	Cassia, Muskat, Macis, Piment
Nelke	Nelke	Gartennelke, Levkoje
Campher	Campher	Rosmarin, Patschuli
Sandel	Sandelholz	Vetivert, Zedernholz
Citrone	Citrone	Bergamott, Orange, Cedrat, Limette
Lavendel	Lavendel	Spike, Thymian, Quendelöl *, Majoran
Minze	Pfefferminze	Mentha spicata, Balsam, Salvia officinalis, Ruta graveolens
Anissamen	Anissamen	Sternanisöl, Kümmel, Dill, Coriander, Fenchel
Mandel	Bittermandel	Lorbeer, Pfirsichkerne, Mirbane
Moschus	Moschus	Zibet, Moschuskörner, Moschus-Pflanze, Eichenmoos
Frucht	Pfirsich	Apfel, Ananas, Quitte

* Feldthymianöl

Dies ist die kleinste Anzahl von Arten, auf die ich meine Klassifizierung reduzieren konnte, und selbst dann gibt es einige spezielle Gerüche wie den des Wintergrüns, der sich nur schwer in irgendeine der Klassen einordnen läßt. Ebensowenig enthält diese Liste die durch das Mischen von mehreren Klassen erzeugten Düfte.

Jean Jacques Rousseau, Zimmermann und andere Autoren behaupten, der Geruchssinn sei der Sinn der Phantasie. Wie ich zuvor bemerkt habe, üben angenehme Düfte zweifelsohne eine anregende Wirkung auf das Gemüt aus und gesellen sich leicht unseren Erinnerungen zu. Klänge und Düfte teilen sich gleichermaßen die Eigenschaft, das Gedächtnis aufzufrischen und uns Szenen aus unserem vergangenen Leben lebhaft zurückzurufen – ein Effekt, den Thomas Moore in seiner "Lalla Rukh" wunderbar illustriert:

> "Die junge Beduinin, ganz im Bann des Dufts
> Der Blumen ihrer Bergesheimat in der Luft,
> Der lieblichen Elcaya und jenes Baumes ritterlichen Zweigen,
> Die schutzgewährend jedem sich entgegenbeugen,
> Sieht sich entrückt durch dieser Düfte Zauberwelt
> Zum Brunnen, den Kamelen und des Vaters Zelt,
> Seufzt nach dem Heim, von dem so sorglos sie geschieden,
> Ersehnt sich selbst die Mühen jener Zeiten wieder."

Tennyson verleiht dem gleichen Gefühl in seinem "Dream of fair women" * Ausdruck:

> "Der Veilchen Duft, versteckt im Rasenkleid,
> Erfüllt Gemüt und leere Seele mir
> Mit der Erinnerung an jene Zeit,
> Wo froh und frei von Schuld ich war."

Kriton, Hippokrates und andere antike Ärzte klassifizierten Düfte unter Arzneimittel und verschrieben sie für zahlreiche Krankheiten, insbesondere jene nervöser Art.

* Traum von schönen Frauen

Auch Plinius schreibt verschiedenen aromatischen Substanzen[1] therapeutische Eigenschaften zu, und einige Düfte werden heute noch in der modernen Medizin eingesetzt.

Alle Prätensionen bezüglich der heilenden Wirkung von Düften beiseiteschiebend, halte ich es jedoch gleichzeitig für richtig, die Doktrinen gewisser Mediziner zu bekämpfen, die

Junge Araberin

behaupten, sie seien gesundheitsschädlich. Es kann im Gegenteil bewiesen werden, daß ihre mäßige Anwendung eher förderlich ist; und in Fällen von Epidemien haben sie bekanntlich wichtige Dienste geleistet, und sei es nur den vier

[1] Plinius erwähnte in seiner "Naturgeschichte" vierundachtzig aus Gartenraute gewonnene Heilmittel, einundvierzig aus Minze, fünfundzwanzig aus Pennyroyal *, einundvierzig aus der Iris, zweiunddreißig aus der Rose, einundzwanzig aus der Lilie, siebzehn aus dem Veilchen etc. (Plinius Naturgschichte, bxx und xxi)

* Mentha puligium

Dieben, denen es mittels ihres berühmten aromatischen Weinessigs[1] möglich wurde, die halbe Bevölkerung von Marseille während der großen Pest zu berauben.

Es ist wahr, daß Blumen manchmal Kopfschmerzen und Übelkeit verursachen, läßt man sie über Nacht in einem Schlafraum. Aber dies rührt nicht von der Diffusion ihres Duftes sondern von dem während der Nacht von ihnen erzeugten Kohlendioxyd her. Ließe man ein aus diesen Blumen extrahiertes Parfum unter den gleichen Umständen offen stehen, hätte dies keinen nachteiligen Effekt. Man kann nur sagen, daß einige empfindliche Leute durch bestimmte Gerüche beeinflußt werden können; aber die gleiche Person, der ein moschusartiger Duft Kopfschmerzen verursachen könnte, kann erhebliche Erleichterung aus einem Duft auf einer Citrusbasis beziehen. Auch hat die Einbildungskraft viel mit den vermuteten schädlichen Auswirkungen von Düften zu tun. Dr. Cloquet, der als Autorität zu diesem Thema angesehen werden kann, über das er seine spezielle Studie angefertigt hat, erklärt in seiner kompetenten Abhandlung über das Riechen: „Wir dürfen nicht vergessen, daß es viele verweichlichte Männer und Frauen auf der Welt gibt, die sich *einbilden*, daß Düfte schädlich für sie seien, aber ihr Beispiel kann nicht als Beweis für die negative Auswirkung von Düften beigebracht werden. So erzählte Dr. Thomas Capellini die Geschichte einer Dame, die sich einbildete, sie könne den Duft einer Rose nicht ertragen, und

[1] Es wird berichtet, daß vier Räuber, die sich zusammengetan hatten als die große Pest Marseille heimsuchte, einen aromatischen Weinessig erfanden, mit dessen Hilfe sie ohne Angst vor Ansteckung die Toten und die Sterbenden berauben konnten. Dieser Weinessig war in Frankreich lange unter dem Namen "Weinessig der vier Diebe“ bekannt und lieferte die erste Idee für den Toilettenessig.

beim Besuch eines Freundes in Ohnmacht fiel, der eine solche trug; und doch war die verhängnisvolle Blume nur *künstlich*[1]."

Ermangelte es noch irgendeines anderen Argumentes, um Düfte gegen die über sie ausgeschütteten Verleumdungen zu verteidigen, würde ich sagen, daß uns ein natürlicher Instinkt bewegt, angenehme Düfte zu suchen und zu genießen und unangenehme zu meiden und zurückzuweisen. Es ist unvernünftig und ungerecht, anzunehmen, die Vorsehung hätte uns mit dieser Unterscheidungsfähigkeit ausgestattet, um uns in ein mit Gefahr oder gar Beschwerden beladenes Vergnügen irrezuführen.

[1] Osphrésiologie, ou Traité de l'Olfaction, par le Dr. H. Cloquet, Kap. V S. 80

EIN ÄGYPTISCHER TEMPEL

KAPITEL II

Die Ägypter

”Die Bark, in der sie saß, ein Feuerthron,
Brannt auf dem Strom: getrieb'nes Gold der Spiegel,
Die Purpursegel duftend, daß der Wind
Entzückt nachzog;

Antonius und Kleopatra

ANGE vor irgendeiner anderen Nation hatte Ägypten die Kunst erlernt oder besser erfunden, seinen Göttern hohe Tempel, seinen Fürsten herrliche Paläste und seinem Volk riesige Städte zu errichten und sie mit all den verschiedenartigen Schätzen zu schmücken, die ihm die Natur zur Verfügung gestellt hatte. Während die Juden und andere umliegende Völker auf ein einfaches pastorales Leben beschränkt waren, genossen die Ägypter den Luxus der Verfeinerung und trieben ihn zu einer Höhe, die von jenen, die nach ihnen das Zepter der Zivilisation hochhielten, nicht übertroffen oder auch nur erreicht wurde.

Obgleich die Ägypter keine Spur ihrer Literatur hinterließen, geben uns doch die von den Griechen und lateinischen Autoren überlieferten reichen Beschreibungen, die häufige Erwähnung in der Bibel und, vor allem, die zahlreichen, auf ihren Monumenten und in ihren Gräbern gefundenen Malereien und Skulpturen einen vollständigen Einblick in ihre Sitten und Lebensweise. Die riesigen Granithügel, die sie über dem letzten Asyl ihrer Monarchen in der vergeblichen Hoffnung auftürmten, deren ewigen Frieden zu sichern und sie gegen den profanen Blick von Eindringlingen zu schirmen, hielten der Habgier der *Fellahs* des modernen Ägypten nicht stand, die auf der Suche nach den mit jenen begrabenen Schätzen ihren Weg in die Wohnungen der Toten fanden. Diese ruchlose Plünderung war jedoch nicht völlig bar glücklicher Ergebnisse.

"Denn nichts so Böses auf der Erde lebt,
Daß dieser Welt es nicht auch Gutes gäb –"

In diesem Fall ebnete das räuberische Eindringen der gierigen Plünderer in die Palastruinen und Mumienschächte den Weg für ebenso waghalsige, aber desinteressiertere Forscher und erlaubten Wissenschaftlern wie Sonnini, Belzoni, Savary, Champollion, Sir Gardener Wilkinson, Mariette und anderen, in die Geheimnisse antiker ägyptischer Sitten einzudringen und uns einen genauen und lebendigen Bericht davon zu geben, wie die Welt lange vor der Ära geschriebener Geschichte aussah. Wir erfahren durch diese anschaulichen Illustrationen, die von den Berichten

Mumiengrab

antiker Schriftsteller und durch die zahlreichen, in den Gräbern intakt aufgefundenen Geräte bestätigt wurden, daß Düfte in Ägypten in großem Umfang konsumiert und für drei getrennte Zwecke verwendet wurden – als Opfergaben für die Götter, zum Einbalsamieren der Toten und zur Benutzung im Privatleben.

Bei allen Festen, die die Ägypter zu Ehren ihrer zahlreichen Gottheiten abhielten, spielten Düfte eine herausragende Rolle, und sie zählten auch zu den angenehmsten ihrer täglichen Opfergaben. Mit der *naiven* Dankbarkeit eines primitiven Volkes empfanden sie es als eine Art Verpflichtung, die beste Frucht, die schönste Blume, den schwersten Wein, den fettesten Stier den Göttern darzubringen, die man für die Spender dieser Wohltat hielt. Aber vor allen anderen Opfergaben schien ihnen Weihrauch als die kultivierteste und am besten geeignetste. In den Tempeln der Isis, der guten "Göttin", des Osiris – des ewigen Rivalen von Typhon – von Pasht oder

Opfernder Rhamses III.

der ägyptischen Diana wurden von den Priestern ständig aromatische Gummiharze und Hölzer verbrannt, und bei bedeutenden Staatsanlässen hielt der König selbst den

Gottesdienst ab, indem er eine Räucherpfanne in der einen und in der anderen Hand eine kleine Schnabelvase trug, die Wein oder parfumiertes Öl für über den Altar zu gießende Trankopfer enthielt. Der Rhamses III darstellende Stich auf der vorherigen Seite veranschaulicht diesen Opferbrauch.

Bei gewöhnlichen Zeremonien wurde nur Räucherwerk in Form runder Kugeln oder Pastillen geopfert, welche in die Räucherpfanne geworfen wurden. Im Gegensatz zu den in den katholischen Kirchen gebräuchlichen wurden diese Räucherpfannen nicht herumgeschwenkt. Sie waren gerade und wurden in der rechten Hand gehalten, während die linke das Räucherwerk hineinwarf. Eine Verrichtung, die etwas Praxis erfordert haben muß, sollte sie so geschickt ausgeübt werden, wie uns die ägyptischen Maler glauben machen möchten.

Ägyptische Räucherpfannen

In Heliopolis, der Sonnenstadt, in der die große Scheibe unter dem Namen Re angebetet wurde, opferte man ihr dreimal täglich Räucherwerk – Harz bei ihrem Aufgang, Myrrhe, wenn sie im Mittag stand, und eine Kuphi genannte Mischung aus sechzehn Ingredienzen bei ihrem Untergang.

Auch Apis, der heilige Stier, erhielt seinen Anteil an solcher Huldigung. Wer ihn zu konsultieren wünschte, verbrannte Räucherwerk auf seinem Altar, füllte die dort angezündeten Lampen mit duftendem Öl und legte ein Geldstück vor der Statue des Gottes nieder. Dann flüsterte man ihm leise die Frage zu, die man zu stellen wünschte, und verließ den Tempel mit sorgfältig verschlossenen Ohren. Das erste geäußerte Wort von jemandem, den man anschließend zufällig traf, galt als Träger der gesuchten Antwort.

Außer Räucherwerk wurden den Göttern auch Salben offeriert, die ein unentbehrlicher Teil dessen waren, was man als vollständige Opfergabe ansah. Sie wurden in Vasen aus Alabaster oder anderem kostbaren Material (in die häufig der Name des Gottes eingraviert war, dem sie offeriert wurden) vor die Gottheit gestellt. Manchmal entnahmen der König oder der Priester eine bestimmte Menge und salbten die Statue der Gottheit mit dem kleinen Finger.

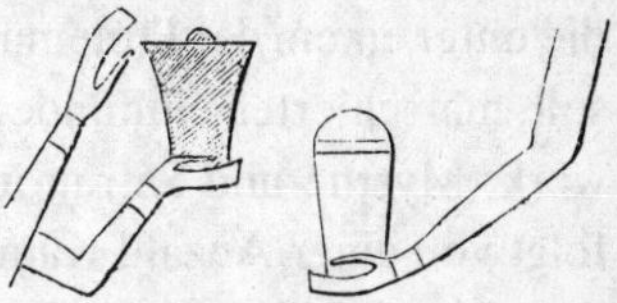
Salbopfergaben

Auf dem mit großer Pracht begangenen Fest der Isis opferte man einen mit Myrrhe, Olibanum * und anderen aromatischen Substanzen gefüllten Ochsen, den man verbrannte, wobei er während dieses Vorganges mit einem Quantum Öl übergossen wurde. Die dadurch erzeugten wohlriechenden Dämpfe neutralisierten den Gestank verbrennenden Fleisches, der sonst selbst den glühendsten Anbetern der Göttin unerträglich gewesen wäre.

Die zwei wichtigsten Festlichkeiten zu Ehren von Osiris wurden in einem Abstand von sechs Monaten abgehalten. Mit dem ersten sollte des Verlustes und dem zweiten des Wiederauffindens von Ägyptens Schutzgott gedacht werden. Bei letzterem trugen die Priester eine geweihte Truhe, die ein kleines Goldgefäß umschloß. In dieses gossen sie etwas Wasser, und alle versammelten Menschen schrien auf: „Osiris ist gefunden!" Dann warfen sie etwas frischen Lehm

* Boswellia, der rechte Weihrauch

zusammen mit kostbaren Düften und Gewürzen in das Wasser und formten daraus ein kleines, einer Mondsichel ähnliches Abbild, welches Geist und Macht von Erde und Wasser versinnbildlichen sollte.

Die üppigste Duftentfaltung fand jedoch anläßlich ihrer grandiosen religiösen Prozessionen statt. In einer solchen, die unter einem der Ptolemäer-Könige stattgefunden haben soll, marschierten einhundertzwanzig Kinder, die Räucherwerk, Myrrhe und Safran in goldenen Becken trugen, gefolgt von einer Anzahl Kamele, von denen einige dreihundert Pfund Olibanum und andere eine ähnliche Menge an Krokus, Cassia, Zimt, Iris und anderen kostbaren Duftstoffen trugen. Kein König konnte gekrönt werden, ohne gesalbt zu sein. Dies geschah unter Ausschluß der Öffentlichkeit durch die Priester, welche vorgaben, die Zeremonie hätte ein Gott vorgenommen, um dem Volk eine erhabenere Vorstellung von den ihren Monarchen erwiesenen Vergünstigungen zu vermitteln. Jene teilten mit den Göttern auch das Privileg, daß man ihnen Weihrauch darbot; allerdings nur bei besonderen Anlässen, wie zum Beispiel ihrer Rückkehr von einem siegreichen Feldzug. In seiner Staatssänfte getragen und von einem glänzenden Gefolge begleitet, zog der König dann in die Hauptstadt ein. Ein langer Zug Priester kam ihm entgegen. Sie waren in herrliche Roben gewandet und hielten mit Räucherwerk gefüllte Räucherpfannen, während ein heiliger Schreiber die auf einer Papyrusrolle verzeichneten glorreichen Taten des siegreichen Herrschers vorlas.

Die Ägypter glaubten an die Seelenwanderung – eine später von Pythagoras und anderen griechischen Philosophen übernommene Doktrin. Sie behaupteten, daß die

Seele, nachdem sie den Körper eines Menschen verlassen hat, in den eines anderen Tieres einging und nach erfolgreichem Durchwandern aller Kreaturen von Erde, Wasser und Luft erneut die menschliche Gestalt annahm, welchselbige Reise in der Frist von dreitausend Jahren vollendet wurde. Dieser Glaube würde die überaus große Sorgfalt erklären, mit der sie die Körper ihrer Toten einbalsamierten, auf daß die Seelen nach Beendigung ihrer langen Reise ihre ursprünglichen Hüllen noch in einem erträglichen Erhaltungszustand vorfänden. Diodorus schreibt diesen Brauch allerdings einem anderen Grund zu und sagt, die reichen Ägypter bewahrten die Körper ihrer Vorfahren in eigens für diesen Zweck vorgesehenen prächtigen Räumen auf, um die Befriedigung des Betrachtens der Züge jener zu genießen, welche viele Generationen vor ihnen verstorben waren, da die Erscheinung der Person derart gut erhalten war, daß man sie mühelos erkennen konnte.

Mehrere Male im Jahr wurden diese Mumien herausgebracht und mit den höchsten Ehrungen bedacht. Man bot ihnen Räucherwerk und Trankopfer dar und goß duftendes Öl über ihre Köpfe, welches sorgfältig mit einem Tuch wieder abgewischt wurde, das man zu diesem Zweck über der Schulter trug. Im allgemeinen wurde ein Priester bei diesen Anlässen zum Abhalten der Zeremonie hinzugerufen.

Priester, der eine Mumie mit Öl übergießt

Laut Herodotus wurde das Einbalsamieren bei den antiken Ägyptern folgendermaßen durchgeführt: Zuerst wurde das Gehirn mit Hilfe einer gebogenen Eisensonde durch die Nasenlöcher herausgezogen und der Kopf mit Drogen gefüllt. Durch einen mit einem scharfen äthiopischen Stein in die Seite vorgenommenen Einschnitt zog man die Eingeweide heraus und füllte die Höhlung mit pulveri-

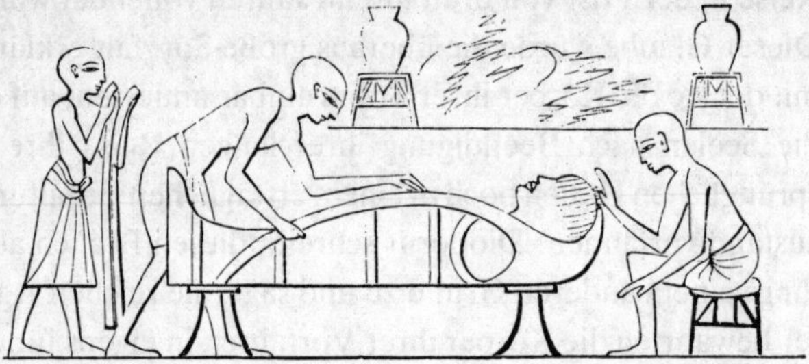

Einbalsamieren von Mumien (Parfümieren des Körpers)

sierter Myrrhe, Cassia und anderen Duftstoffen, ausgenommen Olibanum. Nach Zunähen des Körpers lagerte man ihn siebzig Tage lang in Natron[1], umwickelte ihn dann völlig mit feinen, mit Gummiharz bestrichenen Leinenbinden und legte ihn in einen hölzernen nach Menschengestalt geformten Sarg, der aufrecht gegen die Wand gestellt wurdc.

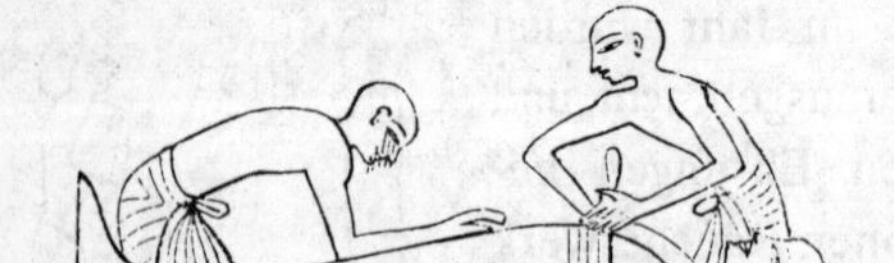

Einbalsamieren von Mumien (Wickeln des Körpers)

Dies war die Einbalsamierung erster Klasse oder "Osiris-Art", die jedoch aufgrund ihrer Kostspieligkeit auf die reichsten Leute beschränkt war. Eine andere Methode bestand in dem Injizieren von Zedernöl in den Körper ohne

[1] Ein in Ägypten in großen Mengen vorkommendes einheimisches Sesquicarbonat von Soda.

Entfernen der Eingeweide, während bei der ärmeren Bevölkerungsschicht der Körper lediglich mit Syrmoea und Salz gereinigt wurde, welches das Fleisch vollkommen austrocknete. Die erste Einbalsamierungsmethode kostete ein Talent oder etwa £ 250, die zweite zweihundertzwanzig Minae oder £ 60, und die dritte war außerordentlich preiswert. Diese Arbeiten wurden durch regelmäßig zu diesem Zweck bestellte Personen verrichtet, und in Theben war

Einbalsamieren von Mumien (Bemalen des Sarges)

ein ganzes Stadtviertel mit der Herstellung der notwendigen Gerätschaften beschäftigt. Eine der merkwürdigsten Seiten dieses Dienstes bestand darin, daß der *Paraschistes* oder Sezierer, welcher einen Einschnitt in den Körper vornehmen mußte, unmittelbar danach unter den bitteren Verwünschungen aller Anwesenden das Weite suchte, die ihn unbarmherzig mit Steinen bewarfen, um ihre Abscheu vor jedem zu bezeugen, der einer menschlichen Kreatur – ob lebendig oder tot – eine Wunde beibrachte.
Bei einigen Mumien wurden die Eingeweide nach ihrer Reinigung mit Palmwein und Vermischung mit zerstoßenen Duftstoffen in den Körper zurückgelegt. Bei Personen von Rang aber legte man die Eingeweide in Bestattungsurnen, die vier verschiedenen Göttern geweiht waren. Der erste, von einem

Menschenkopf gekrönte Krug war Am-Set, einem über den Süden herrschenden Schutzgeist geweiht und enthielt die großen Innereien; die zweite mit einem *Cynocephalus* bedeckte Vase enthielt die kleineren Eingeweide und war Ha-Pi, dem Genius des Nordens geweiht; die hier dargestellte dritte nahm Herz und Lungen auf und war mit dem Kopf eines Schakals zu Ehren von Traut-mutf, dem Genius des Ostens, dekoriert; und in die mit einem Falkenkopf verzierte vierte wurden Leber und Gallenblase unter dem Schutz von Krebsnif, dem Genius des Westens, deponiert. Dieser war – wie die drei anderen – ein Sohn des Osiris. Alle Urnen wurden mit Duftstoffen gefüllt, um die Konservierung ihrer Inhalte zu sichern.

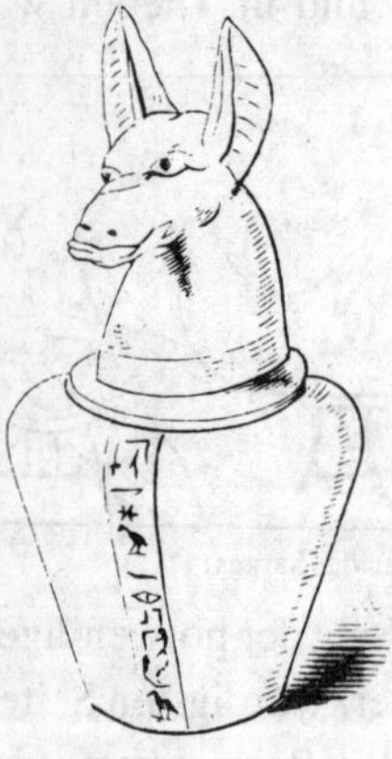

Bestattungsurne

Einbalsamieren war nicht auf die menschliche Spezies beschränkt. Einige Tiere, insbesondere die den Ägyptern heiligen, teilten dieses Privileg. Hatte Apis, der göttliche Stier, die ihm als Spanne seines natürlichen Lebens bemessenen fünfundzwanzig Jahre vollendet, ertränkten ihn die Priester im Nil, balsamierten ihn ein und begruben ihn mit großer Feierlichkeit. Auch Katzen und andere Tiere wurden einbalsamiert, und es gibt zahlreiche Exemplare ihrer Mumien im Britischen Museum.

In manchen trockenen Landstrichen Ägyptens, wo es mehr Sand als Duftstoffe gab, konservierte man die Toten, indem man sie eine Zeitlang auf der Erde den sengenden

Sonnenstrahlen aussetzte, welche den Körper völlig austrockneten. In seinen Reisebeschreibungen schildert Sonnini eine ähnliche, in einem Kapuziner-Konvent in der Nachbarschaft Palermos praktizierte Methode, mit deren Hilfe man die Körper der gesamten Gemeinschaft seit ihrer Gründung mittels Auskochen bei geringer Hitze erhalten hat und die ihm zufolge eine ausgesprochen scheußliche Sammlung bilden.

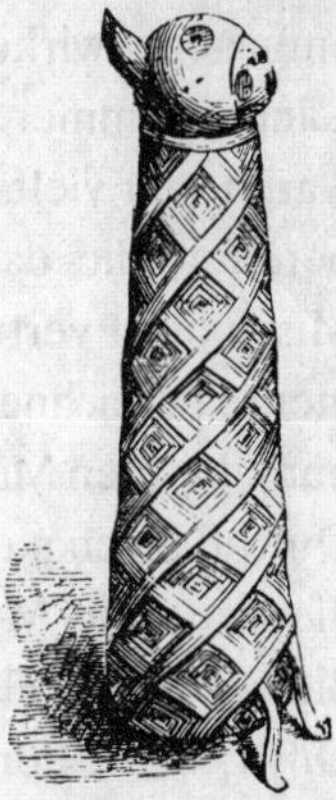
Mumie einer Katze

Unter den vielen von den modernen Ägyptern von ihren Vorfahren übernommenen Bräuchen befindet sich der des Einbalsamierens. Er wird bei reichen Leuten immer noch geübt und laut Maillet folgendermaßen verrichtet: man wäscht den Körper einige Male mit Rosenwasser, parfumiert ihn mit Weihrauch, Aloen und einer Anzahl von Gewürzen, wickelt ihn in mit flüssigen Duftstoffen angefeuchtete Tücher und begräbt ihn mit den besten Kleidern des Verstorbenen.

So groß der Konsum an Düften in Ägypten für religiöse Riten und Bestattungsehren auch war, erreichte er kaum die für Toilettenzwecke verwendeten Duftmengen. Die Ägypter waren in ihren Gewohnheiten sehr reinlich und die Erfinder jenes vollständigen Bädersystems, das die Griechen und Römer von ihnen übernahmen und das bis heute bei modernen orientalischen Nationen praktiziert wird. Nach den reichlichen Waschungen, denen sie frönten, rieben sie sich am ganzen Körper mit duftenden Ölen und Salben ein.

Diese Praxis mag englischen Lesern abstoßend erscheinen, aber es war zweifelsohne wegen des Klimas notwendig, der Haut Elastizität zu geben und den Auswirkungen der Sonne entgegenzuwirken. Sie wird in Afrika und anderen heißen Ländern immer noch praktiziert. Die verwendeten Salben waren sehr vielfältig und wurden anfangs von den Priestern bereitet, die damals noch allein mit den Mysterien der Mischkunst vertraut waren und als erste industrielle Parfumeure bezeichnet werden können. Manche waren mit Origanum, bitteren Mandeln oder anderen in Ägypten heimischen Duftpflanzen parfumiert, aber der größere Teil ihrer Ingredienzen, wie Myrrhe, Olibanum etc., kam aus Arabien. Sie wurden in Flaschen, Vasen oder Töpfen aus Alabaster, Onyx, Glas, Porphyr oder anderen harten Materialien sowie in Behältern aus geschnitztem Holz oder Elfenbein aufbewahrt, die gelegentlich die seltsamsten Formen hatten, wie die von Fischen, Vögeln etc. Einige dieser Behälter waren unterteilt, wie das auf der nächsten Seite dargestellte Beispiel, welches wahrscheinlich verschiedene Kosmetika für die Toilette enthielt. Die Zubereitung dieser Salben war so perfekt, daß ein im Alnwick Castle Museum aufbewahrtes Exemplar seinen Duft über eine Zeitspanne von drei- oder viertausend Jahren bewahrt hat. Sie waren im allgemeinen sehr kostspielig, und die ärmeren Schichten, die sich derartige Luxusgüter nicht leisten konnten, verwendeten ersatzweise das in Ägypten im Überfluß produzierte Kastoröl.

Alabastervase für Salbe

Die von einer ägyptischen Schönen der Epoche zwecks

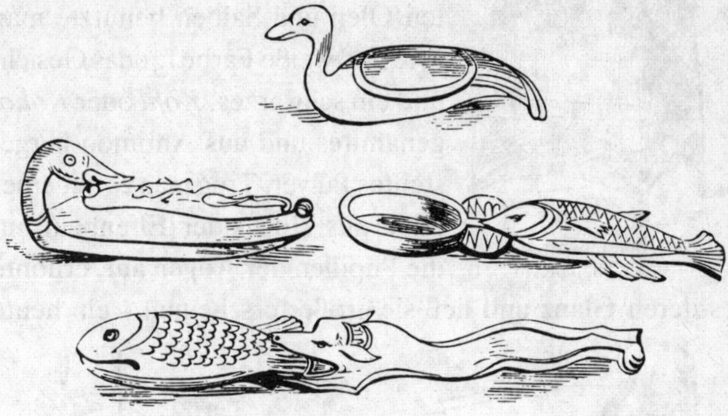

Salbenbehälter

Steigerung der Wirkung ihrer Reize benutzten Düfte und Kosmetika waren ebenso zahlreich, wenn nicht ebenso

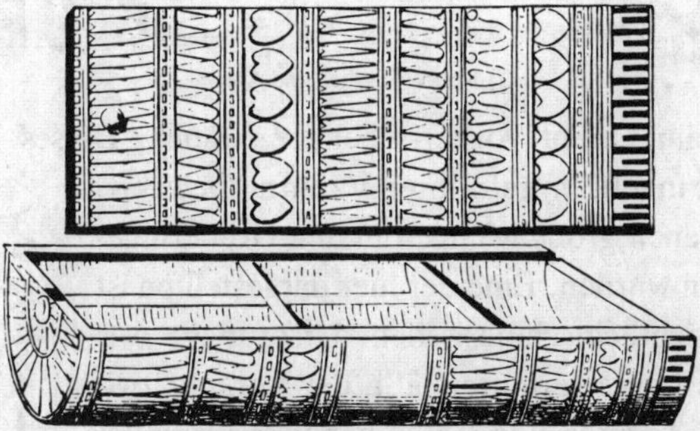

Salbenbehälter mit Fächern

elegant, wie die von einer zeitgenössischen Jüngerin der Mode verwendeten, urteilen wir nach dem nebenstehenden Toilettenkoffer, der eine beträchtliche Anordnung von

Tiegeln und Flaschen enthält und einer Dame aus Theben

Toilettenkasten
einer Thebanerin

gehört haben soll. Außer parfumierten Ölen und Salben benutzte man rote und weiße Farbe für das Gesicht und ein schwarzes, *Kohl* oder *Kohol* genanntes und aus Antimon hergestelltes Pulver. Trug man es mit einer Ahle aus Holz oder Elfenbein auf die Pupillen der Augen auf, erhöhte es deren Glanz und ließ sie größer erscheinen – ein heute

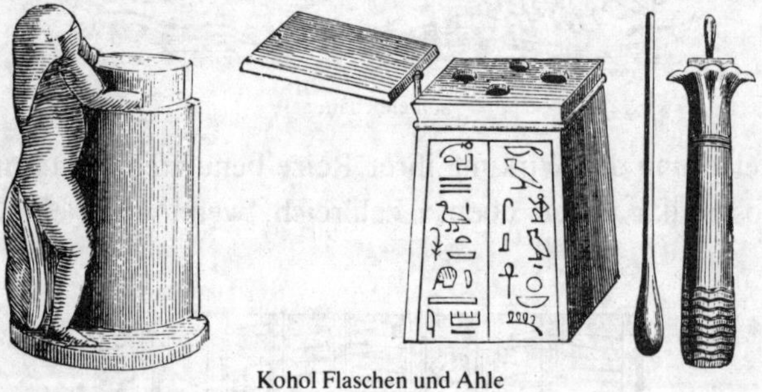

Kohol Flaschen und Ahle

noch im Orient vorherrschender Brauch. Dieses Kohol wurde in seltsam geformten Vasen aufbewahrt, von denen große Mengen in den Gräbern gefunden wurden. Eine der hier dargestellten ist offensichtlich chinesischen Ursprungs, was einige Leute vermuten läßt, der Verkehr zwischen Ägypten und China habe sehr früh begonnen. Dies ist jedoch ein strittiges Thema, zu dem viele große Folianten verfaßt worden sind, und ich werde daher mit gesunder Scheu davon Abstand nehmen, eine Meinung zu einem derart kontrover-

Chinesische
Kohol-Flasche

sen Sujet anzubieten. Ich darf auf der von ägyptischen Schönen benutzten Liste von Kniffen nicht das Färben der Finger und Handflächen mit den Blättern von Henna *(Lawsonia inermis)* vergessen; eine Gewohnheit, die nach Ansicht einiger Leute Anlaß zu der griechischen Metapher ”rosenfingrige Aurora“ gewesen sein soll.

Die von einer Malerei in Theben kopierte Begleitskizze zeigt eine ägyptische Dame bei ihrer Toilette und mag eine

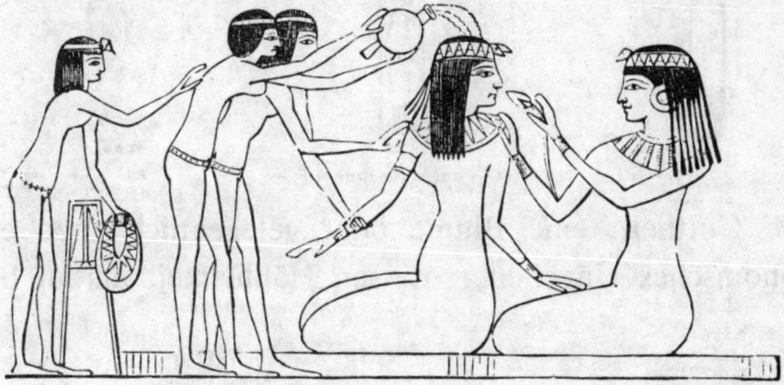

Eine ägyptische Dame bei der Toilette

Vorstellung von der Art und Weise geben, in der diese wichtige Aufgabe verrichtet wurde. Eine ihrer Dienerinnen begießt sie mit Wasser, eine andere massiert sie, eine dritte läßt sie an einer Lotusblüte riechen, während sich die vierte anschickt, ihren Schmuck zu erneuern.

Am auffallendsten unter den zahlreichen, in ägyptischen Gräbern gefundenen Toilettengeräten sind Spiegel und Kämme. Die ersteren waren aus mit anderen Metallen gemischtem Kupfer gefertigt, und ihre Verarbeitung und Polierung waren so ausgezeichnet, daß einige derjenigen, die nach langen Jahrhunderten des Vergrabenseins wiederhergestellt wurden, in ihrem Glanz fast unserem modernen Spiegel gleichen. Sie hatten immer eine runde Form, und der

Handgriff stellte verschiedene Themen dar, beispielsweise

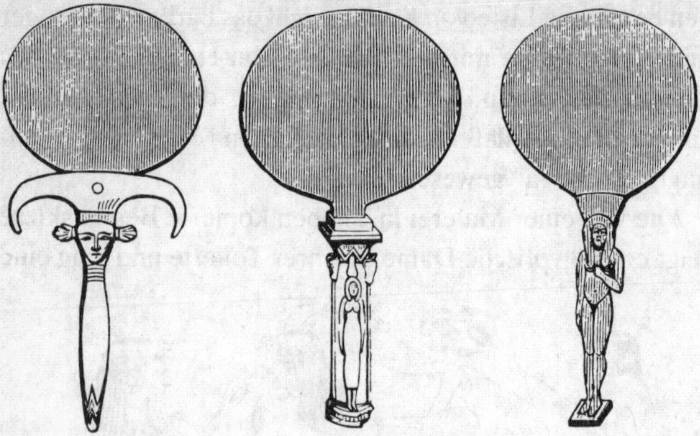

Ägyptische Spiegel

eine Gottheit, eine Blume oder gelegentlich auch ein typhonisches Ungeheuer, dessen Häßlichkeit darauf be-

Ägyptischer Spiegel mit typhonischem Handgriff

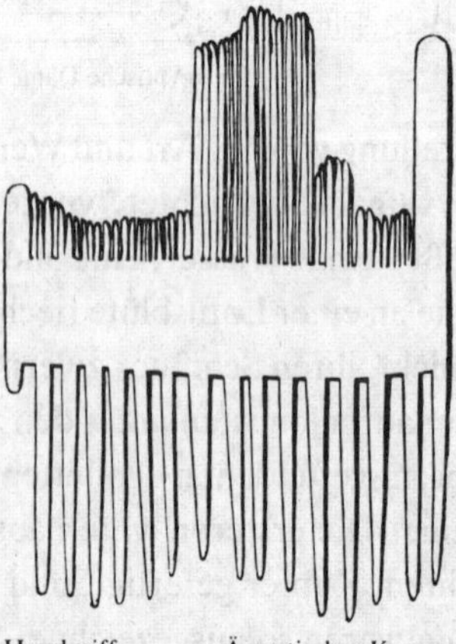

Ägyptischer Kamm

rechnet war, die über ihm reflektierten lieblichen Züge entsprechend hervorzuheben.

Ägyptische Kämme waren im allgemeinen aus Holz, einige schmucklos, andere geschnitzt. Das gezeigte Exemplar unterscheidet sich in seiner Form nicht sehr von unserem modernen, engzahnigen Kamm.

Die Liebe zu Düften und Kosmetika stieg in Ägypten bis zur Zeit Kleopatras, in der sie – kann man sagen – ihren Höhepunkt erreichte. Diese verschwenderische Königin machte reichlichen Gebrauch von Duftstoffen, und sie ge-

Kleopatra auf dem Cydnus

hörten zu den Verführungsmitteln, die sie bei ihrer ersten Begegnung mit Mark Anton an den Ufern des Cydnus ins Spiel brachte, welche Shakespeare so schön beschreibt. So leuchtend das Bild auch scheinen mag, ist es keineswegs überzeichnet und wurde von unserem großen Dichter fast Wort für Wort von Plutarchs ursprünglichem Bericht kopiert, dem er nur den Reiz seiner Dichtung hinzufügte.

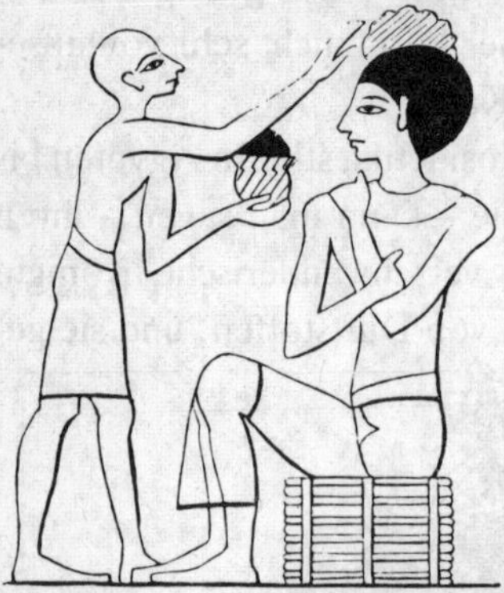

Sklave beim Salben eines Gastes

Die Nachfrage nach Düften bei allen privaten Festlichkeiten war groß. Die erste Pflicht der bedienenden Sklaven bei Ankunft der Gäste bestand darin, deren Häupter oder besser Perükken zu salben, denn sie waren alle geschoren und trugen diese künstliche Bedekkung, welche die Funktion eines modernen Turbans erfüllte: sie vor den Strahlen einer sengenden Sonne zu schützen. Während des Festes wurden frische Blumen in Hülle und Fülle verwendet. Lotuskränze schmückten die Hälse der Gäste, Girlanden aus Krokus und Safran umschlangen den Weinbecher, um den ganzen Raum wanden sich Blumenkränze und auf und unter den Tischen waren diverse Blumen verstreut, die ihren Duft mit dem Rauch aus zahlreichen Parfumbrennern vermischten, während Musikanten – um keinen Sinn unbefriedigt zu lassen – das Ohr mit den süßesten Melodien füllten. So wurde Agesilaus empfangen, als er Ägypten besuchte; aber der solchen Luxus nicht gewohnte, unhöfliche Spartaner wies Zuckerwerk, Konfekt und Düfte zurück. Ein Akt der Barbarei, der ihn in den Augen der kultivierten Einheimischen zu einem verachtenswerten Mann machte, welcher unfähig und unwert war, die Raffinessen guter Gesellschaft zu genießen.

Herodotus berichtet von einem bei diesen ägyptischen

Gesellschaften geübten, äußerst merkwürdigen Brauch. Hatte die Schwelgerei ihren Höhepunkt erreicht, trat ein Mann ein, der das naturgetreu geschnitzte und bemalte hölzerne Abbild eines toten Körpers trug und laut ausrief: "Schaut dies an, trinkt und seid froh, denn so werdet ihr nach eurem Tod sein." Unsere modernen "Sensations"-Drama-

Ein ägyptisches Bankett

tiker könnten sich keinen besseren Kontrast wünschen, und ich kann im Grunde nicht einsehen, warum man sich über diese seltsame Gewohnheit mehr wundert als über den *Fureur**, mit der sie in letzter Zeit Geister in unsere öffentlichen und privaten Unterhaltungen einzuführen suchten.

*Eifer

Wie ich bereits sagte, rasierten die Ägypter Kopf und Kinn und blickten mit Abscheu auf die rauhhaarigen und

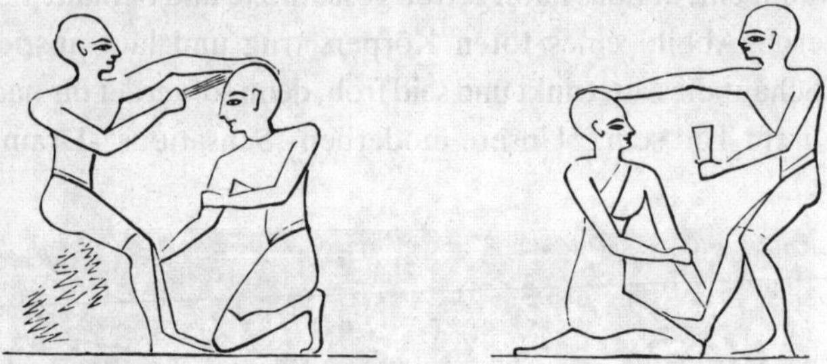

Ägyptische Barbiere

langbärtigen asiatischen Völker. Sie ließen Haar und Bart nur während der Trauer wachsen und sahen darin bei jeder anderen Gelegenheit ein Zeichen niederer und liederlicher Gewohnheiten. Die Mehrzahl trug über ihren geschorenen Schädeln Perücken aus gelocktem Haar mit einer Reihe von Zöpfen am Hinterkopf, entsprechend den nebenstehenden Exemplaren, von denen eines aus dem Britischen Museum und das andere aus der Berliner Altertumssammlung stammt. Arme Leute, welche die Kosten echten Haares nicht tragen konnten, ließen ihre Perücken aus schwarzer Schafwolle anfertigen. In einem eigentümlichen Widerspruch dazu trugen hohe Persönlichkeiten künstliche Bärte, die sie auch an den Abbildern

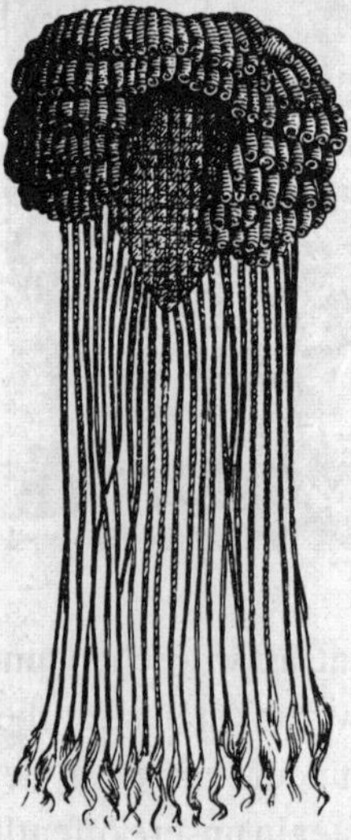

Ägyptische Perücke aus der Berliner Sammlung

ihrer Götter anbrachten. Der Bart einer Person von Rang

Ägyptische Perücke im Britischen Museum (Rück- und Vorderansicht)

Bärte

war kurz und eckig, der eines Königs ebenfalls eckig, aber sehr viel länger, und der eines Gottes zugespitzt und am Ende aufwärtsgebogen.

Damen trugen ihr Haar lang und in einer Vielzahl kleiner

Der Lotusstil

Der Pfauenstil

Haartrachten ägyptischer Damen

Zöpfe geflochten, von denen ein Teil über den Rücken und der Rest zu beiden Seiten des Gesichtes herunterhing, wobei die Ohren völlig bedeckt wurden. Sie trugen im allgemeinen ein schmückendes Haarband um den Kopf mit einer Lotusblüte auf der Stirn, die durch einen Stirnreifen befestigt war. Einige Mitglieder der *Crème de la crème* gönnten sich eine Haartracht, die einen Pfau darstellte, dessen herrliches Gefieder ihre dunklen Tressen betonte; und Prinzessinnen zeichneten sich gewöhnlich durch eine Frisur von außergewöhnlichen Dimensionen aus, die alle Reichtümer des Tier-, Planzen- und Mineralreiches in sich vereinte.

Ägyptische Haartracht auf einem Mumiensarg

Das moderne Ägypten hat viele der Bräuche seiner ehemaligen Einwohner bewahrt, auf die ich näher eingehen werde, wenn ich die "Orientalen" behandele. Im Augenblick werde ich in richtiger chronologischer Reihenfolge vorgehen und mein nächstes Kapitel den Juden widmen.

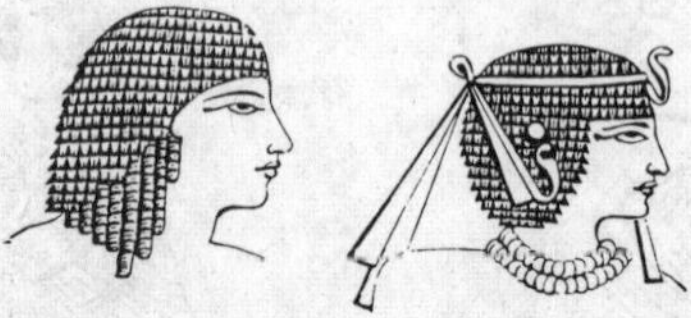

EIN GARTEN IM HEILIGEN LAND

KAPITEL III

DIE JUDEN

"Das Herz freut sich an Salbe und Räucherwerk." — Sprüche 27,9

AUCH wenn die Juden zweifelsohne das älteste noch existierende Volk sind und uns die Heiligen Schriften seit Entstehung der Erde eine Fülle von Details über sie liefern, habe ich ihnen den zweiten Platz in meiner Geschichte der Düfte eingeräumt, denn es scheint, als seien die Luxusgüter bei ihnen bis zu ihrer Rückkehr aus Ägypten nicht allgemein gebräuchlich gewesen. Während ihrer langen Gefangenschaft in diesem hochzivilisierten Land wurden sie mit allen Raffinessen ihrer Herren vertraut und allmählich von einem einfachen, Ackerbau betreibenden Volk in eine kultivierte, fleißige Nation verwandelt. Unter den vielen Künsten, die sie in ihr eigenes Land zurückbrachten, befand sich die der Parfumerie.

Lange vor dieser Zeit hatten sie jedoch wahrscheinlich die duftenden Eigenschaften mancher ihrer einheimischen Gummiharze entdeckt und jene duftenden Schätze mit dem von mir bereits erwähnten natürlichen Instinkt auf den ihrem Gott errichteten Altären geopfert. Demgemäß sehen wir, wie Noah nach Verlassen seiner Arche dem Allmächtigen seinen Dank für seine wunderbare Errettung durch ein Brandopfer bezeugt, das aus "allem reinen Vieh und reinen Vögeln" bestand.[1] Es stimmt, daß die Schöpfungsgeschichte Räucherwerk als Bestandteil des Flammenopfers nicht erwähnt. Aber die unmittelbar anschließenden Worte "und der Herr roch den lieblichen Geruch" können uns zu der Annahme verleiten, daß solches verwendet wurde.

Die Berge von Gilead, ein im Osten des Heiligen Landes von Mount Libanon südwärts verlaufender Bergrücken, waren mit duftenden Sträuchern bedeckt. Der verbreitetste war der Amyris, welcher ein unter dem Namen "Balsam von Gilead" bekanntes Gummiharz ausscheidet. Strabo spricht auch von einem Feld bei Jericho, in Palästina, welches voll von diesen Balsambäumen war. Dieses Gummiharz war anscheinend bereits sehr früh ein Handelsgut, denn die ismaelitischen Kaufleute, an die Joseph von seinen Brüdern verkauft wird, "kamen von Gilead mit ihren Kamelen; die trugen kostbares Harz, Balsam und Myrrhe und zogen hinab nach Ägypten".[2]

Unter den vielen Geboten, die Moses von dem Herrn bei

[1] Moses 8,20,21 [2] Moses 37,25

seiner Rückkehr aus dem Land der Gefangenschaft empfing, befand sich jenes über die Errichtung des Räucheraltars und die Zusammensetzung des heiligen Salböls und Räucherwerks:

"Du sollst auch einen Räucheraltar machen aus Akazienholz."

"Und du sollst ihn mit feinem Golde überziehen, seine

Der Räucheraltar

Platte und seine Wände ringsherum und seine Hörner. Und sollst einen Kranz von Gold ringsherum machen."[1]

Im gleichen Kapitel finden wir die Anweisung zum Herstellen des heiligen Salböls:

"Nimm dir die beste Spezerei: die edelste Myrrhe,

[1] Moses 30,1-3

fünfhundert Lot,und Zimt, die Hälfte davon, zweihundert undfünfzig, und Kalmus, auch zweihundertundfünfzig Lot, und Kassia, fünfhundert nach dem Gewicht des Heiligtums, und eine Kanne Olivenöl."

"Und mache daraus ein heiliges Salböl nach der Kunst des Salbenbereiters (*oder Parfumeurs)*; eine heilige Salbe soll dies sein." [1]

Dieses Öl diente zum Salben des Tabernakels, der Gesetzeslade, des Brandopferaltars, des Räucheraltars, des Leuchters und aller geweihten Geräte. – Es wurde auch zur Weihung Aarons und seiner Söhne benutzt und übertrug ihnen die unabsetzbare Priesterschaft von Generation zu Generation. Die dem Hohepriester vorbehaltene Zeremonie wurde vorgenommen, indem man ihm ausreichend Öl über das Haupt goß, daß es über den Bart und die Röcke der Gewänder herunterfließen konnte. [2] Es herrschte eine Kontroverse über den Zeitpunkt, an dem diese Praxis abgesetzt wurde – einige Rabbiner behaupten, sie wäre etwa fünfzig Jahre vor der Zerstörung des Tempels aufgegeben worden, während Eusebius die Ansicht vertritt, daß sie bis zur Zeit unseres Heilands ausgeübt wurde. [3]

Jüdische Könige wurden ebenfalls gesalbt, aber die Meinungen gehen sehr darüber auseinander, ob dies mit dem heiligen Öl oder einem gewöhnlichen Öl geschah. Talmudische Schreiber behaupten, es sei das besondere Privileg der Könige aus der Familie Davids gewesen, mit dem gleichen Öl gesalbt zu werden, das zur Weihung des Hohepriesters benutzt wurde; aber dies stimmt kaum mit den im Buch Exodus enthaltenen Anweisungen überein, denen

[1] Moses 2,30, 22-26 und 31 [2] Psalm 133,2
[3] Eusebius Demonst. Evang. 8

zufolge die Verwendung des heiligen Salböls auf Aaron und seine Generation unter Ausschluß jeder anderen Person beschränkt ist.[1]

Obgleich uns die Inhaltsstoffe dieses Öls mitgeteilt werden, erfahren wir nicht, wie es zubereitet wurde; und es scheint schwer verständlich, wie so viele feste Substanzen einem Hin Öl (gemäß Bischof Cumberland ist das nur geringfügig mehr als 4,5 l) hinzugefügt werden konnten, ohne dessen Liquidität zu zerstören. Maimonides gibt vor, dies zu erklären, indem er behauptet, die vier Gewürze wären zerstoßen, dann vermischt und mit Hilfe von Wasser zu einem starken Gebräu verarbeitet worden, welches man nach Aussieben der Inhaltsstoffe so lange mit dem Öl aufkochte, bis alles Wasser verdunstet war.[2]

Die Moses gegebenen Anweisungen zum Mischen des heiligen Räucherwerks lauteten:

"Nimm dir Spezerei, Stakte, Onycha und Galbanum und reinen Weihrauch, vom einen soviel wie vom anderen, und mache ein Räucherwerk (Parfum) daraus, gemengt nach der Kunst des Salbenbereiters (Apothekers), gesalzen *, rein und zum heiligen Gebrauch bestimmt."[3]

In einigen Übersetzungen erscheint das Wort *Parfumeur* anstelle des Wortes *Apotheker*, was sich leicht durch die Tatsache erklären läßt, daß damals beide Professionen in einer zusammengefaßt waren.

Über die wahre Natur von Stakte, Onycha und Galbanum herrscht beträchtliche Meinungsverschiedenheit unter den Bibelkommentatoren.

[1] Exodus xl. 13-15 [2] De Apparatu, cap. i s. 1
[3] Exodus xxx, 34,35 (Moses 2,30,34-35)
* gemischt

Stakte, in Hebräisch נָטָף (nataph), bedeutet heruntertropfend, und die griechische Übersetzung Στακτὴ (staktè) hat die gleiche Bedeutung. Folglich hielten es einige für Storax und andere für Opobalsamum. Gesenius nennt es einfach ein aromatisches Gummiharz, aber Professor Lee behauptet, es sei Myrrhe gewesen, und er hat wahrscheinlich recht. Rosenmüller meint jedoch, daß στακτὴ von στάζειν – destillieren – stammt, und daß es ein Destillat aus Myrrhe und Zimt war. Das Wort Stakte erscheint auch bei lateinischen Autoren, aber ihre Definitionen stimmen nicht überein. Laut Plinius ist es die natürliche Absonderung des Myrrhebaumes vor dem Einschneiden, während es laut Dioscorides eine Salbe aus Myrrhe ist, welche in etwas Wasser zerstoßen und mit Origanum vermischt worden war. Im Hinblick auf Onycha ist die Kontroverse noch größer. Geddes und Boothroyd setzen es mit Bdellium[1] gleich, und Bochartes bringt viele Argumente vor, um zu beweisen, daß es Labdanum gewesen ist, einer der gebräuchlichsten Duftstoffe bei den Arabern. Maimonides erklärt, es sei der Huf oder die Klaue eines Tieres gewesen, und Jarchi hält es für die Wurzel einer Pflanze. Die verbreitetste Version ist jedoch, daß es sich um die Schale eines in den indischen Sümpfen vorkommenden Krustentieres handelte, die ihren Duft von der dem Tier als Nahrung dienenden Narde erhielt. Dieses Tier kam auch im Roten Meer vor, woher es die Juden wahrscheinlich bezogen. Seine weiße und transparente Schale hat Ähnlichkeit mit dem Fingernagel eines Menschen, was seinen Namen erklärt.[3]

[1] Vom Balsamodendron muskul produziertes Gummiharz
[2] Gummi des Cistus creticus
[3] (onyx) bedeutet im griechischen "menschlicher Nagel"

Galbanum, im Hebräischen חֶלְבְּנָה (chalbaneh) heißt ölig und war offensichtlich ein Balsam. Bischof Patrick meint, es dürfe nicht mit dem gemeinen in der Medizin verwendeten Galbanum verwechselt werden, das alles andere als angenehm riecht, sondern daß es eine in Syrien auf dem Mount Amonus vorkommende bessere Sorte gewesen sei.

Auch der Begriff *gemischt* ist diskutiert worden, wobei einige behaupten, er bedeute *gesalzen*. Maimonides sagt, daß das Räucherwerk immer mit Salz aus Sodom vermischt wurde, aber Bischof Horsley glaubt, daß gemischt in diesem Fall "aufgelöst" bedeutet.

Räucherwerk opfernder Hoherpriester

Bezaleel und Aholiab, die in allen Künsten erfahren waren, wurden mit der Aufgabe betraut, das heilige Salböl und das Räucherwerk zuzubereiten, und es war streng verboten, beides für andere als geweihte Zwecke zu benutzen.

"Wer es macht, damit er sich an dem Geruch erfreue, der soll ausgerottet werden aus seinem Volke."[1]

Das Opfern von Räucherwerk im Tempel war ebenfalls das ausschließliche Vorrecht von Priestern; und weil sie

[1] Moses 30,38

gegen dieses Gesetz verstoßen und die Warnungen Moses und Arons mißachtet hatten, wurden Korah, Dathan und Abirim mit zweihundertundfünfzig Fürsten der Gemeinschaft, ihren Familien und ihrem Hab und Gut von der Erde verschlungen.[1]

Zu einem späteren Zeitpunkt wurde König Uzziah von Azariah und achtzig anderen Priestern ebenfalls für den Versuch gerügt, Räucherwerk im Tempel zu verbrennen, und er wurde auf der Stelle mit Aussatz geschlagen, nachdem er auf seinem Vorhaben bestanden hatte.[2]

Die von Moses verhängten, ausgesprochen strengen Strafen für alle Personen, welche versuchten, das heilige Salböl und das Räucherwerk zu Privatzwecken zu verwenden oder auch nur ähnliche Erzeugnisse zu mischen, liefern einen sehr klaren Beweis dafür, daß die Juden aus Ägypten die Gewohnheit des Gebrauchs von Düften mitgebracht hatten. Sonst wären derartige Verbote unnötig gewesen.

Mit den Düften hatten sie auch die reinlichen Gewohnheiten der Ägypter importiert und jenes komplette Bädersystem, das den Körper gleichsam belebte und ganz natürlich zum Gebrauch duftender Salben verleitete.

Auch die vom Gesetz vorgeschriebenen Reinigungsriten der Frauen führten zu einem beträchtlichen Konsum an Duftstoffen. Sie zogen sich über ein ganzes Jahr hin, wobei in den ersten sechs Monaten Myrrhenöl und anschließend andere liebliche Düfte eingesetzt wurden. Dieser Prozedur mußte sich Esther unterziehen, bevor sie König Ahasveros vorgeführt wurde, "und sie fand Gnade und Gunst bei ihm vor allen Jungfrauen."[3]

Düfte befanden sich auch unter den Verführungsmitteln,

[1] Numeri xvi 32-35 [2] Chron xxvi 16-19 [3] Esther 2, 17

zu denen Judith Zuflucht nahm, als sie sich aufmachte, Holofernes in seinem Zelt aufzusuchen und ihr Volk aus seiner Unterdrückung zu befreien.

"Dort legte sie das Bußgewand ab, das sie trug, zog ihre Witwenkleider aus, wusch ihren Körper mit Wasser und salbte sich mit einer wohlriechenden Salbe. Hierauf ordnete

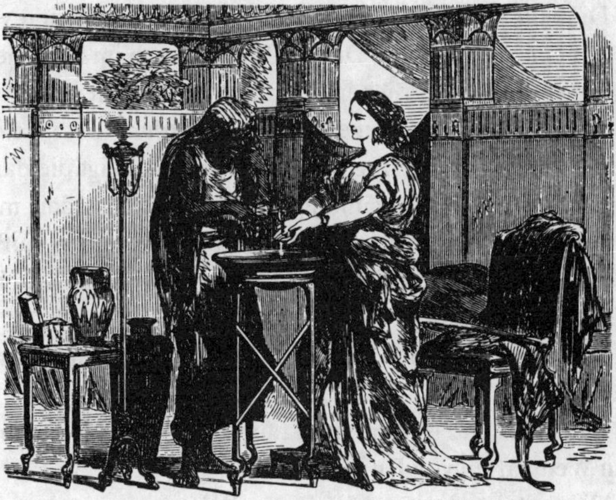

Judith bei den Vorbereitungen für das Treffen mit Holofernes

sie ihre Haare, setzte ein Diadem auf und zog Festkleider an, die sie zu Zeiten ihres Gatten getragen hatte."

"Auch zog sie Sandalen an, legte ihre Fußspangen, Armbänder, Fingerringe, Ohrgehänge und all ihren Schmuck an und machte sich schön, um die Blicke aller Männer, die sie sahen, auf sich zu ziehen."[1]

Duftstoffe waren damals sehr kostspielig, und die Juden schätzten sie so sehr, daß sie zu den Herrschern darge-

[1] Judith, 10, 3,4

brachten Geschenken gehörten, wie es der Fall anläßlich des Besuches der Königin von Saba bei König Salomon war, die ihm "solche Gewürze brachte, wie man sie vorher nie gesehen hatte." Wir lesen auch, daß Hiskia beim Empfang der Gesandten des Königs von Babylon diesen alle seine Schätze zeigte: "Silber und Gold und Spezerei, kostbare Salben."[1]

Die vollständigste Beschreibung der verschiedenen von den Juden verwendeten Duftstoffe findet sich im Hohelied. Zwar ist diesem herrlichen hebräischen Gedicht eine symbolische Bedeutung zugeschrieben worden, aber selbst wenn man es im übertragenen Sinne nimmt, zeigt die darin gemachte häufige Erwähnung von Duftstoffen, daß man jene am jüdischen Hof gekannt und geschätzt haben muß.

"Es riechen deine Salben köstlich; dein Name ist eine ausgeschüttete Salbe."

"Als der König sich herwandte, gab meine Narde ihren Duft."

"Mein Freund ist mir eine Traube von Zypernblumen in den Weingärten von En-Gedi."

"Was steigt da herauf aus der Wüste wie ein gerader Rauch, wie ein Duft von Myrrhe, Weihrauch* und allerlei Gewürzen des Krämers."

"...und der Duft deiner Kleider ist wie der Duft des Libanon."

"Du bist gewachsen wie ein Lustgarten von Granatäpfeln mit edlen Früchten, Zypernblumen mit Narden, Narde und Safran, Kalmus und Zimt, mit allerlei Weihrauchsträuchern**, Myrrhe und Aloe, mit allen feinen Gewürzen."

[1] Jesaja 39,2

* Olibanum ** Boswellia thurifera

Die letzten Zeilen fassen die damals gebräuchlichen wichtigsten Duftstoffe zusammen, von denen die nachfolgende Beschreibung angebracht erscheinen mag:

Camphir ist die gleiche Pflanze, die die Araber Henna *(Lawsonia inermis)* nennen und deren Blätter heute noch von Frauen im Orient benutzt werden, um den Handflächen

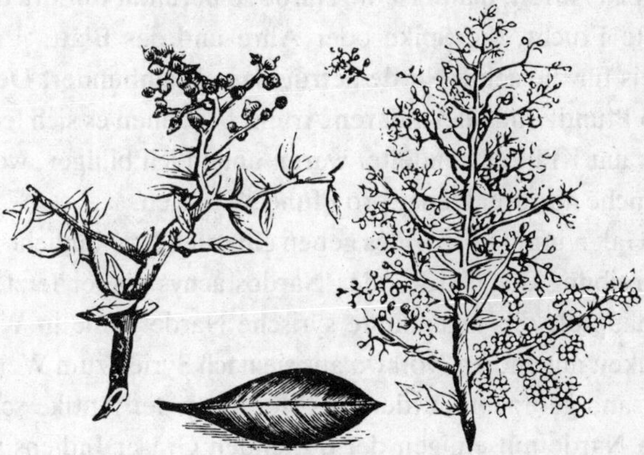

Henna oder Camphir (*Lawsonia inermis*) mit vergrößertem Blatt und Blüte

und Fußsohlen eine rosige Färbung zu verleihen. Ihre Blüten sind stark duftend und werden in Kränzen um den Hals getragen oder zum Dekorieren von Gemächern und Parfumieren der Luft verwendet.

Die wahre Natur von Narde ist zu allen Zeiten Gegenstand beträchtlicher Kontroversen gewesen. Ptolemäus erwähnt sie als eine duftende Pflanze, deren beste Sorten bei Rangamati und an den Grenzen des heute Butan genannten Landes wachsen. Plinius sagt, es gebe von ihr zwölf Arten, wobei die beste die indische sei, als nächste in der Qualität käme die syrische, dann die gallische und an vierter Stelle die kretische. Er beschreibt die indische Narde wie folgt: "Es ist eine Pflanze mit einer großen, dicken Wurzel, aber niedrig, schwarz und spröde und auch ölig; sie hat auch einen der Zypresse sehr ähnlichen, muffigen Geruch mit einer scharfen beißenden Note, wobei die Blätter klein sind und in Büscheln wachsen. Die Spitzen der Narde erweitern sich zu Ähren; daher ist die Narde so berühmt für ihre doppelte Frucht, die Spike oder Ähre und das Blatt."[1] Der Preis für die echte Narde betrug damals einhundert Denar pro Pfund, und alle anderen Arten, bei denen es sich lediglich um Kräuter handelte, waren unendlich billiger, wobei manche nur drei Denar pro Pfund[2] kosteten.

Galen und Dioscorides geben eine ziemlich ähnliche Beschreibung der Narde oder Nardostachys[3], aber letzterer behauptet, die sogenannte syrische Narde käme in Wirklichkeit aus Indien, von wo aus sie nach Syrien zum Weiterversand gebracht würde. Die Menschen der Antike scheinen Narde mit einigen der duftenden Gräser Indiens verwechselt zu haben, was das Gerücht erklären würde, daß Alexander der Große bei seinem Angriff auf Gedrosia vom Rücken seines Elefanten den Duft der von den Pferdehufen niedergetretenen Narde riechen konnte. Dieser Irrtum wurde von Linnaeus geteilt, der keinen Klassifizierungsversuch unternahm, sondern zu der Annahme neigte, daß sie mit dem gewöhnlich als Ingwergras bezeichneten Andropogon nardus identisch war.

Sir William Jones, der gelehrte Orientologe, widmete dieser Frage ganze Aufmerksamkeit und konnte nach

[1] Plinius Naturgeschichte Buch Xii, Kap. 26

[2] Etwa £ 3 6s 8d unserer Währung [3] Von dem Griechischen

einer mühsamen Untersuchung zweifelsfrei feststellen, daß die Narde der Antike eine Pflanze aus der Familie der Valerianaceae war, die die Araber *Sumbul* – d.h. "Ähre" – und die Hindús *Jatamansi* nannten, was "Haarlocken" bedeutet, wobei beide Bezeichnungen auf ihren Stengel zurückführen, der eine gewisse Ähnlichkeit mit dem Schwanz eines Hermelins oder kleinen Wiesels aufweist. Er gab ihr folgerichtig den Namen "Valeriana jatamansi", unter dem sie heute im allgemeinen von Botanikern eingeordnet wird. Sie wächst in den Gebirgsgegenden Indiens, vor allem in Butan und Nepal. Ihr Name scheint sich aus der Tamil-Sprache abzuleiten, in der die Silbe நாற *nár* jeden duftenden Gegenstand bezeichnet, wie beispielsweise *nártum pillu* "Lemongras", *nárum panei* "Indischer Jasmin", *nárta manum* "Wilde Orange" etc. Es ist jedoch sehr wahrscheinlich, daß das Wort Narde von den Menschen der Antike häufig als ein Oberbegriff für jede Art von Duft benutzt wurde, wie die Chinesen heute all ihre Düfte durch das Wort 香 *hëang* bezeichnen, was eigentlich *Räucherwerk* bedeutet und für sie jeden Dufttyp charakterisiert.

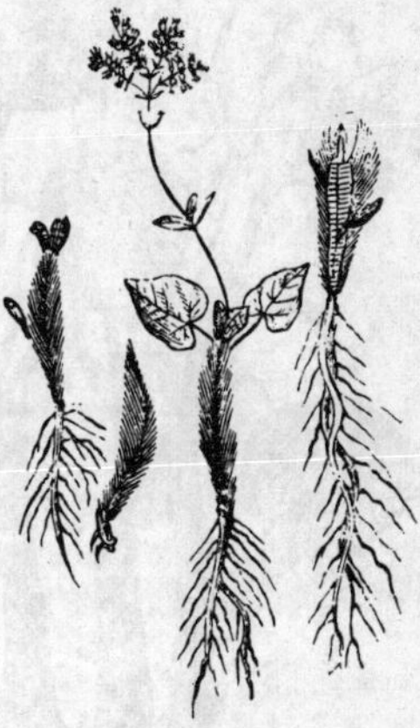

Narde
(Valeriana Jatamansi)

Safran wird aus den getrockneten Narben der Blüten des *Crocus sativus* gewonnen. Calmus ist die Wurzel der gelben Schwertlilie *(Crocus calamus)* und Zimt die Rinde des *Cinnamomum verum*.

Echter Weihrauch ist die Absonderung einer *Boswellia thurifera* genannten Terebinthe, die vorwiegend im Jemen, einem Teil Arabiens, vorkommt. Zu Plinius' Zeit wurde sie nur aus diesem Land bezogen, und er erzählt zahlreiche wunderbare Geschichten über die Art, wie er gesammelt wird und die Schwierigkeiten seiner Beschaffung. Inzwischen ist er jedoch in einigen Teilen Indiens entdeckt worden. Myrrhe ist ebenfalls die Absonderung eines *Balsamodendron myrrha* genannten, hauptsächlich in Arabien und Abessinien vorkommenden Baumes. Die Griechen schrieben diesem kostbaren Harz eine sagenhafte Herkunft zu, indem sie es für ein Erzeugnis der Tränen von Myrrha, der Tochter des zyprischen Königs Cinyrus hielten, die in einen Strauch verwandelt worden war. Obwohl es bei den Menschen der Antike so beliebt war, benutzt man es heute kaum in der Parfumerie.

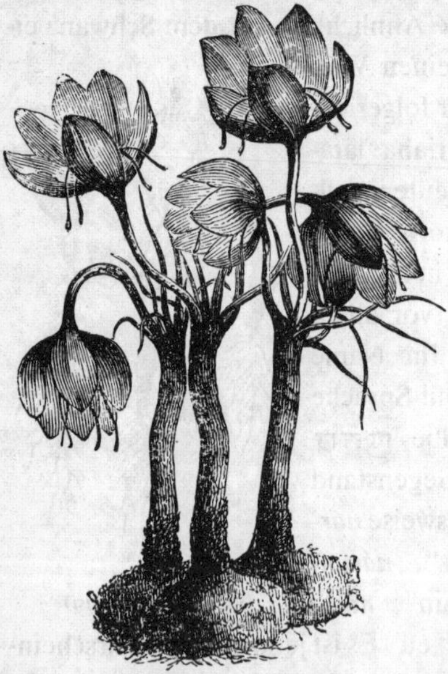
Safran (*Crocus Sativus*)

Die hier erwähnten Aloen dürfen nicht mit dem Arzneimittel gleichen Namens verwechselt werden. Es handelt sich um das Holz eines *Aloexylum agallochum* genannten Baumes, welches im Orient noch häufig als ein vorwiegend zum Verbrennen bestimmter Duftstoff benutzt wird.

Daß diese Duftstoffe bereits ein wichtiger Wirtschaftszweig waren, geht aus den im Hohelied verwendeten Worten "alle Pulver des Händlers" hervor; und es ist ebenso offensichtlich, daß sie vielen Zwecken dienten. Neben

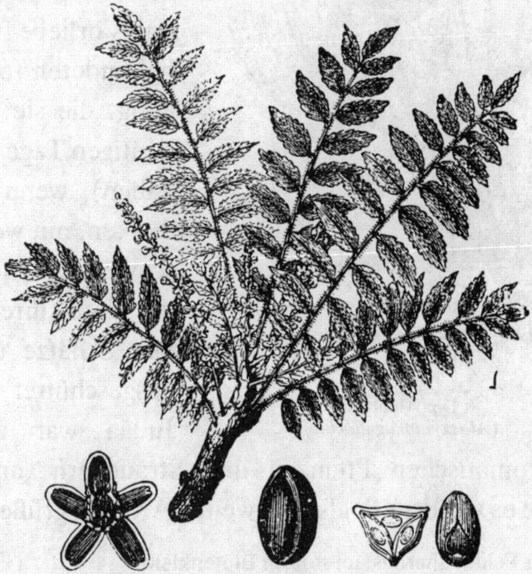

Olibanum (*Boswellia thurifera*)

denen, die verbrannt oder als Parfums verwendet wurden, zeigt die auf "den Duft der Kleider" gemachte Anspielung, daß man sie zwischen die Gewänder legte; ein in Homers "Odyssee" erwähnter, auch bei den Griechen praktizierter Brauch, der sich bis heute unter orientalischen Völkern erhalten hat. Die Verschwenderischen parfumierten selbst ihre Liegestätten, wie wir in den Sprüchen lesen:

Der Aloebaum
(*Aloexylum agallochum*)

"Ich habe mein Lager mit Myrrhe besprengt, mit Aloe und Zimt."[1]

Wir brauchen uns nicht zu wundern, daß die Juden eine derartige Vorliebe für Düfte bekundeten (eine Neigung, die sie bis zum heutigen Tage bewahrt haben), wenn wir bedenken, mit welch verschwenderischer Hand die Natur ihre duftenden Schätze über sie ausgeschüttet hatte. Judäa war angefüllt mit aromatischen Pflanzen und Sträuchern, und wohl mochte es Goldsmith als ein zweites Arabien grüßen:

"Ihr Felder Sharons, im stolzen Blütenkleid;
Ihr Ebenen, von Jordans klarer Flut durcheilt;
Ihr Hügel des Libanon, zederngekrönt;
Ihr Haine Gileads, von Düften durchströmt;
Jene Höhen, wie lieblich! Jene Ebenen, wie wundersam schön!"[2]

Auch der ägyptische Brauch, einen Gast durch Salben seines Hauptes zu ehren, wurde von den Juden praktiziert. Als demnach Jesus im Hause Simons des Aussätzigen in Bethany zu Tisch saß, kam eine Frau, die hatte ein Glas

[1] Sprüche Vii, 17 [2] „The Captivity"

mit unverfälschtem Nardenöl, und sie zerbrach das Glas und goß es auf sein Haupt.“[1]

Die Juden hatten von den Ägyptern auch die Praxis des Einbalsamierens ihrer Toten entlehnt, denn wir erfahren im Evangelium, daß Nikodemus nach dem Tode Jesu ”Myrrhe und Aloe untereinander gemengt, bei hundert Pfunden“ brachte. Da nahmen sie den Leichnam Jesu und banden ihn in leinene Tücher mit den Spezereien, wie die Juden zu begraben pflegen.“[2]

Seife scheint den Juden nicht bekannt gewesen zu sein. Zwar erscheint das Wort *sope* zweimal in der Bibel[3], aber in diesen Fällen darf der Zweifel gestattet sein, ob es die wahre Bedeutung des hebräischen Wortes בֹּרִית *(Borith)* wiedergibt. Die Septuaginta[4] übersetzt es mit ”Kraut“ und die lateinische Vulgata mit ”das Kraut Borith“. Jarchi sagt, es sei ein von Walkern zum Reinigen von Kleidern verwendetes Kraut gewesen, und Maimonides hält es für die von den Arabern *Gazúl* genannte Pflanze, die laut Jerome in den feuchten Gegenden Palästinas im Überfluß gedeiht. Andere wiederum behaupten, es bedeute Fullererde oder einen im Osten vorkommenden seifigen Lehm, der dort heute noch zum Baden benutzt wird.

Dr. Henderson interpretiert es in seiner neuen Übersetzung von Jeremia mit ”Pottasche“[5], und er scheint der Wahrheit näher zu kommen, denn ich glaube fest, daß *Borith* Pottasche oder gewöhnliches Salpeter war. Es mag eingewendet werden, daß die von Jeremia benutzten Worte

[1] Markus X iv 3 [2] Johannes XiX 39,40
[3] Jeremia ii 22 und Malachi iii 2
[4] Eine griechische Version des Alten Testamentes, die die Arbeit von siebzig Übersetzern gewesen sein soll.
[5] Jeremia und Klagelieder, übersetzt von Dr. Henderson, Seite 14.

"Und wenn du dich auch mit Lauge (Salpeter) wüschest und nähmest viel Seife dazu" beweisen, daß es sich bei Salpeter und Borith um zwei verschiedene Dinge handelte. Dies erkenne ich voll an, aber die von den Menschen der Antike Salpeter genannte Substanz war in Wirklichkeit das Natron Ägyptens (ein in einigen Seen des Landes vorkommendes und zum Waschen und Einbalsamieren benutztes Sesquikarbonat von Soda), während unser Salpeter gewöhnliches Nitrat oder ein Nitrat von Pottasche ist. Ich werde in dieser Auffassung durch eine im Talmud (Buch Cheritoth) gefundene Beschreibung des heiligen Räucherwerks bestätigt, das בֹּרִית כַּרְשִׁנָא, *(Borith von Carshena)*enthielt. Dies war wahrscheinlich ein bei Carshena gefundenes einheimisches Nitrat und – wenn wir es als Salpeter anerkennen – ein zur Förderung des Verbrennungsvorganges sehr geeigneter Inhaltstoff, aber sehr schwer zu erklären, wenn behauptet wird, es handele sich um eine Seife, einen Lehm oder selbst ein Kraut. Jüdische Frauen waren zumeist mit großer physischer Schönheit ausgestattet – ein Geschenk, welches sie sich trotz der Fron der Jahrhunderte, der klimatischen Veränderungen und der unzähligen Mühsale, denen sie unterworfen worden sind, bis jetzt bewahrt haben. Jedoch mit ihren natürlichen persönlichen Reizen nicht zufrieden, versuchten sie diese mit verschiedenen Kosmetika zu erhöhen, unter denen das im letzten Kapitel beschriebene ägyptische *Kohl* eine deutliche Vorrangstellung genoß. Zu diesem Kunstgriff nahm Isebel Zuflucht, als sie Jehu erwartete; denn obgleich der Text sagt, daß sie ihr Gesicht[2] schminkte, waren es höchstwahrscheinlich ihre Augen, denen sie jene

[1] Siehe letztes Kapitel. [2] Könige ix, 30.

als so faszinierend erachtete dunkle Färbung gab. Hezekiel erklärt diese Schminkmode näher, wenn er sagt: "da badetest du dich und bemaltest deine Augen und schmücktest dich mit Geschmeide".

Die von den Juden verwendeten Toilettengeräte waren, wie ihre Düfte, vorwiegend von ihren früheren ägyptischen Herren entlehnt. Sie benutzten die gleich Art von Metallspiegeln, und das von Moses für das Tabernakel angefertigte bronzene Becken bestand aus den Spiegeln, welche den Frauen der Gemeinschaft gehörten.

Es gibt kein Land der Welt, in dem Sitten und Gebräuche

Ein orientalischer Hochzeitszug

so fortbestehen wie im Orient. Wir finden unter den modernen Arabern den gleichen, von den Patriarchen seit altersher angenommenen Lebensstil, und wir können uns gleichfalls ein Bild von den Kleidern und Gewohnheiten der antiken

Jüdinnen anhand jener der augenblicklichen Bewohner des Heiligen Landes machen. Die auf der vorherigen Seite dargestellte Hochzeitsprozession mag uns eine Vorstellung davon geben, wie diese Zeremonie in der Antike vollzogen wurde. Die duftenden Besprengungen und aromatischen Räucherungen werden noch praktiziert; und in dem nebenstehenden Stich einer orientalischen Braut erkennen wir viele der Zierden, mit deren Verlust Jesaja die Töchter Zions als Strafe für ihre Verderbtheit bedroht: "Zu der Zeit wird der Herr den Schmuck an den kostbaren Schuhen wegnehmen und die Stirnbänder, die Spangen, die Ohrringe, die Armspangen, die Schleier, die Hauben, die Schrittkettchen, die Gürtel, die Riechfläschchen die Amulette, die Fingerringe, die Nasenringe, die Frauenkleider, die Mäntel, die Tücher, die Täschchen, die Spiegel, die Hemden, die Kopftücher, die Überwürfe. Und es wird Gestank statt Wohlgeruch sein und ein Strick statt eines Gürtels und eine Glatze statt lockigen Haars und statt des Prachtgewandes ein Sack, Brandmal statt Schönheit."[1]

Eine orientalische Braut

[1] Jesaja iii, 18-24

Von allen den hebräischen Frauen vom Propheten in Aussicht gestellten Drohungen muß die der Kahlheit für sie am schmerzlichsten gewesen sein, denn sie besaßen im allgemeinen sehr schönes Haar, das sie unter einem Netz oder einer Haube trugen und mit runden, mondähnlichen Reifen schmückten. Die Männer trugen ihr Haar ebenfalls lang, so, wie es wuchs, und Absaloms Haar soll zweihundert Lot (das sind einunddreißig Unzen) gewogen haben. Geschorene Locken waren gewöhnlich ein Zeichen der Versklavung, und in diesem beklagenswerten Zustand sind jüdische Gefangene in Babylon dargestellt, die ihre Eroberer um Gnade anflehen. Die Priester ließen ihr Haar alle vierzehn Tage während ihres Tempeldienstes schneiden. Die Nazarener, welche die Einhaltung eines noch höheren als des üblichen Reinlichkeitsgrades gelobten, durften ihr Haar in dieser Zeit weder mit einem Rasiermesser noch mit einer Schere berühren. Aber nach Beendigung des Dienstes kamen sie zur Tür des Tempels und die Priester schoren ihre Köpfe und verbrannten ihr Haar auf dem Altar.

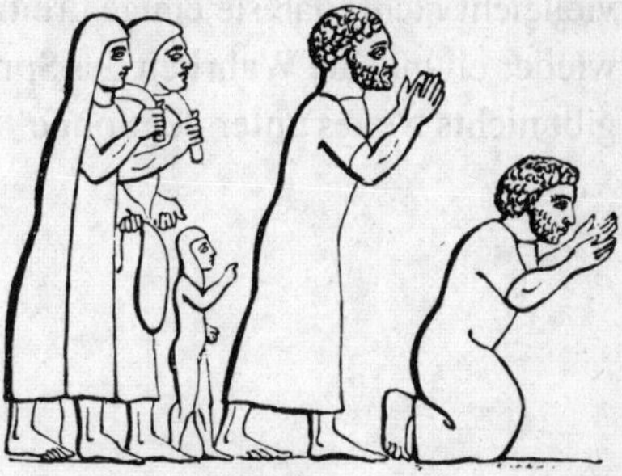

Jüdische Gefangene in Babylon

Josephus berichtet, daß König Salomon bei bedeutenden Zeremonien vierzig Pagen vorausgingen, alles Abkömmlinge adeliger Familien, deren Haar verschwenderisch mit

[1] Jesaja iii, 18-24.

Goldstaub gepudert war, welchselbiger in den Strahlen der Sonne schimmernd einen ausgesprochenen brillanten Effekt ergab. Unsere modernen Schönen, die dieser Verschönerungsmethode anhängen und seine Erfindung einer berühmten zeitgenössischen Dame zuschreiben, wissen vielleicht nicht, daß sie einige dreitausend Jahre alt ist; was wieder einmal die Wahrheit des Sprichwortes bestätigt: "Es gibt nichts Neues unter der Sonne."

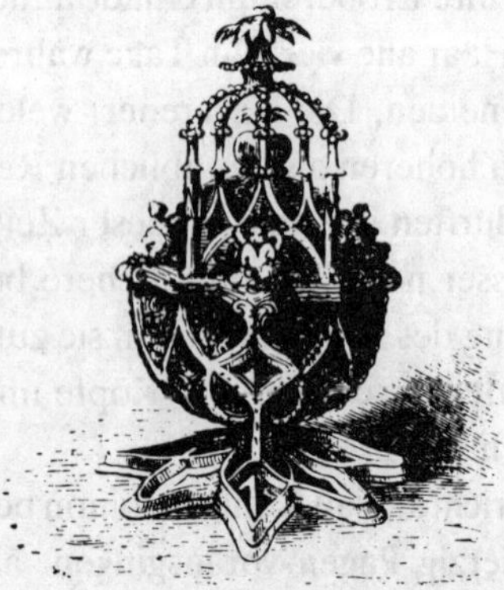

DAS BUCH DES PARFUMS Kapitel IV

DER TOD DES SARDANAPALUS

KAPITEL IV

DIE ANTIKEN ASIATISCHEN NATIONEN

"In diesem angenehmen Boden hatte Gott
seinen Garten noch angenehmer angeleget.
Er hieß aus dem fruchtbaren Grunde alle
Bäume von den edelsten Arten hervorsprießen,
Gesicht, Geschmack, und Geruch zu erfreuen."

JOHANN MILTON "EPISCHES GEDICHT
VON DEM VERLOHRENEN PARADIESE"

IGRIS und Euphrat, die beiden mächtigen Ströme, begrenzen jenen von den Menschen der Antike Mesopotamien und seinen heutigen Bewohnern El Jezireh genannten Streifen Land, der der Schauplatz des irdischen Paradieses gewesen sein soll. Zwar vertreten einige Bibelkommentatoren die Auffassung, jenes hätte in Armenien gelegen. Da es sich aber bei zwei von den vier Flüssen, die laut Genesis das Paradies durchfließen, offensichtlich um Tigris und Euphrat handelt, scheint es natürlicher, in Mesopotamien die Kulisse für jenen herrlichen Garten Eden zu vermuten, welchen Milton in seiner edlen Dichtung so schön schildert:

> "Das war ein Raum,
> den der oberste Pflanzer selbst ausgelesen hatte,
> als er alle Dinge zu dem ergetzlichen Dienste des Menschen zugerichtet:
> Das Oberdach war dicht zusammengeflochten,
> ein Schattengewebe von Lorbeer- und Myrthen-Zweigen,
> und an andern steifen und geruchreichen Blättern,
> die gern in der Höhe wachsen;
> an beyden Seiten umzäunete der Acanthus mit andern wohlriechenden Specerey-Stauden die grünende Wand;
> allerley Arten der zierlichsten Bluhmen,
> die Iris von allerley Farben, die Rose, und der Jasmin,
> reketen ihre beblühmten Häupter dazwischen hervor,
> und formirten ein mosaisches Werck.
> Unten brodierten der Crocus, die Hyacinthe und die Viole den Boden mit einem reichen Schmelz von mehr Farben,
> als in dem köstlichsten Brustschilde von Edelsteinen spielen." [1]

Daß dieser begünstigte Landstrich seine natürlichen Schönheiten bis heute bewahrt hat, können wir uns anhand *Layards* Beschreibung der Umgebung der antiken Stadt Nimrod vorstellen:

"Blumen aller Schattierungen gaben den Wiesen farbigen Schmuck; nicht spärlich im Gras verstreut, wie in nördlichen Klimazonen, sondern in solch dicken und zusammengeballten Büscheln, daß die ganze Ebene einem Flickwerk aus vielen Farben glich." [2]

Bei einer derart reizvollen Gegend ließ es sich nicht vermeiden, daß sie sich der Mensch bereits früh als Aufenthaltsort erwählte; noch ist verwunderlich, daß sie mehr als einmal den ehrgeizigen Eroberer dazu reizte, ihre fruchtba-

[1] Verl. Paradies, IV.B.

[2] "Nineveh and its Remains" Vo.i, S. 78

ren Ebenen zu überfallen und mit seinen Horden an diesem begehrenswerten Ort zu siedeln. Es schlüge jedoch absolut nicht in mein Fach, die Geschichte des großen östlichen Reiches von seiner Gründung durch Ashur, den Sohn von Shem, und Nimrod, "den gewaltigen Jäger", bis zu seiner Eroberung durch Cyrus zurückzuverfolgen. Ich werde mich auf das beschränken, was eng mit meinem Sujet zusammenhängt, und mich bemühen, die Sitten und Gebräuche der Assyrer, Meder, Perser, Chaldäer und anderer antiker asiatischer Nationen zu schildern.

Außer den häufigen Hinweisen auf die Assyrer und Chaldäer in der Bibel haben uns Herodotus, Diodorus Siculus und andere Autoren einige merkwürdige und wertvolle Informationen bezüglich der Lebensweise dieser verschwenderischen Völker übermittelt, die durch die modernen Entdeckungen voll bestätigt worden sind.

Über viele Jahrhunderte lebten Nineveh und Babylon – einst die Wunder des Universums – nur in den Erinnerungen der Menschen. Ihre Lage war kaum bekannt und man glaubte, jede Spur von ihnen wäre vom Erdboden verschwunden, als es vor etwa fünfzig Jahren einem englischen Gelehrten und einem französischen *Savant* nach langer und geduldiger Suche gelang, einen Zipfel des Schleiers aus Sand und Ruinen zu lüften, der so lange die toten Städte zugedeckt hatte, und der staunenden Welt die Großartigkeit assyrischer Architektur zu enthüllen. Diesen Entdeckerpionieren folgten Botta, Bonomi, Layard und andere begeisterte Forscher, die mit unermüdlicher Ausdauer und Energie viele wertvolle Schätze aus den Schutthügeln retteten, welche die gegenwärtigen Bewohner des Bodens in ihrer achtlosen Unwissenheit darüber anwachsen ließen. Diese interessanten Zeugnisse bereichern jetzt unsere Museen, und aus ihren bildlichen Darstellungen vermögen wir gleich einem geschriebenen Buch die Sitten und Gebräuche einer Nation abzulesen, die in den Künsten von Krieg und Frieden Ägypten den Rang streitig machte.

Baal oder Belus

Die Assyrer beteten viele Gottheiten an, deren wichtigste Sonne, Mond und die Sternbilder waren. Baal oder Belus, der ägyptische Osiris, verkörperte die Sonne und war von allen der am höchsten verehrte. Dann folgte Astarte oder Mylitta, die assyrische Venus, welche – wie die ägyptische Isis – unter dem Zeichen des Mondes verehrt wurde, was ihre allgemeine Darstellung mit dem Halbmond auf dem Kopf erklärt. Dagon, der Fischgott, wurde hauptsächlich von den Phöniziern verehrt, die er die Kunst der Navigation gelehrt haben soll.

Astarte, die assyrische Venus

Auf allen diesen Göttern errichteten Altären wurden Räucherwerk und aromatische Gummiharze im Überfluß verbrannt, denn wir lesen in der Heiligen Schrift von den "Götzenpriestern", die Baal, der Sonne und dem Mond und den Planeten und allen Gestirnen des Himmels Räucherwerk opferten.“[1]

Herodotus beschreibt ausführlich den zu Ehren Baals

Dagon der Fischgott

Altar (Khorsabad)

oder Belus in Babylon erbauten herrlichen Tempel, der aus einer Reihe von acht übereinander errichteten, riesigen Türmen bestand und von dem manche glauben, er sei mit dem Turm von Babel identisch gewesen. Im Inneren befand sich ein goldenes Standbild des Gottes, das ein Gewicht von achthundert Talenten gehabt haben soll (was ihm einen Wert von etwa drei Millionen unseres Geldes gibt). Auf dem ebenfalls aus massivem Gold gefertigten Altar verbrannten sie jährlich eintausend Talente reinen Weihrauchs.[2]

Nimrods Statue und Altar

Außer diesen Göttern verehrten die Assyrer auch ihre antiken Herrscher, wie Nimrod, unter dessen Standbild in

[1] 2 Könige xxiii 5 [2] Herodotus Buch 3

einer der ausgegrabenen Bauten ein Altar gefunden wurde; und Semiramis, ihre große Königin, die Babylon zu seinem größten Glanz erhoben hatte und von der man glaubte, sie sei in eine Taube verwandelt worden, in deren Gestalt sie verehrt wurde.

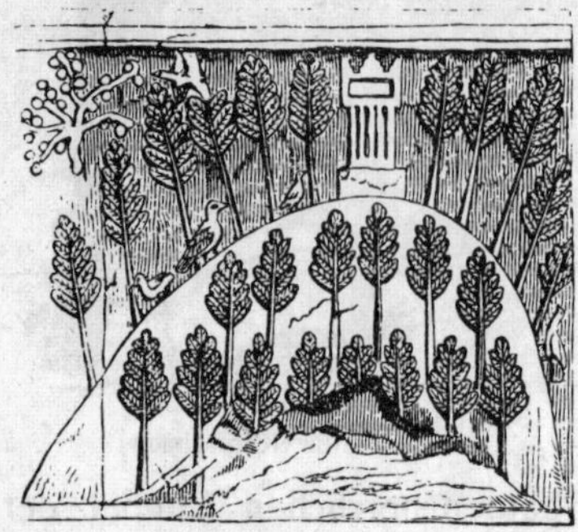
Altar auf erhöhter Stätte

Nicht immer befanden sich ihre Altäre in den Tempeln. Manchmal waren sie an erhöhten Stätten errichtet, ein Brauch, auf den die Bibel häufig Bezug nimmt und der durch moderne Entdeckungen weiter veranschaulicht wird. Die in den Skulpturen auf den Altarseitenwänden dargestellten Priester tragen gewöhnlich einen kleinen eckigen Korb aus Flechtwerk in der Hand, dessen Bestimmung den Gelehrten beträchtliche Rätsel aufgegeben hat. Vermutlich benutzte man ihn zum Tragen der bei der Opferung zu verbrennenden aromatischen Gummiharze und Hölzer.

Assyrischer Altar und Priester (Khorsabad)

Der Verbrauch an diesen kostbaren Drogen war so groß, daß zusätzlich zur Eigenproduktion weiterer Nachschub aus den Nachbarländern besorgt wurde. Laut Herodotus hatten allein die Araber einen jährlichen Tribut von eintausend Talenten Olibanum zu entrichten.

Während der Regierung von Darius Hystaspes unternahm Zoroaster eine Reform der Religion der Perser und ersetzte die Anbetung ihrer verschiedenen Idole durch die des Feuers. Fünfmal täglich verbrannten seine Priester Duftstoffe auf dem Altar, und es war ihre Pflicht, abwechselnd Wache zu halten, auf daß die geweihte Flamme nicht verlösche.

Dem heiligen Feuer wurde folgender Ursprung zugeschrieben: Ein Astrologe weissagte in Babylon einst die Geburt eines Kindes, das den König enthronen würde. Der herrschende Monarch erteilte daraufhin den Befehl, alle schwangeren Frauen zu töten. Aber eine, deren Zustand sie nicht verraten hatte, gebar im Verborgenen den künftigen Propheten. Als der König wenig später davon erfuhr, sandte er nach dem Kind und versuchte, es eigenhändig umzubringen, doch sein Arm verdorrte auf der Stelle. Dann ließ er es auf einen entzündeten Scheiterhaufen legen, aber der brennende Stoß verwandelte sich in ein Bett von Rosen, auf dem das Kind ruhig schlief. Einige der anwesenden Personen retteten einen Teil des Feuers, das bis zum heutigen Tag zur Erinnerung an dieses große Wunder bewahrt wird. Der König unternahm zwei weitere Versuche zur Vernichtung Zoroasters, empfing aber die Strafe für seine Schlechtigkeit in Gestalt einer Mücke, welche in sein Ohr eindrang und seinen Tod verursachte.[1]

Zoroasters Lehren wurden von den Königen der Sassaniden-Dynastie übernommen und befolgt, von denen einer auf der dazugehörigen Medaille gezeigt wird, deren Bildseite ein Pyreum oder heiliges Altar-Feuer darstellt. Als Persien von den Türken erobert wurde, flohen seine An-

[1] Tavernier, Voyage en Perse

hänger vor der Verfolgung durch die Mohammedaner und suchten Zuflucht an der Westküste Indiens, wo sie ihre Religion unter dem Namen Parsen oder Gheber weiter aus-

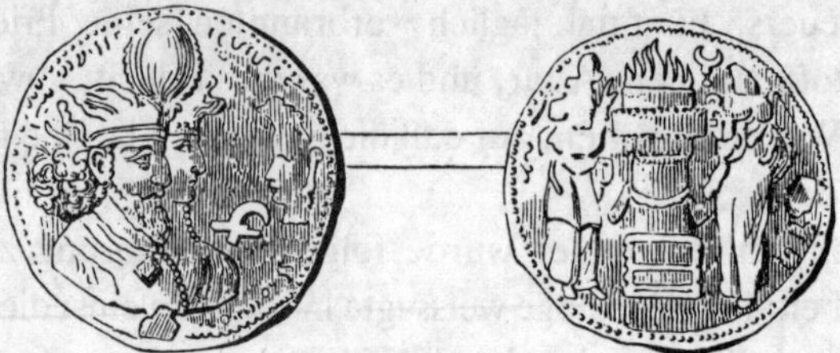

Sassanidische Medaille

üben. Sie bewahren immer noch die heiligen Feuer auf bronzenen Altären, auf die sie bei ihren Zeremonien aromatische Gummiharze werfen.

Die luxuriösen und verfeinerten Gewohnheiten der Assyrer in ihrem Privatleben schlossen selbstverständlich die Verwendung von Düften und Kosmetika ein. Ihr letzter Monarch Sardanapalus, den Oberst. Rawlinson Assaradan-pal nennt, trieb seine Leidenschaft so weit, daß er sich wie seine Frauen kleidete und

Parsischer Altar

schminkte. Als er durch das schnelle Vordringen des Eroberers zum Äußersten getrieben wurde, wählte er einen Tod, der eines orientalischen Lüstlings würdig war. Er ließ einen Stoß duftender Hölzer anzünden, nahm mit seinen Frauen und seinen Schätzen darauf Platz und wurde so mit Hilfe des aromatischen Rauches ”vom Duft“ erstickt. Duris und andere von Athenaeus zitierte Autoren geben jedoch eine andere Version seines Todes. Ihnen zufolge wurde Sardanapalus von einem seiner Generäle namens Arbaces aufgesucht, der den König in Frauengewändern und mit Zinnober bemalt antraf. Er war soeben im Begriff, seine Augenbrauen nachzuziehen, als Arbaces eintrat. Der General war so entrüstet über die Verweichlichung seines Herrschers, daß er ihn auf der Stelle erstach. So groß auch die Pracht Ninivehs war, konnte sie sich doch kaum mit der Babylons messen, das nach alten Aufzeichnungen eine Peripherie von sechzig Meilen besaß und die herrlichsten Bauten und unermeßlichsten Reichtümer beherbergte. An der Spitze all dieser Wunder standen die zu den Weltwundern zählenden berühmten hängenden Gärten, die Nebukadnezar anlegte, um seine Frau Amytes, die Tochter des medischen Königs Astyanax, zu erfreuen.

> "Im Schutz der Wälle entstand ein stolzer Hügel,
> Wo Blumen und würzige Sträucher den stillen
> Garten schmückten. Denn Nebassars Königin,
> Babylons ebener Weite müde,
> Seufzt nach der medschen Heimat, wo die Natur
> Die Täler höhlte und die Bergeshänge
> Mit sprießend Grün bedeckte; noch klagt sie lang,
> Als der ergebne König schon die Kunst beruft,
> Sich mit Naturs duftender Vielfalt zu messen.
> Zweihunderttausend Sklaven errichteten alsbald
> Diesen Hügel – ungeheures Werk – üppige Früchte
> beugen sich über sanfte Täler und wohlriechende Sträucher
> verflechten ihre wogenden Zweige."

Dort wuchsen an der Seite der hochragenden Zeder die trauernde Zypresse und die elegante Mimose; aber der liebste Aufenthaltsort der Königin war der schattige Ort, wo die Rose und die Lilie blühten und miteinander in Schönheit und Duft wetteiferten,

"Und der zarte Jasmin und die duftende Tuberose
Die lieblichste Blume mit dem süßesten Odem
Und alle seltenen Blüten ferner Zonen."

Wir können uns leicht vorstellen, daß ein Volk, welches eine derartige Bewunderung für duftende Blumen zur Schau trug, auch Parfums hinreichend schätzte, und wenn

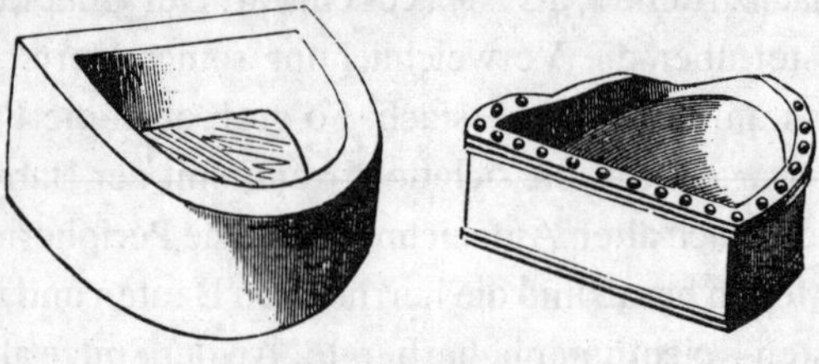

Assyrische Salbenbehälter

die Saison der ersteren vorüber war, zu letzteren Zuflucht nahm, um seine Freude an "lieblichen Düften" zu verlängern. Babylon war schließlich das bedeutendste orientalische Handelszentrum für Duftstoffe, und babylonische Par-

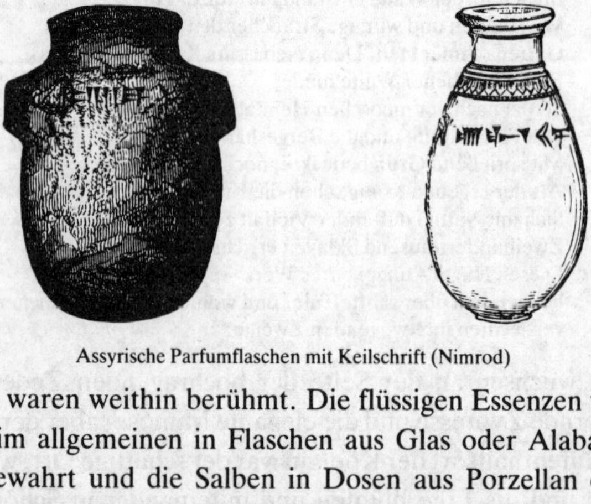

Assyrische Parfumflaschen mit Keilschrift (Nimrod)

fums waren weithin berühmt. Die flüssigen Essenzen wurden im allgemeinen in Flaschen aus Glas oder Alabaster aufbewahrt und die Salben in Dosen aus Porzellan oder Chalcedon. Die hier dargestellten Flaschen mit Keilschrift-

Inschriften wurden von Mr. Layard bei den Ausgrabungen in Nimrod gefunden.

Die Babylonier selbst waren bedeutende Konsumenten von Duftstoffen, denn Herodotus berichtet uns, daß sie ihren ganzen Körper mit den kostspieligsten Düften zu parfumieren pflegten, und während ihrer glänzenden Gelage brannten ununterbrochen duftende Räucherpfannen. Auch der Bedarf an Kosmetika war bei diesem luxusliebenden Volk beachtlich. Auf Lider und Augenwinkel trug man Stibium auf, ein dem ägyptischen Kohl ähnliches Präparat aus Antimon. Außerdem benutzte man weiße und rote Farbe für das Gesicht und rieb die Haut mit Bimstein ab, um sie zu glätten. Nikolaus von Damaskus erzählte die folgende, komische Anekdote, welche die Sitten der Babylonier veranschaulicht.

Zur Zeit des medischen Königs Artaeus bat diesen einer seiner Günstlinge, ein für seinen Mut und seine Kraft berühmter Mann namens Parsondes, um Übertragung des Statthalterpostens von Babylon, nachdem er beobachtet hatte, wie verweichlicht der gegenwärtige Statthalter Nanares war, der sich rasierte und Kosmetika benutzte. Artaeus wies ihn ab, und als Nanares von dem Vorfall erfuhr, schwor er Rache an Parsondes. Als jener in der Nähe Babylons jagte, veranlaßte er seine Gefangennahme und fragte ihn bei der Vorführung, warum er ihn abzulösen versucht habe. Weil, antwortete Parsondes, ich mich der Ehre für mehr wert erachte, denn ich bin männlicher und dem König nützlicher als du, der du rasiert bist, deine Augen mit Stibium untermalst und dein Gesicht mit weißem Blei schminkst. Als Nanares dies vernahm, übergab er seinen

Feind einem Sklaven mit der strengen Anweisung, ihn zu rasieren, mit Bimstein abzureiben, zweimal täglich zu baden, zu salben, seine Augen zu schminken und sein Haar wie das einer Frau zu flechten. Dank dieser Behandlungsweise war Parsondes bald ebenso verweichlicht wie sein Rivale, und als Artaeus einige Zeit später einen seiner

Babylonisches Bankett

Beamten nach Babylon entsandte, um die Freigabe seines Günstlings zu fordern, ließ Nanares ihn inmitten von einhundertundfünfzig Musikantinnen vor den Gesandten bringen, der ihn nicht erkannte und für eine Frau hielt.

Die Meder waren nicht weniger geschickt in der Kunst, ihrer Person künstliche Reize zu verleihen. Xenophon berichtet in seiner Cyropedia[1], daß Cyrus, als er im Alter

[1] Xenophon, Cyrop. B.i,c.3

von zwölf Jahren mit seiner Mutter seinen Großvater, den medischen König Astyages, besuchen fuhr, diesen mit Augenbemalung, Farbe auf dem Gesicht und einer prachtvollen Perücke mit wallenden Löckchen antraf. Der Junge, der all dies für echt hielt, wandte sich zu seiner Mutter und rief in seiner naiven Bewunderung: "Oh, Mutter, wie hübsch mein Großvater ist!"

Die Perser übernahmen von den Medern deren Hang zu Düften und Kosmetika. Ihre Könige verbrachten die Sommermonate gewöhnlich in Ekbatana und die Winter in Susa. Der letztgenannte Ort war berühmt für seine schönen Blumen, insbesondere die Lilie, die der Stadt ihren Namen gab, da sie im Persischen *Souson* genannt wird. Ihre Vorliebe für Düfte war dergestalt, daß sie gewöhnlich Kränze auf ihren Häuptern trugen, die Dinon zufolge aus Myrrhe und einer Labyzus genannten süßduftenden Pflanze gewunden waren. In den Palästen der Herrscher und Personen von Rang brannten unablässig aromatische Substanzen in kunstvoll geschmiedeten Gefäßen, ein Brauch, den wir auf dem nachfolgenden Stich illustriert finden, der den Skulpturen von Persepolis entnommen wurde.

Als Darius in der Schlacht von Arbela durch Alexander besiegt wurde, ließ er in seinem Zelt außer anderen Schätzen eine mit kostbaren Duftstoffen gefüllte Truhe zurück. Alexander, der zu diesem Zeitpunkt noch beteuerte, Luxusartikel zu verachten, ließ sie ausschütten und durch Homers Werke ersetzen, der – nebenbei bemerkt – süßen Düften keineswegs so abgeneigt gewesen zu sein schien wie sein königlicher Bewunderer, denn er preist sie häufig in seinen Gedichten. Nachdem sich der große Eroberer eine

Zeit in Asien aufgehalten hatte, änderte er seine Ansichten zu diesem Thema, denn Athenaeus berichtet uns, daß er die Gewohnheit hatte, den Boden mit exquisiten Parfums besprengen zu lassen, und daß duftende Harze und Myrrhe mit anderen Arten von Räucherwerk vor ihm verbrannt wurden.[1]

Verbrennen von Räucherwerk vor dem König (Persepolis)

Der größte Bewunderer von Düften unter den antiken asiatischen Herrschern scheint jedoch Antiochus Epiphanes, oder der Erlauchte[2] König von Syrien, gewesen zu sein, der einst einige Spiele in Daphne abhielt, bei denen Düfte eine äußert wichtige Rolle spielten.

[1] Athenaeus Deipnosophistei b. xii

[2] Athenaeus nennt ihn verächtlich Epimanes oder der Verrückte

In einer der dort stattfindenden Prozessionen besprengten zweihundert Frauen jedermann mit Parfums aus goldenen Gießkannen. In einer anderen marschierten Knaben in scharlachroten Tuniken, die Olibanum, Myrrhe und Safran in goldenen Schüsseln trugen und denen zwei mit Gold überzogene und sechs Ellen hohe Weihrauchbrenner aus Efeuholz folgten, in deren Mitte sich ein großer, eckiger Altar befand. Jeder, der das Gymnasium betrat, wurde mit etwas Parfum aus goldenen Gefäßen gesalbt. Es gab fünfzehn dieser Gefäße, von denen jedes einen anderen Duft enthielt, wie Safran, Zimt, Narde, Fenum Graecum, Amaracus, Lilien etc. Tausende von Gästen waren geladen, die nach reicher Bewirtung mit Kränzen aus Myrrhe und Olibanum entlassen wurden. Der gleiche König badete einst in den öffentlichen Bädern, als ein Mann, den der vom König ausgehende Duft angezogen hatte, mit den Worten an ihn herantrat: ”Du bist ein glücklicher Mann, o König: du duftest auf eine höchst kostspielige Weise.“ Der durch diese Bemerkung sehr erfreute Antiochus erwiderte: ”Ich werde dir von diesem Parfum soviel geben, als du dir wünschen kannst.“ Dann befahl der König, einen großen Krug mit der zähflüssigen Salbe über ihn auszugießen, und eine Vielzahl armer Leute scharte sich alsbald um ihn, das Vergossene aufzusammeln. Dies erheiterte den König ungeheuerlich, aber es machte den Ort so schlüpfrig, daß er ausglitt und in ausgesprochen würdeloser Manier auf seinen königlichen Rücken fiel, was seinem Vergnügen ein Ende setzte.

Alle anderen asiatischen Nationen machten reichlich Gebrauch von Düften und schenkten ihrer Toilette große Beachtung; aber keine übertraf darin vielleicht die Lyder, welche sehr verweichlicht waren und von Xenophon als

> "mit üppig frisiertem Haare prahlend
> und von kostspieligen und süßduftenden Ölen tropfend,"

geschildert werden.

Der ägyptische Brauch der Einbalsamierung scheint von den Assyrern und Babyloniern nicht in der gleichen Form praktiziert worden zu sein. Herodotus zufolge konservierten letztere die Körper ihrer Toten mit Honig, aber dies hätte ohne den Zusatz einiger aromatischer Substanzen nicht ausgereicht. M. Botta fand eine große Anzahl von Bestattungsurnen in Nineveh, welche nur noch Knochenfragmente enthielten, da die Körper zu Erde zerfallen waren.

Keine antike Nation widmete Haar und Bart eine derartige Pflege wie die Assyrer. Die Masse über die Schulter fallender üppiger Locken und der kunstvoll geflochtene Bart sind den Besuchern in unseren Museen so vertraut, daß ich keine umfangreiche Schilderung dieser Mode zu geben brauche. In den Bart der Könige waren gewöhnlich Goldfäden eingeflochten, was als Kontrast zu dessen dunkler Farbe einen prachtvollen Effekt abgab. Ihr Kopfschmuck war von halbkonischer Form und mit Perlen und Juwelen verziert. Cyrus soll als erster die Tiara getragen haben. Er wird aber auf einem Monument in Persepolis mit einem sehr sonderbaren Kopfputz dargestellt, der, obwohl dekorativ, doch etwas unbequem gewesen sein muß, wie der Leser anhand des abgebildeten Stiches urteilen mag, der keinen

Kopfschmuck eines Königs

schlechten Entwurf für einen Kandelaber abgeben würde.

Die Damen trugen ihr Haar in langen über die Schulter fließenden Locken und einfach mit einem Haarband zusammengehalten, wie die nebenstehende Abbildung zeigt. Sie trugen wuchtige Ohrringe und eine Fülle von Juwelen und waren zumeist hübsch. Dennoch blieben die von den Gaben der Natur nicht Begünstigten deswegen nicht alleinstehend; denn aufgrund eines in Babylon etablierten sehr seltsamen Brauches wurden alle heiratsfähigen Mädchen zu einem bestimmten Zeitpunkt versammelt, und die reichen Freier erwählten sich zuerst die hübschesten Bräute und zahlten eine Mitgift an. Diese wurde den anderen übergeben, die damit mühelos Ehegatten unter den jungen Männern fanden, denen mehr an Geld als an Schönheit gelegen war.

Kopfschmuck des Cyrus (Persepolis)

Assyrische Ohrringe

Alle asiatischen Völker legten größten Wert auf ihr Haar, und gut nutzte Mausolus, König von Caria, diese Vorliebe, als er zu nachfolgender Strategie Zuflucht nahm, um seine verarmte Staatskasse aufzufüllen. Nachdem er zuerst eine

Babylonische Damen

Anzahl von Perücken anfertigen und sorgfältig in den königlichen Speichern hatte lagern lassen, erließ er ein Edikt, welches alle seine Untertanen zwang, sich die Köpfe scheren zu lassen. Die Unglücklichen mußten gehorchen, und als ein paar Tage später die Agenten des Monarchen die Runde machten und ihnen die zum Bedecken ihrer entblößten Schädel bestimmten Perücken anboten, waren sie froh, sie um jeden Preis kaufen zu können. Kein Wunder, daß sich Artemisia über den Verlust eines derart klugen Gatten nicht hinwegtrösten konnte und, nicht zufrieden damit, täglich seine Asche mit ihrem Wein vermischt zu trinken, darüber hinaus den Staatsschatz erschöpfte, um seinen Manen * ein großartiges Monument zu errichten, das zu den Weltwundern gerechnet wurde.

* v. Lat. manes – gute Geister – die Seelen der Verstorbenen

TOILETTE DER VENUS

KAPITEL V

DIE GRIECHEN

HOMER

ICHT weniger zahlreich als die Sterne waren die von den antiken Griechen verehrten Götter. Zu *Hesiods* Zeit hatten sie bereits die ehrfurchteinflößende Zahl von dreißigtausend[1] erreicht, und ständig wurden neue fabriziert oder von anderen Nationen übernommen. Bei ihrer Verehrung befolgte man viele verschiedene Riten. Nahezu alle aber beinhalteten Opfergaben, die nicht nur in den Tempeln, sondern auch in Privat-

[1] Hesiod, Oper. i. 250.

häusern dargebracht wurden, wo zu diesem Zweck Altäre

Hausaltar

errichtet waren. Kein Grieche unternahm eine Reise oder irgendein anderes mehr oder minder wichtiges Unterfangen ohne den vorherigen Versuch, jenen Gott durch Opfern des ihm geweihten Tieres günstig zu stimmen, dessen Protektion er für sein Vorhaben zu benötigen glaubte. So brachte man Jupiter einen Ochsen dar, einen Hund der Hekate, eine Taube der Venus, Ceres eine Sau und Neptun einen Fisch. Das Opfer wurde auf den mit

Patera

Kränzen duftender Kräuter oder Blumen bedeckten Altar gelegt und unter Begießen mit Wein aus einer flachen, Patera genannten Schale mit Olibanum verbrannt. Das war das vollständige, von Hesiod beschriebene Opfer:

"Sonst auch noch versöhne die Götter mit Spende und Rauchwerk,
Wenn du dein Lager suchst und wenn das heilige Licht naht."[1]

Bei den gewöhnlicheren Opfern wurde lediglich Räucherwerk auf dem im nebenstehenden Stich dargestellten *Thytérion* oder Räucheraltar verbrannt. Bei allen in Griechenland stattfindenden religiösen Festlichkeiten verbrauchte man beträchtliche Mengen an Duftstoffen. Die bedeutendsten dieser Feste waren die *Panathenœa* zu Ehren Minervas, die in Platœa im Tempel des Jupiter begangenen *Eleutheria* und die *Dionysien*, deren Hauptperson Bacchus war; aber keine ließen sich in ihrer Pracht

[1] Hesiod, Oper. i. 338-346

mit den zu Ehren von Ceres eingeführten *Eleusianischen Mysterien* verglichen. Das letzte Fest dauerte neun Tage, in denen die *Mystœe* oder Eingeweihten zum Erproben ihrer Standfestigkeit nacheinander einer Reihe furchteinflößender Prüfungen unterworfen wurden. Diejenigen, denen es gelungen war, den scheußlichsten Erscheinungen, den grimmigsten Monstern und den entsetzlichsten Gefahren zu widerstehen, wurden am neunten Tag in den

Räucheraltar

Tempel der Göttin eingeführt, in dem ihr mit Gold und Edelsteinen bedecktes Standbild inmitten von tausend Lichtern erstrahlte. Den Altar, auf dem das reinste Räucherwerk schwelte, umgab eine Anzahl purpurgekleideter und mit Myrthen bekränzter Priester, über denen auf einem herrlichen Thron der Hierophant oder Hohepriester saß, der den Eingeweihte die Mysterien der Göttin auslegte und ihnen die Freuden beschrieb , die sie als Entgelt für ihren Mut erwarteten. Inmitten der *Elysischen Gefilde* würden sie eine goldene Stadt mit Wällen aus Smaragden, elfenbeinernem Pflaster und Toren aus Zimt vorfinden. Um die Wälle flöße ein Strom aus Parfum, einhundert Ellen breit und tief

Griechischer Altar

genug, um darin zu schwimmen. Von diesem Fluß steige ein wohlriechender Nebel auf, der den ganzen Ort einhülle und einen belebenden und duftenden Tau verströme. Außerdem gebe es in dieser glücklichen Stadt dreihundertundfünfundsechzig Honigbrunnen und fünfhundert mit den süßesten Essenzen. Wie später offensichlich wird, hat diese, einem griechischen Autor entnommene Schilderung eine eigentümliche Ähnlichkeit mit den Wundern von Mohammeds Paradies, die den Gläubigen im Koran versprochen werden, und zeigt die leidenschaftliche Liebe beider Völker zu Düften.

Die mit ihrer lebhaften Phantasie ständig Fabel mit Realität vermischenden Griechen schrieben Düften einen göttlichen Ursprung zu und zählten sie zu den Attributen ihrer Götter. Wie ich bereits im ersten Kapitel bemerkt habe, erwähnen die frühen Dichter das Erscheinen einer Göttin daher nie, ohne von dem von ihr ausgehenden ambrosischen Duft zu sprechen. Die in *Nektar und Ambrosia* – eine Sterblichen unbekannte Nahrung – schwelgenden Götter erfreuten sich auch an speziell ihrem Gebrauch vorbehaltenen Parfums. So beschreibt Homer Junos Toilettenaktivitäten, als sie sich vor ihrem Treffen mit Venus in ihre Gemächer zurückzieht:

"Mit Ambrosia wusch sie sich zuerst von der liebreizenden Haut
Alle Unreinigkeiten und salbte sich glatt mit dem Öl,
Dem ambrosischen, köstlichen, wohlriechenden, das sie hatte;
Wurde es auch nur geschüttelt im Hause des Zeus mit der ehernen Schwelle,
So gelangte doch der Duft bis zur Erde wie auch zum Himmel."[1]

Manchmal ließen sich gutmütige Götter dazu herab, ihren *Protégés* einige dieser exquisiten Duftstoffe als beson-

[1] Ilias XIV.

deres Zeichen ihrer Gunst zu schenken. Als sich demnach Penelope zum Empfang ihrer Freier rüstet, rät ihr Eurynome, ihren Gram abzuschütteln und "ihr Anlitz zu salben". Die tugendhafte Matrone weigert sich mit folgenden Worten:

> "O, so gut du es meinst, Eurynome, rate mir das nicht,
> Meinen Leib zu baden und meine Wange zu salben!
> Denn die Liebe zum Schmuck ward mir von den Himmlischen Göttern
> Gänzlich geraubt, seit jener in hohlen Schiffen hinwegfuhr."

Pallas sucht sie jedoch in ihrem Schlummer auf und verströmt ein wundervolles Parfum über sie, das damals wahrscheinlich "Das Bouquet der Venus" genannt wurde.

> "Da gab die heilige Göttin
> Ihr unsterbliche Gaben, damit sie die Freier entzückte:
> Wusch ihr schönes Gesicht mit ambrosischem Öle der Schönheit,
> Jenem, womit Aphrodite, die Schöngekränzte, sich salbet,
> Wenn sie zum reizenden Chore der Charitinnen dahinschwebt."[1]

Als Phaon, der Steuermann von *Lesbos*, einmal in seinem Fahrzeug einen geheimnisvollen Passagier – in dem er Venus erkennt – nach Zypern befördert hatte, erhält er von der Göttin als Abschiedsgeschenk eine göttliche Essenz, welche seine groben Züge in das schönste Antlitz verwandelt. Als ihn die arme *Sappho* nach seiner Verwandlung erblickt, verliebt sie sich sinnlos in ihn, wird aber in ein wäßriges Grab getrieben, als sie ihre Liebe unerwidert findet. Dieses Wunder schlägt sicher alle prahlerischen Errungenschaften der modernen Parfumerie, selbst das "Patentverschönerungsverfahren", von dem ich befürchte, daß es, auf Herren angewandt, keine zahlreichen "Sapphos" anziehen würde. Die in der Zubereitung von Parfums bewanderten Personen – und diese waren zumeist Frauen – galten bei den Griechen

[1] Odyssee, xviii.

mit ihrer Liebe für das Wunderbare als Zauberkünstler. Folglich hält *Circe* Odysseus auf ihrer Insel durch Zauberei zurück, die hauptsächlich aus duftenden Räucherungen bestand; und *Medea* kocht den alten *Aeson* in einem duftenden Bad und verwandelt ihn in einen vollkommenen Jüngling – ein Verfahren, welchem sich, nebenbei bemerkt, nur wenige unserer alten Beaus unterwerfen würden, wie stark auch immer ihr Wunsch nach wiederhergestellter Jugend sein mag.

Die *Nymphe Oenone* soll Paris einige der Toilettengeheimnisse der Venus verraten haben, und mit Hilfe dieser Kosmetika erwarb die schöne Helena ihre für Griechen wie Trojaner so fatale übernatürliche Schönheit. Diese Geheimnisse enthüllte sie ihren Landsmänninnen nach ihrer Rückkehr aus Troja, und darauf begründet sich die Vortrefflichkeit der griechischen Parfumerie.

Neben den als Opfer verbrannten duftenden Gummiharzen scheint es sich bei den zu jenen antiken Zeiten bekannten Parfums um mit Blumen – in erster Linie der Rose – parfumierte Öle gehandelt zu haben. Homer bezeichnet sie allgemein als *ἔλαιον, elaion* (Öl), unter gelegentlicher Hinzufügung des Epithets ”rosig“ oder “ambrosisch”. In einer späteren Epoche führten die Ionier eine größere Vielfalt von Essenzen ein, die vorwiegend den damals in der Kunst versierteren asiatischen Nationen entlehnt waren.
Ihre Anwendung war zu einem Zeitpunkt derart verbreitet, daß Solon ein Edikt erließ, welches den Verkauf von Parfums untersagte; wie alle Luxusgesetze wurde es jedoch mehr durch ”Übertretung als durch Beachtung“ befolgt, denn die Läden der Parfumeure blieben weiterhin die Zuflucht von Müßiggängern, vergleichbar mit den modernen *Cafés* im Süden

Europas. Selbst der zerlumpte Zyniker Diogenes hielt es nicht für unter seiner Würde, sie hie und da zu betreten, indem er seine Badewanne an der Schwelle zurückließ; aber mit einem löblichen Sinn für Sparsamkeit trug er die erworbenen Salben stets nur auf die *Füße* auf, denn, wie er zu den jungen, ihn ob seiner Exzentrizität verspottenden Galanen richtig bemerkte, "salbst du deinen Kopf mit Parfum, entflieht es in die Luft und nur die Vögel haben den Nutzen davon; wenn ich es dagegen auf meine unteren Gliedmaßen reibe, hüllt es meinen ganzen Körper ein und steigt wohltuend zu meiner Nase auf."

Die allgemeine Bezeichnung für Düfte war *μύρον (myron)*, welches sich laut *Chrysippus* von dem Wort *moron* (Mühe) ableitete, "aufgrund der eitlen und unprofitablen Mühe ihrer Zubereitung." Ich vermerke dies jedoch als ein verachtenswertes Wortspiel eines Mannes, der "keinen Duft in seiner Seele" hatte, und neige mehr zu dem Glauben, daß es von dem Wort Myrrh als dem bekanntesten aller Duftstoffe abstammt.

Salbengefäß aus Alabaster

Die Griechen benutzten während ihrer Glanzzeit eine große Vielzahl von Düften und Salben, deren wichtigste ausführlichst in der von *Athenæus* zitierten "Abhandlung über Parfums" des Appolonius von Herophila beschrieben werden:[1]

"Die Iris ist am vortrefflichsten in Elis und Cyzicus; das beste aus Rosen bereitete Parfum stammt aus Phaselis, und das in Neapel und Capua hergestellte ist gleichfalls sehr gut. Das aus Krokus (Safran) gewonnene ist am vortrefflichsten in Soli auf Sizilien und auf Rhodos. Die beste Nardenessenz wird in Tarsus produziert und der beste Extrakt aus Wein-

[1] Deipnosophistei, B. xv, K. 38

blättern auf Zypern und in Adramyttium. Das beste Parfum aus Majoran und Äpfeln kommt von Cos. Ägypten gebührt die Krone für seine ”Essenz von Cypirus“, und als nächst beste kommen die zyprische und phönizische und danach die sidonische. Das Panathenaicum genannte Parfum wird in Athen hergestellt und die als Metopian und Mendesian bezeichneten bereitet man mit dem größten Geschick in Ägypten. Aber das Metopian wird aus Öl produziert, welches aus bitteren Mandeln extrahiert wird. Dennoch verdankt jedes Parfum seine überlegene Qualität den Lieferanten und den Materialien sowie dem Künstler und nicht dem Orte selbst, denn von Ephesos wird behauptet, daß es in früheren Zeiten wegen der Vortrefflichkeit seiner Parfumerie, insbesondere seines Megalliums, hohes Ansehen genoß, aber heute ist das vorbei. Einstmals gelangten auch die in Alexandrien hergestellten Salben zu hoher Perfektion, aufgrund des Reichtums der Stadt und der Beachtung, die Arsinoe und Berenice solchen Angelegenheiten schenkten; und der feinste Rosenextrakt der Welt wurde zu Lebzeiten der großen Berenice in Cyrene erzeugt. Ebenso war in alten Zeiten der in Adramyttium gewonnene Extrakt aus Weinblättern nur minderwertig; aber später wurde er erstklassig, dank Stratonice, der Frau des Eumenes. Früher verfügte auch Syrien über eine bewundernswerte Produktion aller Arten von Salben, insbesondere der aus Fenum Graecum extrahierten, aber heute ist die Situation völlig verändert. Und es ist lange her, daß es in Pergamus dank der Erfindung eines gewissen Parfumeurs dieser Stadt eine köstliche, aus Weihrauch extrahierte Salbe zu geben pflegte, denn niemand hatte sie vor ihm produziert; aber jetzt wird sie dort nicht mehr hergestellt.“

Auch Theophrastus schrieb ein Buch über Düfte, in dem er sagt, daß einige aus Blumen, wie zum Beispiel aus Rosen, weißen Veilchen und Lilien, hergestellt werden, einige aus Stengeln oder Blättern und einige aus Wurzeln.

Der Name der Parfums wies im allgemeinen auf die Inhaltsstoffe hin, aus denen sie bereitet waren; andere dagegen waren nach ihrem Erfinder benannt. So wurde das Megallium von einem Parfumeur namens Megallus produziert:

"Und sag, du brächtest ihr solche Salben,
Wie sie der alte Megallus nie mischte." [1]

Peron war ebenfalls ein berühmter, von antiken Autoren häufig erwähnter Athener Parfumeur: —

"Soeben ließ ich den Mann um Salben handelnd
In Perons Geschäft zurück; hat er den Handel abgeschlossen,
Wird er dir Zimt und Nardenessenz bringen." [2]

Baccaris und Psagdas oder Psagdès waren zwei beliebte Parfums:

"Ich salbte meine Nase dann mit nach Krokus
duftendem Baccaris." [3]

"Komm, laß mich sehen, welche Salbe ich dir geben kann:
Gefällt dir Psagdès?" [4]

"Dreimal verrichtete sie die Salbung mit ägyptischem Psagdas." [5]

Die ganz Raffinierten trugen auf jeden Körperteil einen anderen Duft auf, wie wir Antiphanes entnehmen:

"Er badet tatsächlich
In einer großen vergoldeten Wanne und taucht seine Füße
Und Beine in schwere ägyptische Salben;
Kiefer und Brust reibt er mit zähflüssigem Palmöl ein,
Und beide Arme mit einem nach Minze duftendem Auszug;
Augenbrauen und Haar mit Majoran,
Knie und Nacken mit einer Essenz aus zerstoßenem Thymian."

[1] *Strattis*, Medea. [2] *Antiphanes*, Antea. [3] *Hipponax*.
[4] *Aristoph.* Daitaleis. [5] *Eubulus*.

Der größte Konsum an Duftstoffen fand jedoch bei ihren Lustbarkeiten statt. Bereits zu Homers Zeiten war es üblich, den Gästen ein Bad mit anschließender duftender Einsalbung anzubieten, bevor man zu Tisch ging. Demgemäß steigen Telemachus und Peisistratus nach ihrem Empfang durch Menelaus in die Bäder hinunter:

"Als sie die Mägde gebadet und drauf mit Öle gesalbet
Und mit wollichtem Mantel und Leibrock hatten bekleidet,
Setzten sie sich auf Throne bei Atreus' Sohn Menelaos."[1]

Später wurden Düfte nicht mehr nur für Waschungen vor den Gelagen benutzt, man brachte sie auch während des Mahles in Flaschen aus Alabaster oder Gold und mit Blumengirlanden zum Bekränzen der Gäste herein.[2] In seinem Stück "Das Bankett" berichtet Philoxenus:

"Und dann brachten die Sklaven Wasser für die Hände,
Und Seife[3], wohlvermischt mit dem öligen Saft der Lilien,
Und benetzten die Hände mit soviel warmem Wasser,
Wie es die Gäste wünschten. Und darauf reichten sie ihnen Tücher
Aus feinstem Linnen, herrlich gewirkt,
Und ambrosisch duftende Salben,
Und Kränze aus blühenden Veilchen."

Xenophon gibt eine noch ausführlichere Beschreibung eines griechischen Gelages:

"Der Boden ist gefegt und das Triclinium leer,
Die Hände sind gereinigt, die Becher
Gut gespült; ein jeder Gast trägt auf der Stirn
Den Kranz aus Blüten; aus schlanker Vase
Reicht ein williger Knabe reihum
Ein duftendes und kostbares Parfum; während die Schale,
Emblem der Freude und gesellger Fröhlichkeit, bereit steht,
Voll bis zum Rand; ein anderer schenkt Wein ein,

[1] Odyssee, iv. [2] *Athenaeus*, Deipnos. B.xv,K.36.

[3] Obgleich das ursprüngliche griechische Wort *σμῆγμα (smêgma)* normalerweise mit "Seife" übersetzt wird, glaube ich, daß damit lediglich eine Art parfumierter, im Orient immer noch benutzter Erde gemeint war, denn die Griechen kannten keine Seife.

Von köstlichem Geschmack, den Duft von Blumen
Verströmend und Honig, frisch bereitet
So wohltuend für den Sinn, daß niemand ablehnt,
Derweil würzige Harze den Raum mit Wohlgeruch erfüllen.
Auch Wasser wird aufgetragen, kühl und frisch und klar,
Safranfarbenes Brot, Goldbarren gleich.
Üppig gedeckt ist die Tafel, mit reinem Honig
Und schmackhaftem Käse. Ebenso der Altar, der voll
Im Mittelpunkt steht, gekrönt mit Blumenkränzen.
Das Haus hallt wider von Musik und Gesang."

Obgleich die vorausgegangenen Details auf einen hohen Grad an Luxus bei griechischen Festen deuten, waren manche Lüstlinge selbst mit diesen Genußmitteln unzufrieden und suchten sie durch Hinzuziehen aller Arten von erfinderischen Einfällen zu steigern, wie jener im "Siedler von Alexis" erwähnte:

"Noch fielen
Seine Parfums aus alabasterner Dose,
Das wäre eine zu einfallslose Laune und hätte zudem
Den Anstrich des Überholten – statt dessen ließ er
Stets von neuem vier Tauben frei – die Schwingen einer jeden
Mit einem anderen Duft getränkt – jeder Vogel
Trug die ihm angemessenen Wohlgerüche – und diese Tauben,
Im Kreise flatternd, ließen nun einen Schauer
Köstlicher Parfums auf uns herniederregnen, Gewänder,
Möbel und Gäste sämtlich damit durchweichend, darin badend.
Ich verwerfe Eure Mißgunst, wenn ich anfüge,
Daß sich auf mich Fluten von Veilchendüften ergossen."

Diese Form des Einsatzes von Düften während der Banketts war nicht nur aufgrund des durch sie bewirkten Vergnügens eingeführt worden, sondern auch wegen der ihnen nachgesagten wohltuenden Wirkung, insbesondere wenn sie auf das Haupt gerieben wurden:

"Das Auftragen lieblicher Düfte auf das Haupt
Ist das beste Rezept gegen Krankheit."

Anakreon empfiehlt auch das Einreiben der Brust als dem

Sitz des Herzens mit Salben und hielt es für gegeben, daß sich dieses durch wohlriechende Düfte beruhigen ließ. Eine weitere Tugend, welche die Griechen – nicht zuletzt aus der Sicht von Epikuräern – Düften zuschrieben, bestand darin, daß sie ihnen den Genuß von größeren Mengen Wein ohne üble Nachwirkungen gestatteten. Dieser Glaube, wie berechtigt er immer gewesen sein mag, wird von vielen Autoren erwähnt. Die kultiviertesten Anbeter des Bacchus waren mit der *äußerlichen* Anwendung aromatischer Substanzen keineswegs zufrieden. Sie benutzten sie auch, um den Geschmack ihres Weines zu verbessern. Einige derselben wurden mit wohlriechenden Harzen präpariert, wie Myrrhine, der mit Myrrhe aromatisiert war; andere wurden einfach auf Honig oder duftende Blumen gegossen. Standen Düfte bei den wohlhabenden und luxusliebenden Athenern in Gunst, galt dies nicht für die Philosophen, die ihren Gebrauch als verweichlicht verdammten. Xenophon berichtet, daß Sokrates einmal als Gast von Callias einige Parfums offeriert wurden, die er aber mit der Bemerkung zurückwies, sie seien nur für Frauen geeignet und er zöge bei Männern den Duft des in den Gymnasien verwendeten Öls vor. ”Denn“, fügte er hinzu, ”werden ein Sklave und ein freier Mann mit Düften gesalbt, riechen beide gleich; aber der Geruch nach freier Arbeit und männlichen Übungen sollte das Merkmal des freien Mannes sein.“

Selbst auf die Gefahr hin, Sokrates in den Augen meiner geschätzten Leser zu schaden, muß ich als gewissenhafter Historiker hinzufügen, daß er Bäder gleichermaßen mißbilligte und Sauberkeit nicht für einen wesentlichen Teil der Weisheit hielt.

Obgleich das elaborate ägyptische Badewesen teilweise

von den Griechen übernommen worden war, ließen sie ihm nie die Entwicklung zuteil werden, die es später unter den Römern erfuhr. Sie waren im allgemeinen mit beschränkteren Ablutionen zufrieden, die in einem an einem öffentlichen Ort aufgestellten Marmorbassin verrichtet wurden, während die Damen den Pflichten der Toilette daheim nachgingen. Die hier gezeigten Stiche sind antiken Skulpturen oder Exemplaren aus dem Britischen Museum entnommen.

Öffentliches Waschbecken

Waschbecken für Damen

Wie ich bereits sagte, glaubte man allgemein, Düfte besäßen medizinische Eigenschaften, und die Rezepturen der berühmtesten Essenzen und Kosmetika waren auf Marmortafeln sowohl in den Tempeln des Äskulap als auch der Venus eingetragen. Die Priesterinnen der verschiedenen Götter traten die Nachfolge der antiken Zauberer an und bereiteten ihre angeblich mit besonderen Tugenden ausgestatteten Mittel, wodurch sie lange Zeit erfolgreich mit den weniger göttlichen Erzeugnissen gewöhnlicher Parfumeure konkurrierten.

Ein hübsches junges Mädchen namens Milto, Tochter eines bescheidenen Bauern, pflegte jeden Morgen Girlanden aus frischen Blumen in dem Tempel der Venus niederzulegen, da ihre Armut ihr den Luxus reicherer Opfergaben nicht gestattete. Ihre herrliche Schönheit wurde einmal fast durch ein auf ihrem Kinn wucherndes Geschwür zerstört. Aber sie erblickte in einem Traum die Göttin, welche ihr riet, einige der Rosen von ihrem Altar darauf zu legen. Sie tat es und gewann ihren Liebreiz so vollständig zurück, daß sie schließlich als Lieblingsfrau des Cyrus auf dem persischen Thron saß. Seit diesem Zeitpunkt war der Ruf der Rose als ebenso wohltätige wie schöne Blume etabliert und sie bildete die Basis vieler sowohl nützlicher als auch schmückender Lotionen, denn, wie Anakreon sagt:

"Auch den Kranken heilt sie wieder,
Scheucht von Toten die Verwesung"[1]

Bis auf den heutigen Tag hat die Königin der Blumen ihre zweifache Berühmtheit bewahrt und ist gleichermaßen auf

Griechische Damen bei der Toilette

den Regalen des Apothekers wie im Labor des Parfumeurs anzutreffen. Jedoch waren nicht alle griechischen Kosmetika so unschuldig wie die Rose. Die zurückgezogene Lebensweise der Frauen nahm ihnen einen großen Teil ihrer natürlichen Frische und Schönheit, und sie versuchten, ihren Verlust auf künstliche Weise zu reparieren. Sie schminkten ihre Gesichter mit weißem Blei und Wangen

[1] Anakreon "Auf die Rose" XXXV Ode.

und Lippen mit Zinnober oder einer Poederos genannten Wurzel, die der Alkanetwurzel ähnlich ist. Dies wurde mit dem Finger oder einer kleinen Bürste gemäß der nebenstehenden von einer antiken Gemme stammenden Abbildung aufgetragen. Zum Nachdunkeln der Augenbrauen und -lider benutzte man ebenfalls ägyptisches Kohl und diverse andere Präparate für den Teint, die im folgenden Kapitel ausführlicher beschrieben werden, da sie fast alle anschließend von den Römern übernommen wurden.

Griechin beim Schminken

Haarfärbemittel wurden häufig von jenen verwendet, die der Verjüngung des alten Aeson ohne Rückgriff auf die Kochprozedur nachzueifern wünschten. Nachdem die für ihren Geist wie für ihre Schönheit ebenso gefeierte Laïs einmal den Bildhauer Miron abgewiesen hatte, der sich im Alter von siebzig Jahren verzweifelt in sie verliebte, schrieb der enttäuschte Liebhaber diese Zurückweisung seinen weißen Locken zu. Er ließ sie daher in prächtigem Schwarz einfärben und kehrte am folgenden Tag in der Hoffnung auf mehr Erfolg zurück. Aber er war zur Enttäuschung verurteilt, denn Lais erwiderte, seine Forderungen verlachend: "Wie kann ich dir heute gewähren, was ich deinem Vater gestern verweigerte?"

Seit den frühesten Zeiten benutzten die Griechen Düfte in ihren Bestattungsriten. Homer schildert, wie Achilles mit seinen Gefährten dem Freund Patrokles die letzten Ehren erweist:

"Wuschen sie gleich und salbten den Toten mit glänzendem Öle,
Füllten die Wunden mit Balsam- der hatte neun Jahre gelagert-;"[1]

[1] Ilias 28.

Selbst bei einem Feind galt dieser Tribut als Pflicht, und wir erfahren, daß Achilles Hektors Körper salben und parfumieren läßt, bevor er ihn Priamos übergibt.[1]

Zum Verbrennen der Körper der Toten wurde gewöhnlich ein Scheiterhaufen aufgeschichtet, und die Freunde des Verblichenen wohnten dieser Tätigkeit bei, warfen Räucherwerk in das Feuer und begossen es mit Wein als Trankopfer. Anschließend wurden die Knochen und die Asche eingesammelt, mit Wein gewaschen und kostbaren Salben vermischt und dann in Bestattungsurnen analog den nebenstehenden Exemplaren aus dem Britischen Museum verschlossen. In seiner Odyssee schildert Homer, wie Agamemnon Achilles erzählt, auf welche Art und Weise diese Zeremonie bei jenem verrichtet worden war:

Bestattungsurnen

"Als dich Hephaistos' Flamme verzehrt, da gießen wir
Morgens lauteren Wein in die Asche und sammelten, edler Achilles,
Deine weißen Gebeine, mit zwiefachem Fette bedeckend."[2]

Es war auch üblich, die Gräber der Toten mit duftenden Blumen zu bestreuen und mit wohlriechenden Parfums zu besprengen; und Alexander soll Achilles dieses Zeichen der Ehrerbietung gezollt haben, dessen Standbild er bei seinem Besuch in Troja salbte und mit Girlanden bekränzte.

Parfums galten als ein so wesentlicher Bestandteil der Bestattungszeremonien, daß auf die Särge der ärmeren Bevölke-

[1] Ilias 24. Gesang [2] Odyssee, 24. Gesang,

rungsschichten Parfumflaschen aufgemalt wurden als eine Art leeren Trostes für das Fehlen des echten Artikels.[1]

Als wahrer Genießer zog Anakreon es vor, Düfte und Blumen zu seinen Lebzeiten zu genießen, statt sie seinen Manes nach seinem Tode offerieren zu lassen. In einer seiner Oden ruft er aus:

> "Und ist dies Gebein zerfallen,
> Ruhn wir als ein wenig Asche.
> Drum, was soll's den Grabstein salben?
> Was umsonst die Erde tränken?
>
> Mich vielmehr, weil ich noch lebe,
> Salbe! schling' um meine Stirne
> Rosen, rufe mir ein Mädchen!"[2]

Die Mühen und Pflichten der Toilette waren so wichtig, daß in Athen ein Tribunal errichtet wurde, um über alle Angelegenheiten der Kleidung zu entscheiden; und eine Frau mit einem nicht vorschriftsmäßig geschnittenen *Peplon* oder Mantel oder einer unordentlichen Frisur unterlag einer der Schwere des Vergehens angepaßten Geldstrafe bis zur Höhe von eintausend Drachmae. Ich muß jedoch sagen, daß griechische Damen ein solches Gesetz anscheinend nicht benötigten, um ihre persönliche Erscheinung zu studieren. Ihre eigene Koketterie agierte zweifelsohne als ein noch mächtigeres Stimulans, und die uns hinterlassenen antiken Beispiele zeigen uns eher, daß sie einen exzellenten Geschmack insbesondere in ihren Frisurenmoden besaßen. In der Antike rollten beide Geschlechter ihr Haar zu einer Art Knoten auf dem Scheitel des Kopfes auf, welchselbiger Stil bei den Männern *Krobylos* und bei den Frauen *Korymbos* genannt wurde. Der höchste Luxus letzterer bestand in dieser Epoche in dem Schmücken des Knotens mit einer goldenen Spange in Form eines Grashüp-

[1] Aristophanes, Eccles. 1948 [2] Anakreon, Oden

fers. Diesen einfachen Schmuck gab man jedoch in späteren Zeiten auf und führte viele verschiedene Moden ein, unter denen *Kekryphalos, Sakkos* und *Mitra* am verbreitetesten waren. Erstere bestand in einer Haube aus Netzwerk, wie

Mitra-Kopfputz

wir sie bereits von den Juden her kennen und die uns erneut in vielen anderen Epochen und Nationen begegnen wird; ein Umstand, welcher übrigens ihren erst kürzlich erhobenen Anspruch auf Neuheit etwas beeinträchtigt. Der

Sakkos · Kopfputz

Korymbus-Frisur

Sakkos war ein dichter, gewöhnlich aus Seide oder Wolle gefertigter Beutel, und das ursprünglich aus Asien kommende Mitra ein in den reichsten Farben eingefärbtes und in diversen Techniken um den Kopf geschlungenes Stoffband. Es gab noch viele andere Frisurenmoden, wie *Strophos, Nimbo, Kredemnon, Tholia* etc., von denen die beigefügten Abbildungen eine bessere Vorstellung als eine schriftliche Beschreibung vermitteln werden, und meine geschätzten Leser werden darunter zweifelsohne einige

Strophos-Kopfputz

finden, die in einem Salon unserer Tage fast *“à la mode”* wären. Die Männer pflegten ihr Haar bei Erreichen der

Nimbo-Kopfputz

Pubertät abzuschneiden und es irgendeiner Gottheit zu weihen. Theseus soll sich zur Durchführung dieser Zere-

Kredemnon-Kopfputz

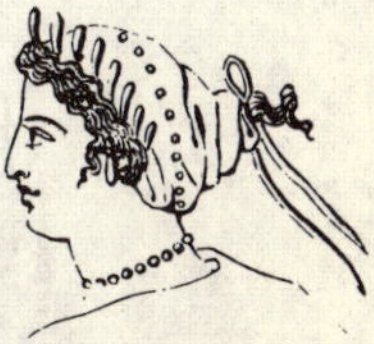

Tholia-Kopfputz

monie nach Delphi begeben und seine abgeschnittenen Locken Apollon geweiht haben.

Danach ließ man das Haar wieder lang wachsen und schnitt es nur als Zeichen der Trauer ab. Demgemäß schoren die Freunde des Achilles bei der Bestattung von Patroklos ihr Haar ab:

> "Und mit Haaren bedeckten sie den Leichnam, die sie auf ihn warfen,
> Abgeschorene,"[1]

In einigen Gegenden Griechenlands dagegen, wo es üblich war, das Haar kurz zu tragen, ließ man es während der Trauerzeit lang wachsen:

> "Vernachlässigt Haar soll üppig wachsen nun,
> Und seine Läng' ihr bitter Leid dartun."[2]

Ein weiterer eindrucksvoller Beweis dafür, daß äußere Zeichen der Trauer lediglich Sache der Konvention sind und daß das weiße Gewand des chinesischen Leidtragenden mit ebensoviel echtem Kummer verbunden sein kann wie unsere dunkle Trauerkleidung.

[1] Ilias, 23. Gesang, [2] Kassandra 973

DAS BUCH DES PARFUMS Kapitel VI

BOUDOIR EINER RÖMISCHEN DAME

KAPITEL VI

DIE RÖMER

"Discite, quae faciem commendet cura, puellae,
Et quo sit vobis forma tuenda mode." OVID

ROM wußte während der ersten Zeit seiner Geschichte nur wenig von den Luxusgütern der Zivilisation. Seinen in ständiger Fehde mit ihren Nachbarn liegenden Einwohnern lag nichts an den Künsten des Friedens, und ihre ungeschorenen Locken und struppigen Bärte waren eher darauf berechnet, Entsetzen unter ihren Feinden zu säen, als die Augen des schönen Geschlechts zu fesseln. Der einzige Duft, den sie sich zu jener Zeit gönnten, war vielleicht ein Strauß Verbena oder einer anderen duftenden Pflanze, den sie auf den Feldern pflückten und über ihre

Türen hängten, um das sogar von ihren modernen Nachkommen immer noch gefürchtete böse Auge, *il malocchio*, fernzuhalten. Selbst ihre Götter fuhren damals nicht viel besser, und die ihnen dargebotenen Opfergaben waren laut Ovid von der einfachsten Art:

> "Mehl war einst und reinliches Salz in glänzender Krume,
> Götter den Sterblichen euch wieder zu söhnen, genug.
> Myrrhen, der thränenden Rind' entflossene, hatte noch niemals
> Irgend ein gastliches Schiff über die Meere gebracht.
> Weihrauch sandt' Euphrates noch nicht, nicht India Kostwurz;
> Auch vom rothen Safran kannte die Fäden man nicht.
> Mit sabinischem Kraute befriedigt rauchte der Altar;
> Lorbeer wurde darauf, lauten Geprassels, verbrannt.
> Konnt' auch Einer zum Kranz, aus Blumen der Wiese gewunden,
> Etwa Violen dann noch fügen, den nannte man reich." [1]

Als jedoch die Römer ihre Eroberungen auf die von den Griechen kolonisierten Provinzen des südlichen Italiens ausdehnten, die den Namen Magna Graecia erhalten hatten, übernahmen sie nach und nach auch die Sitten der von ihnen bezwungenen Länder und wurden mit allen Raffinessen des Luxus vertraut. Ebenso imitierten sie deren religiöse Zeremonien, und bei den diversen, in Herculaneum und Pompeji gefundenen Geräten und Malereien ist der griechische Ursprung deutlich erkennbar. Eine Beschreibung der römischen Formen der Götterverehrung wäre daher nur eine Wiederholung des vorausgegangenen Kapitels, und wir würden genau die gleichen Dinge unter anderen Namen wiederfinden. So wurde die für Opferdienste benutzte Weihrauchtruhe der Griechen, das λιβανωτρίς *(libanôtris)* zum "Acerra"; der θυτήριον *(Thytérion)* oder Altar wurde in "Ara turicrema" umgetauft, und das griechi-

Räucheraltar
(Ara Turicrema)

[1] Fastor. iii 337

sche *θυμιατήριον (Thumiatérion)* wurde zum römischen "Turibulum".

Die entsprechenden Illustrationen werden eine Vorstellung der bei solchen Geräten üblichen Formen geben.

Truhe für Räucherwerk (Acerra)

Räucherfäßchen (Turibulum)

Die Truhe für Räucherwerk ist einem Basrelief aus dem Kapitolmuseum entnommen; die Altäre stammen von antiken Malereien und das Räucherfäßchen von einem in Pompeji gefundenen Bronzeoriginal. Der auf der folgenden Seite abgebildete Streitwagen wurde ebenfalls bei Ausgrabungen entdeckt und in den Tempeln zum Befördern von Räucherwerk zu den diversen Altären benutzt. Bestattungsriten sind so sehr auf religiöse Ideen aufgepropft, daß wir natürlich dieselbe Ähnlichkeit zwischen den griechischen und den römischen Zeremonien erwarten müssen. In der Frühzeit Roms begrub man die Toten; aber nach Annahme griechischer Sitten wurden sie in der bereits geschilderten Weise verbrannt und die Knochen in einer Bestattungsurne mit mehr oder minder kostbaren Parfums

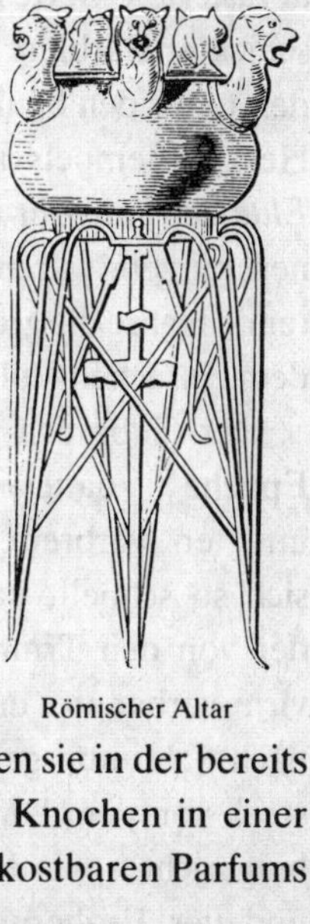

Römischer Altar

entsprechend dem Reichtum des Verstorbenen oder dem Ausmaß der Dankbarkeit seiner Erben gesammelt. Reiche Leute ließen sich normalerweise Grabkammern analog der hier dargestellten bauen, in welche sie die Bestattungsurnen aller Familienmitglieder stellten. Obgleich auch im Privatleben griechische Sitten imitiert wurden, nahmen die der Römer eigene Züge an, die zu untersuchen interessant sein könnte. Ein Sizilianer namens Ticinus Menas brachte im Jahre 454 die Mode des abrasierten Bartes nach Rom und ließ eine Truppe geschickter Barbiere aus seinem Land kommen, die ihre Läden unter den Säulengängen des Minucius in der Nähe des Herkulestempels aufschlugen. Scipio Africanus und die *Elite* der Patrizier übernahmen diese neue Mode, und binnen kurzem waren ein glattes Kinn und nach Salben duftende Haare die große Mode und Bärte blieben Sklaven und dem einfachen Volk überlassen.

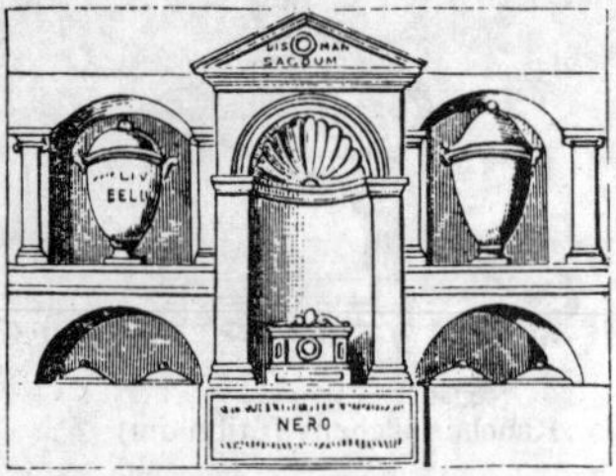

Grabkammer

Der Gebrauch von Düften in Rom läßt sich ab dieser Epoche datieren, und er verbreitete sich so schnell, daß der von den Triumvirn verbannte und nach Salernum geflüchtete Lucius Plotius in seinem Versteck von dem Duft seiner Salben verraten und daraufhin hingerichtet wurde. Nach der Niederlage von Antiochus und der Eroberung Asiens wurde der Mißbrauch noch

Wagen für Räucherwerk

größer; in dem Wunsch, diesem ein Ende zu bereiten, erließen die Konsuln Licinius Crassus und Julius Caesar im Jahre 565 * ein Gesetz, welches den Verkauf von "Exotica" untersagte, womit alle Arten von Düften gemeint waren, die damals aus dem Ausland eingeführt wurden. Dieses Edikt wurde jedoch nicht mehr beachtet als das des Solon in Athen und verringerte in keiner Weise den Verbrauch an Duftstoffen, der seinen Höhepunkt während der Kaiserzeit erreichte.

Unter den letzteren war Otho einer der glühendsten Anhänger der Parfumeurskunst, denn Suetonius[1] berichtet uns, daß dieser selbst auf Feldzügen zur Verschönerung seiner Person und Erhaltung seines Teints ein komplettes Arsenal an Essenzen und Kosmetika mit sich führte. Juvenal verspottet ihn folglich in einer seiner Satiren ob seiner Verweichlichung:

> "Wahrhaftig ein Ereignis, daß man wohl
> In neu'ster Zeit Annalen und Geschichts-
> Tabellen aufzuzeichnen Recht besitzt:
> Ein Spiegel als Bagage im Bürgerkrieg!
> Des Oberfeldherrn Sache freilich ist's,
> Den Galba todtzuschlagen und die Haut
> Zu pflegen! Das verräth Mannhaftigkeit
> Des höchstgestellten Bürgers, um den Raub
> Der Herrschaft auf Bebriakums Gefild
> Zu kämpfen und dabei geknetet Brod
> Auf sein Gesicht zu streichen mit der Hand." [2]

Caligula gab enorme Summen für Düfte aus und tauchte seinen von Exzessen entkräfteten Körper in wohlriechende Bäder.[3] Auch Nero war ein großer Liebhaber lieblicher Düfte und verbrauchte bei Poppäas Begräbnis mehr Räucherwerk, als Arabien in zehn Jahren produzieren konnte.

[1] Suetonius, B.viii. [2] Juvenalis 2. Satire 187-197
[3] Suetonius, B.iv. * Röm. Zeitrechnung

In seinem goldenen Palast waren die Speisesäle mit beweglichen Elfenbeinplatten getäfelt, die silberne Rohre verbargen, aus denen die Gäste mit einem duftenden Schauer wohlriechender Essenzen überschüttet wurden.[1]

Die Römer hatten von den Ägyptern den Brauch des öffentlichen Bades übernommen, das sie fast täglich aufsuchten – eine sehr notwendige Maßnahme zur Erhaltung von

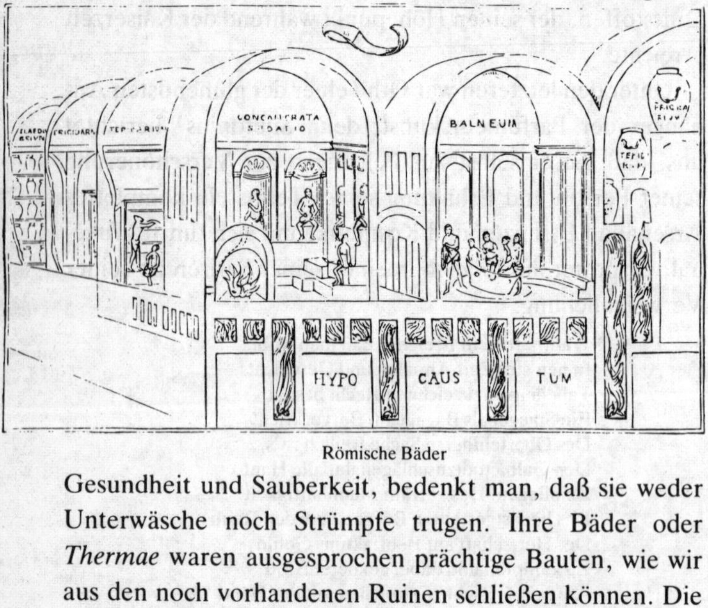

Römische Bäder

Gesundheit und Sauberkeit, bedenkt man, daß sie weder Unterwäsche noch Strümpfe trugen. Ihre Bäder oder *Thermae* waren ausgesprochen prächtige Bauten, wie wir aus den noch vorhandenen Ruinen schließen können. Die bedeutendsten Einrichtungen dieser Art waren zu unterschiedlichen Zeiten von den Kaisern erbaut worden und trugen deren Namen. Die größten waren die von Agrippa, Nero, Titus, Domitian, Antonius, Caracalla und Diokletian. Anfangs waren sie der Öffentlichkeit gegen Entrichtung eines *Quadrans* oder etwas weniger als einem Farthing[2]

[1] Suetonius, B.vi. [2] Farthing= 1/4 Penny

unseres Geldes zugänglich. Agrippa vermachte seinen Garten und seine Bäder dem römischen Volk und übertrug bestimmte Güter zu deren Unterhaltung, damit das Volk sie kostenlos genießen könne. Die Anlage dieser Bäder war so hervorragend durchdacht, daß sie besondere Beschreibung verdient. Nach Betreten entkleideten sich die Badenden zunächst und übergaben ihre Kleider zwecks Aufbewahrung den zu diesem Zweck angestellten Personen, den sogenannten *Capsarii*. Dann ging man in das *Unctuarium* oder *Cleothesium* – ein am Ende unseres Stiches markierter Raum –, in welchem alle Parfums und Salben in großen Krügen aufbewahrt wurden, wodurch er fast einem modernen Apothekerladen glich. Dort wurde man zur Vorbereitung mit billigen Ölen eingerieben und ging dann in das *Frigidarium* oder Kaltbad weiter, wo die erste Badestufe zu durchlaufen war. Von dort ging es in das *Tepidarium* oder lauwarme Bad und danach in das *Caldarium* oder heiße Bad, in dem die Temperatur durch einen unter dem Boden liegenden Ofen, dem sogenannten *Hypocaustum*, hochgehalten wurde. Hier rieb man unter starkem Schwitzen die Haut mit einer Art bronzenem Striegel, dem sogenannten *Strigil*, ab, etwa in der Weise, in der moderne Pferdepfleger ihre Pferde behandeln, und tröpfelte gleichzeitig etwas duftendes Öl aus einer kleinen, *Ampulla* genannten Flasche auf den Körper. Wer es sich leisten konnte, ließ diese Arbeit durch Badesklaven – *die Aliptes* – oder die zu diesem Zweck mitgebrachten eigenen Sklaven verrichten. Von Kaiser Hadrian wird die Geschichte erzählt, daß er eines Tages beim Baden mit dem einfachen Volk einen alten römischen Soldaten

Strigil und Ampulla

erblickte, der ihm von den römischen Truppen her bekannt war. Als Hadrian sah, wie jener seinen Rücken gegen eine Marmorwand rieb, fragte er ihn nach dem Sinn dieser Aktivität. Der Veteran antwortete, er besässe keinen Sklaven, der ihm aufwarten könne. Darauf schenkte ihm der Kaiser zwei Sklaven und genügend Geld für deren Unterhalt. Ein paar Tage später fingen zwei alte, vom Glück des Veteranen inspirierte Männer gleichfalls an, sich an der Wand zu reiben in der Hoffnung, des Kaisers Aufmerksamkeit zu

Tepidarium in Pompeji

erregen. Worauf ihnen Hadrian, der ihre Absicht erkannte, vorschlug, sie täten ohne Sklaven besser daran, ihre Rücken gegeneinander zu reiben.

Der dazugehörige Stich zeigt das *Tepidarium* der Bäder in Pompeji mit den drei bronzenen Bänken und der Steinbank an der einen Schmalseite, wie sie tatsächlich aufgefunden wurden. Die darüberliegenden Nischen dienten wahrscheinlich zum Aufbewahren von Salben und Parfums, und man vermutet im Hinblick auf die kleinen Dimensionen dieser Bäder, daß der Raum auch als *Eleothesium* für das Abreiben und Einsalben benutzt wurde.

Es gibt keine modernen Gebäude, die eine Vorstellung von dem Ausmaß und der Pracht dieser römischen

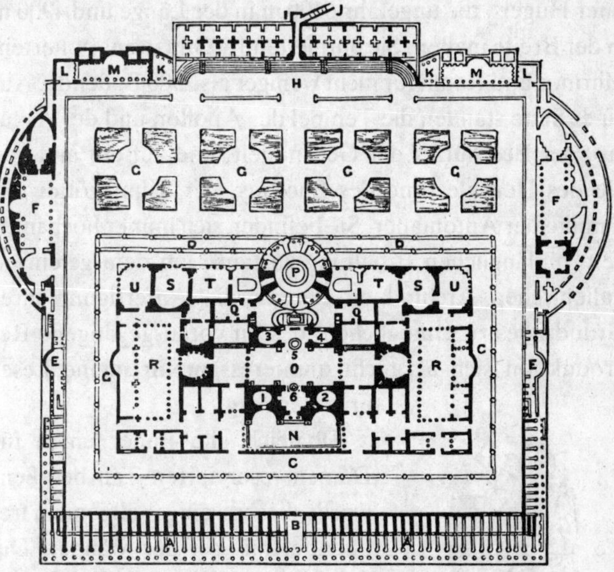

Grundriß der Bäder des Caracalla

A Kolonnaden zur Straße.
B Private Baderäume.
C Haupteingänge.
D Innere Korridore.
E Sitze für Badende.
F Konversationssalons.
G Freiluftgänge.
H *Theatridium* oder Amphittheater.
I Wassertank.
J Aquädukt.
K, L, M Räumlichkeiten für gymnastische Übungen.
N Schwimmbad.
O *Caldarium* oder Heißwasserbad.
P *Laconicum* oder Dampfbad.
Q Versorgungszisternen.
R Überdachte Hallen.
S Kaltwasserbad.
T Raum für wohlriechende Salben.
U Raum zum Abkühlen.
1, 2, 3, 4 Privaträume.
5, 6, *Labra* oder öffentliches Becken.

Thermae vermitteln könnten, die nicht nur dem Baden gewidmet waren, sondern auch Salons für Konversation oder Diskussion, Bilder- und Skulpturengalerien, Bibliotheken, mit schattigen Bäumen bepflanzte Wandelgänge, Arkaden für gymnastische Übungen und schließlich alles beinhalteten, was zum materiellen und intellektuellen Vergnügen eines reichen und luxusliebenden Volkes beitragen konnte. Die größten waren die des Caracalla in der Nähe des Aventiner Hügels, die ungefähr 6100 m in der Länge und 4900 m in der Breite maßen. Sie enthielten 1600 Sitze aus poliertem Marmor und Raum für nicht weniger als 2300 Badende. Auf einer Seite standen die Tempel des Apollon und des Äskulap, der Beschützer der Gesundheit, und auf der anderen die des Herkules und des Bacchus, der Schutzgötter der Familie der Antonianer. Sie befinden sich immer noch in einem hinlänglichen Erhaltungszustand, um dem gelehrten italienischen Architekten Pardini die Anfertigung ihres Grundrisses zu ermöglichen, dessen vorausgegangene Reproduktion sich als nicht uninteressant für meine Leser erweisen mag.

Kammerzofe (Ornatrix)

Obgleich alle Bäder einen für Damen reservierten Teil besaßen, wurde dieser weniger allgemein frequentiert als der der Männer. Die reichen patrizischen Matronen zogen es vor, den Pflichten der Toilette in ihren eigenen Häusern nachzugehen. Das war in der Tat keine geringfügige Angelegenheit für sie, und bei vielen war es die einzige Beschäftigung; daher wurden die verschiedenen, zur Toilette gehörenden Utensilien auch als *Mundus muliebris* oder die Welt einer Frau bezeichnet.

Umgeben von einer Anzahl junger, *Cosmetae* genannter

Sklavinnen aus verschiedenen Nationen,von der dunklen Nubierin bis zur blonden Gallierin, die alle ihren besonderen Aufgabenbereich hatten und von der Ornatrix oder Ersten Kammerzofe dirigiert wurden, thronte würdevoll die römische Dame und ließ alle um sich herum erzittern. Wehe der unglücklichen Maid, deren ungeschickte Finger den Locken der Herrin keine hinreichend anmutige Drehung verliehen hatten oder der es nicht gelungen war, die Farbe auf die richtige Stelle der Wange aufzutragen. Ein Kniff in den Arm, ein Stich mit einer Nadel oder ein schwerer, nach ihrem Kopf geschleuderter Metallspiegel belehrten sie schnell über ihrer Herrin Mißvergnügen. Juvenal, der bittere Satiriker römischer Sitten, beschreibt eine dieser Szenen folgendermaßen:

Toiletten-Kanne

"Ordnet ihr
Das Haar die unglücksel'ge Psekas, selbst
Zerrauften Haares mit entblößter Brust
Und Schulter. ‚Warum ist die Locke da
Zu hoch?' Die Ochsenpeitsche straft sofort
Die Frevelthat, daß sie das Haar verschob.
Worin besteht der Psekas Schuld? Kann hier
Die Dienerin dafür, wenn heut' einmal
Dir Deine Nase nicht gefallen will?
Die and're Skalvin dehnt zur Linken ihr
Das Haar und krümmt und wölbt zum Thurm es auf.
Toilettenrathsmitglied ist ferner noch
Die von der Mutter übernomm'ne Magd,
Die jetzt beim Wollgeschäft verwendet wird,
Nachdem im Nadelfach sie ausgedient.
Die gibt zuerst ihr Urtheil, wie's sich ziemt.
Nach der dann werden, die an Alter, an

Kunstfertigkeit ihr nachstehn, erst befragt:
Als ob das Leben, ob der gute Ruf
Dort auf dem Spiele stände. So bemüht
Um schönes Ausseh'n ist das Weib, um Putz!
Mit solcher Zahl von Stufen drückt das Haar
Sie: in so viel Stockwerken baut sie hoch
Es auf: von vorne scheint's Andromache,
Von hinten aber kommt so klein sie vor,
Daß man sie für verwechselt halten kann."

Drei Arten von Düften wurden von den Römern hauptsächlich benutzt – die *Hedysmata* oder festen Salben; die auf öliger Basis aufgebauten *Stymmata* oder flüssigen Salben und die *Diapasmata* oder Duftpulver. Die Salben bildeten eine zahlreiche Klasse, und ihre Namen waren bei einigen von den in ihre Komposition eingegangenen Ingredienzen entlehnt, bei anderen von dem Ursprungsort ihrer Erzeugung und bei wieder anderen von den besonderen Umständen ihrer ersten Herstellung. Wie unsere heutigen Präparate lösten sie einander in der öffentlichen Gunst ab, und Neuheit besaß für die römischen Schönen eine ebenso große Anziehungskraft wie für unsere zeitgenössischen Damen. Es gab die einfachen, nur mit einem Duft parfumierten Salben, wie das aus Rosen hergestellte *Rhodium*, das *Melinum* aus Quittenblüten, das *Metopium* aus bitteren Mandeln, das *Narcissinum* aus Narzissenblüten, das aus einem von Plinius so bezeichneten Baum bereitete *Malobathrum* – den einige für den *Laurus cassia* halten – und viele

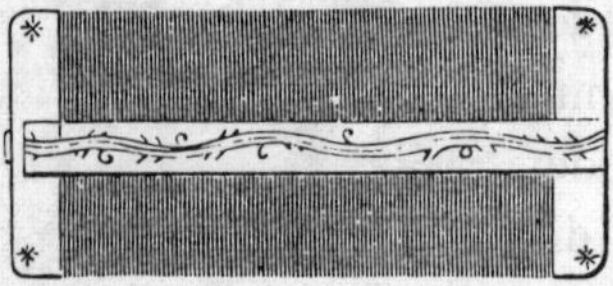

Römischer Kamm

Römische Spiegel

andere, die für eine Erwähnung zu zahlreich sind. Die zusammengesetzten Salben wurden durch Kombinieren von mehreren Inhaltstoffen gewonnen. Die berühmtesten waren die *Susinum*, eine flüssige, aus Lilien, Öl aus Ben, Kalmus, Honig, Zimt, Safran und Myrrhe hergestellte Salbe; die aus Öl aus Ben, Kalmus, Costus, Narde, Amomum, Myrrhe und Balsam präparierte *Nardinum*, und vor allem die von Plinius so gepriesene, ursprünglich für den König der Parther bereitete königliche Salbe, die nicht weniger als siebenundzwanzig Ingredienzen enthielt.[1] Einige dieser Präparate waren sehr kostspielig und wurden für nicht weniger als vierhundert Dinare pro Pfund oder etwa £ 14 verkauft. Die Römer trugen sie nicht nur auf das Haar, sondern auf den ganzen Körper, selbst auf die Fußsohlen auf. Tatsächlich wählten die kultiviertesten, wie die griechischen Epikuräer, einen anderen Duft für jeden Teil ihrer Person. Außerdem wurden ihre Bäder, ihre Kleider, ihre Betten, die Wände ihrer Häuser und sogar ihre Militärfahnen mit Düften imprägniert. Einige trieben diese Vorliebe so weit, daß sie ihre Pferde und Hunde mit parfumierter Salbe einrieben.

Safran gehörte zu den beliebtesten Düften der Römer. Sie ließen nicht nur ihre Wohnungen und Bankettsäle mit dieser Pflanze ausstreuen, sondern komponierten aus ihr auch Salben und Essenzen, die hochgeschätzt waren. Einige der letzteren ließen sie häufig bei ihren Festen in kleinen Bächen fließen oder von dem das Dach des Amphitheaters bildenden *Velarium* als Tau über das Publikum niederrieseln.

Lucanus sagt in seiner "Pharsalia"[2], als er beschreibt, wie das Blut aus den Adern einer von einer Schlange gebissenen Person rinnt, es sprudele auf die gleiche Art und Weise

[1] Plinius' Naturgeschichte, B. xiii, Kap.2. [2] Lucan, Pharsal. B.ix v.809.

hervor wie die süßduftende Safranessenz aus den Gliedern einer Statue.

Parfums waren im allgeinen in Flaschen *(Unguentaria)* aus Alabaster, Onyx oder Glas in den unten gezeigten Formen

Duftbehälter (Narthecium)

abgefüllt, die von Exemplaren aus dem Museum in Neapel kopiert wurden. Benötigte man sie für das Bad, wurden sie in einer runden Elfenbeindose, dem sogenannten *Narthecium*, befördert, entsprechend dem nebenstehenden Beispiel, das nach einer in Pompeji gefundenen Dose gezeichnet wurde. Gewöhnliche Parfums wurden in kleinen vergoldeten Muscheln[1] oder in Tongefässen verkauft.

Die *Unguentarii* genannten römischen Parfumeure waren äußerst zahlreich und bewohnten im Velabrum einen *Vicus Thuraricus* genannten Teil der Stadt. Zu Martials Zeit

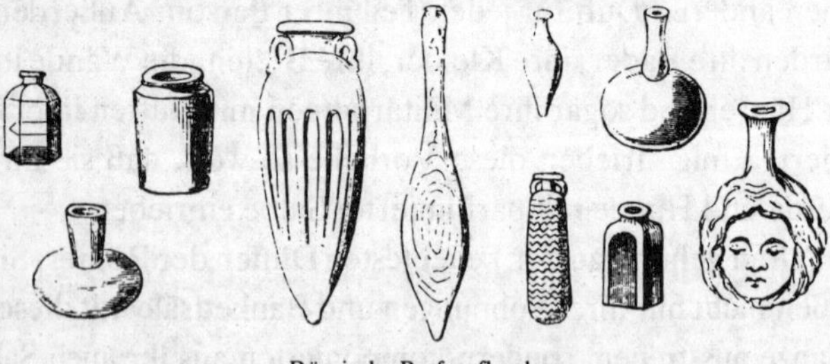
Römische Parfumflaschen

war Cosmus der berühmteste, den er häufig in seinen Epigrammen erwähnt.[2] In dem für seinen Luxus berühmten Capua bewohnten die Parfumhändler eine ganze Straße der Stadt, die sogenannte Seplasia. Einige ihrer Essenzen extrahierten sie aus in Italien wachsenden Blumen, aber die Mehrzahl ihrer Ingredienzen wurden aus Ägypten oder Arabien importiert; und einige derselben waren so kostbar,

[1] Martial, B.3, lxxxii. [2] Ibid., B.1, lxxxvii; b.3,lv.

daß die in ihren Labors arbeitenden Sklaven vor dem Heimgehen entkleidet wurden, um zu verhindern, daß sie etwas davon am eigenen Körper versteckten.

Der Brauch, Düfte im *Triclinium* oder Speisesaal einzusetzen, war den Römern von den Griechen überliefert worden; und sie führten ihn möglicherweise noch weiter, denn kein Gastmahl galt ohne Düfte als vollständig, die zu den unentbehrlichen Bestandteilen des „Menus" gehörten. Als er Fabullus zum Abendessen einlädt, fügt Catullus nach Auflistung der verschiedenen, seiner harrenden Genüsse hinzu:

In Pompeji gefundenes Triclinium

"Ich biete nämlich freudig dar
Den Balsam, Freund, bedenke
Den Lesbia von Venus gar
Empfangen zum Geschenke.
Riechst diesen du, Fabull, o dann
Flehst du gewiß die Götter an:
'Macht mich doch ganz zur Nase.'"

Martial scheint den von Catullus angekündigten glücklichen Zustand des "Nur-noch-Nase-Seins" nicht genossen zu haben, denn in einem seiner Epigramme beschwert er sich bei seinem Gastgeber darüber, daß dieser ihm mehr Düfte als Nahrung gegeben und ihn so zu einer lebenden Mumie reduziert habe:

"Salben gabst du den Gästen gestern, schöne,
Ich bekenn es, doch gabst du nichts zum Beißen.
Witzig: köstlich zu duften und zu hungern!
Wer nicht speist und gesalbt wird, der, Fabullus,
Kommt mir grade so vor, als ob er tot wär."

Der geistreiche Kritiker gehörte offensichtlich nicht zu des Cosmus besten Kunden, denn er zieht den Gebrauch von Parfums oft ins Lächerliche, indem er sagt:

"Riecht einer immer so gut, Posthumus, riecht er nicht gut."[1]

Und sich an eine alte Kokotte namens Polla wendend, welche mit List die Verwüstungen der Zeit zu verbergen trachtete, ruft er aus:

"Dein Gesicht, das so schön, verbergen entstellende Mittel,
Mit dem Leib, der nicht schön, kränkst du das Wasser im Bad.
Glaube, die Göttin selbst ruft dir mit unseren Worten:
'Entweder zeig dein Gesicht, sonst aber bade im Kleid.'"[2]

Das folgende Porträt eines Beau der Epoche zeigt, daß nicht nur Damen einem extravaganten Gebrauch von Düften ergeben waren:

"Nun, ein 'schöner Mann' ist, wer das Haar sich ordnet in Locken,
wer nach Balsam stets, immer auch duftet nach Zimt,
wer die Lieder vom Nil, wer die von Gades sich vorsummt,
wer den enthaarten Arm tänzerisch immer bewegt."[3]

Außer den flüssigen Essenzen und Salben benutzten die Römer eine ungeheure Vielfalt von Kosmetika zum Verbessern und Erhalten des Teints. Plinius gibt in seiner „Naturgeschichte" eine Beschreibung dieser Präparate, von denen einige aus Erbsenmehl, Gerstenmehl, Eiern, Weinhefe, Hirschhorn, Narzissenzwiebeln und Honig, andere einfach aus Maismehl oder aus milchgetränkten Brotkrumen bestanden. Aus diesen Pasten machte man eine Art Packung, die die ganze Nacht und einen Teil des Tages auf dem Gesicht belassen wurde. Manche Leute entfernten sie in der Tat nur zum Zwecke des Ausgehens, und Juvenal berichtet uns in einer seiner Satiren, daß ein römischer Ehemann seiner Zeit des Antlitzes seiner Gemahlin daheim

[1] Martial, B.1. [2] Ibid, B.3. [3] Ibid

nur selten ansichtig wurde, es sei denn, sie ginge aus:

"Und legt den ersten Kleisterüberzug
Ab, so daß man sie sehen kann, und bäht
Mit jener Milch sich, wegen welcher sie
Selbst wenn sie als Verbannte hin zum Pol
Hyperboreia's ziehen müßte, zur
Begleitung Eselstuten mit sich schleppt." [1]

Die letzten Zeilen spielen auf Neros Gemahlin Poppäa an, die täglich in Eselsmilch zu baden pflegte und bei ihrer Verbannung aus Rom die Erlaubnis erhielt, fünfzig Eselinnen mitzunehmen, damit sie in ihren bevorzugten Waschungen fortfahren konnte.

Ovid, der Dichter der Liebe, schrieb ein Buch über Kosmetika [2], von welchem uns unglücklicherweise nur ein Fragment überliefert ist. Ich möchte daraus ein oder zwei Auszüge geben, und sei es nur, um den möglicherweise an diesen Dingen interessierten Damen eine Gelegenheit zu verschaffen, die Vorzüge der vom Dichter angeführten Rezepte zu prüfen.

"Lernt jetzt, wie das Gesicht, wenn der Schlaf euch befreit die zarten
Glieder, sich glänzend sogleich schmücke mit strahlendem Weiß.
Gerste, zu Schiffe gesandt, von der Tenne des lybischen Landmanns,
Werde zuerst aus der Spreu und aus den Hülsen gelöst.
Nimm zehn Eier alsdann; durchfeuchte dasselbige Quantum
Erbsen; doch muß zwei Pfund wiegen die Gerste für sich,
Hast du die Masse dann gut an der Luft im Winde getrocknet,
Mahle die Eselin sie langsam mit schartigem Stein!
Auch das Geweih, das zuerst langlebigen Hirschen entfallen,
Reihe dazu. Vier Lot nimm von dem richtigen Pfund.
Wenn du gehörig es dann mit dem stäubenden Mehle vermischt hast
Mußt du das Alles mit Fleiß beuteln im bauchigen Sieb.
Reibe mit kräftiger Hand von zwölf Narzissen die Zwiebeln
(Ohne die Haut), doch nimm reinliches Marmorgeschirr:
Thu zwei Unzen dazu von Tustischen Körnern und Gummi,
Und neunmal so viel Honig noch gieße darein.
Wenn du dir dann das Gesicht einreibst mit der obigen Mischung,
Wird es so glänzend, daß selbst heller dein Spiegel nicht strahlt."

[1] Juvenalis, 6. Satire [2] Medicamina Faciei.

Ein anderes Rezept, das er zum Entfernen von Pusteln auf der Haut anführt, besteht aus einer Mischung gerösteter Lupinen, Bohnen, weißem Blei, rotem Salpeter und Iris-Wurzel, die mit attischem Honig zu einer Paste verarbeitet wurden.

Auch Olibanum empfiehlt er als ein exzellentes Kosmetikum und meint, ist er den Göttern angenehm, sei er den Sterblichen nicht minder nützlich. Mit Salpeter, Fenchel, Myrrhe, Rosenblättern und Salmiak vermischt, gibt er ihn als ausgezeichnetes Mittel für kosmetische Zwecke an.

Daneben benutzten die Römer auch *Psilotrum*, eine Art Enthaarungsmittel, weißes Blei oder Kalk für das Gesicht, *Fucus*, eine Art Rouge, für die Wangen, ägyptisches Kohl für die Augen, mit Butter verknetetes Gerstenmehl gegen Mitesser, zu Asche verbrannten Bimstein zum Weißen der Zähne und verschiedene Arten von Haarfärbemitteln. Unter letzteren war eine Flüssigkeit zum Schwärzen des Haares am merkwürdigsten, die aus Blutegeln präpariert wurde, welche man in einem mit Wein und Essig gefüllten irdenen Gefäß sechzig Tage lang hatte verwesen lassen. Weil jedoch Blondinen unter den römischen Damen sehr selten waren, hielt man jenes Haarfärbemittel für das modischste, das ihren von Natur aus dunklen Haaren eine strohblonde oder blonde Farbe verlieh. Dies wurde hauptsächlich mit Hilfe einer aus Ziegenfett und Asche zusammengesetzten Seife aus Gallien oder Germanien erreicht, die Sapo genannt wurde (von dem alten germani-

Römische Dame
beim Auftragen von Fucus

schen Wort Sepe). Es ist recht bemerkenswert, daß die erste Einführung von Seife, die wir erwähnt finden, dann ausschließlich zum Zwecke des Haarfärbens eingesetzt wurde. Martial bezeichnet dieses Färbemittel als Mattianische Kugeln[1], weil es aus der germanischen Stadt Mattium kam, worunter man Marburg vermutet, und sendet es sarkastisch einem völlig kahlen Achtzigjährigen zum Verändern von dessen Haarfarbe.

Es besteht kein Zweifel, daß einige dieser Präparate für das Haar sehr schädlich waren; denn in einer seiner Elegien wirft Ovid[2] seiner Geliebten vor, sie habe ihre wallenden Locken durch Färbemittel vernichtet. "Immer wieder habe ich dir gesagt: Hör auf, deine Haare zu färben. Jetzt hast du kein einziges Haar mehr, das du färben kannst. Hättest du sie in Ruhe gelassen, was wäre voller gewesen als sie? Sie berührten das untere Ende der Hüften. Und wie fein waren sie, man scheute sich fast, sie zu ordnen." Etwas weiter fügt er dann hinzu: "Deine eigene Hand und deine Schuld (du bist dir dessen bewußt) führten den Verlust herbei; du warst es, die dem eigenen Kopfe zusammengemischtes Gift gab. Jetzt wird Germanien dir das Haar einer Gefangenen schikken; sicher wirst du durch die Gabe eines niedergeworfenen Volkes sein. Wie oft wirst du rot werden, wenn jemand deine Haare bewundert, du wirst sagen: "Jetzt lobt man mich wegen gekaufter Ware. Statt meiner rühmt er jetzt irgendeine Sugamberin, und doch gab es eine Zeit (ich erinnere mich noch), da dieser Ruhm mein war.""

Wie aus dem vorausgegangenen Zitat ersichtlich ist, griff man in derartigen Fällen auf falsches Haar zurück; aber Kahlheit war nicht immer die Entschuldigung für das Tra-

[1] Martial, B.14. [2] Ovid, Liebeselegien

gen eines solchen Accessoires. Zu einer Zeit war die Besessenheit für blondes Haar so groß, daß die Damen, wenn es ihnen nicht gelang, ihren von Natur aus rabenschwarzen Flechten die gewünschte Schattierung zu verleihen, diese abschnitten, um sie durch flächserne Perücken zu ersetzen. Dies hatte vermutlich die von Martial erwähnte Dame getan:–

"Das gold'ne Haar, das Galla trägt
ist ihres: wer hätte das geglaubt?
Sie schwört, 'sei ihres und wahr schwört sie,
Weiß ich doch, wo sie es gekauft!"

Daß falsches Haar bei Damen Mode war, läßt sich auch aus dem Umstand erkennen, daß selbst Büsten wie die der hier abgebildeten Julia Semiamira, der Mutter des Heliogabalus, mit beliebig abnehmbaren Perücken aus verschiedenfarbigem Marmor angefertigt wurden.

Julia Semiamira

Es pfuschten jedoch nicht nur Damen an ihren Locken herum. Das stärkere Geschlecht erachtete es nicht für unter seiner Würde, diese Täuschung zu praktizieren; und indem er sich an eines dieser Chamäleons in menschlicher Gewandung wendet, fragt Martial, wie es denn käme, daß er, "der zuvor ein Schwan gewesen, nun zu einer Krähe geworden sei."

Die römischen Matronen waren in ihren Frisiertechniken nicht weniger erfahren und geschmackvoll als die griechischen Damen; aber wie ihre Düfte waren auch ihre Frisuren vorwiegend von jenen übernommen. Demzufolge finden wir den griechischen *Strophos* von den Römern unter dem Namen *Vitta* adoptiert. Dieser hübsche, kürzlich bei uns wiederbelebte Kopfputz bestand aus einfachen, um das

Haar geschlungenen Bändern. Er war jungen Mädchen vorbehalten und übel beleumdeten Personen streng verboten, die gewöhnlich die im letzten Kapitel erwähnte *Mitra* trugen. Auch das Netz erfreute sich unter dem Namen *Reticulum* erneuter Gunst, und die einzigen beiden Haartrachten rein römischer Kreation waren vielleicht der *Tutulus*

Römische Frisuren

Tutulus Nimbus Vitta

und der *Nimbus*, die beide hier dargestellt sind. Einige trugen einfach eine lange Nadel *(Acus)*, um das Haar am Hinterkopf zusammenzuhalten.

Wenn ein Mann volljährig wurde und die Toga anzog, rasierte er seinen Bart und opferte ihn irgendeinem Gott. Nero präsentierte den seinen in einem goldenen, mit Perlen eingelegten Kästchen dem Jupiter Capitolanus. Rasieren blieb bis zur Zeit Kaiser Hadrians in Mode. Dieser ließ die Sitte, sich den Bart wachsen zu lassen, wiederaufleben, um einige Wucherungen an seinem Kinn zu kaschieren, und seine Höflinge beeilten sich mit der Nachahmung. Wie viele zeitgenössische Moden lassen sich so auf die Laune oder das Gutdünken einer einflußreichen Person zurückverfolgen!

Haarnadel (Acus)

Falsches Haar wurde von Männern wie von Frauen getragen; und wenn wir Suetonius Glauben schenken, hatten die römischen *Perruquiers* in der Kunst eine gewisse Fertigkeit erlangt, denn er berichtet uns, Othos Perücke sei so kunstvoll gewesen, daß sie völlig echt ausgesehen hätte. Jedoch waren diese Accessoires damals sehr teuer und ein gewisser Phoebus, welcher vermutlich über mehr Phantasie als flüssiges Bargeld verfügte und sich das Vergnügen einer "unsichtbaren" Perücke nicht leisten konnte, ließ sich auf seinen kahlen Schädel mit Hilfe einer dunklen Pomade imaginäre Locken aufmalen, woraufhin ihn Martial in seiner sarkastischen Art folgendermaßen anredet:

> "Phoebus, du lügst dir Haar, das Salbe künstlich gemacht hat,
> Und die schmutzige Glatz' ist mit gemaltem bedeckt.
> Nötig hast du es nicht, für den Kopf Haarscherer zu brauchen,
> Dich zu scheren, vermag besser, o Phoebus, ein Schwamm." [1]

[1] Martial, B.6.

EIN PARFUMBAZAR IM ORIENT

KAPITEL VII

Die Orientalen

Kennt ihr das Land, wo die Cedern und Reben,
Wo sonnig die Blumen, die lieblichen, blühn,
Zephire mit duftigen Fittichen schweben
Auf Gärten der Rosen, die farbig erglühn?
Wo herrlich die Frucht der Oliv und Citrone,
Wo nimmer die Stimme der Nachtigall schweigt.
. . . .
Der Orient ist es, die Zone der Sonne. Byron

LUXUSGÜTER werden nur von Völkern begehrt und genossen, die in einem hohen Grad der Verfeinerung leben. Als das Weströmische Reich unter den Angriffen einer Horde von Barbaren zusammenbrach, die in seine fruchtbaren Ebenen einfiel und seine herrlichen Städte verheerte, suchten die Künste der Zivilisation, die zu schätzen jene nicht in der Lage waren, Zuflucht in der östlichen Metropole, wo man sie seit den Tagen Konstantins des Großen gepflegt hatte. Zu diesen Künsten gehörte auch die Parfumerie, und die griechischen Kaiser und ihr Hof zeigten für Duftstoffe eine Vorliebe, die der von ihren westlichen Vorgängern zur Schau getragenen mindestens ebenbürtig war. Da sie über alle duftenden Schätze des Orients geboten, machten sie im Privatleben verschwenderisch Gebrauch davon, und bei allen öffentlichen Festen spielten Düfte eine wichtige Rolle. Auch waren sie keineswegs auf profane Zwecke beschränkt, denn die östliche Kirche hatte sie gleichfalls bei allen religiösen Zeremonien eingeführt, und der Verbrauch war zu einer Zeit so hoch, daß die Priester in Syrien ein zehn Quadratmeilen großes Stück Land erwarben und es mit Olibanumbäumen für den eigenen Bedarf bepflanzten.

Nach einigen glorreichen und glanzvollen Jahrhunderten war das von religiöser Zwietracht zerrissene Oströmische Reich seinerseits dazu verurteilt, unter den Angriffen seiner Feinde zu fallen. Obgleich es viele Jahre gegen die Anhänger Mohammeds kämpfte, gelang es schließlich dem Halbmond, das Kreuz auf den stolzen Domen Konstantinopels zu ersetzen. In diesem Fall waren jedoch die Eroberer fast ebenso kultiviert wie die Eroberten. Hatte ihre Religion auch ihrem Fortschritt in der Kunst Zügel angelegt, indem sie die Abbildung der menschlichen Gestalt in jeglicher Form untersagte, so legte sie der Beschäftigung mit der Wissenschaft kein Hindernis in den Weg, und man hatte bereits beachtliche Leistungen in vielen ihrer bedeutendsten Zweige erlangt. In der Tat verdanken wir den Arabern viele wertvolle Entdeckungen auf dem Gebiet des Wissens, und diese Kinder der Wüste können sehr wohl als das verbindende Glied zwischen der antiken und der modernen Zivilisation bezeichnet werden.

Avicenna, ein im zehnten Jahrhundert tätiger Arzt, war der erste, der die den Menschen der Antike nur unvollkommen bekannten Prinzipien der Chemie studierte und anwandte. Dieser außergewöhnliche Mann, der in seinem unsteten Leben von achtundfünfzig Jahren Zeit für das Verfassen von nahezu einhundert Büchern fand (von denen zwanzig eine allgemeine Enzyklopädie bilden), soll die Kunst des Extrahierens des aromatischen oder heilkräftigen Prinzips von Pflanzen und Blumen mit Hilfe der Destillation erfunden haben.[1] Düfte waren seinen Landsleuten seit vielen Jahrhunderten vertraut und gebräuchlich, und lange vor Mohammeds Zeit war Musa, eine der bedeutendsten Städte in Arabia Felix, ein berühmter Stapelplatz für Olibanum, Myrrhe und andere aromatische Gummiharze; aber bis dahin hatten die weitberühmten "Düfte Arabiens der Gesegneten" lediglich in wohlriechenden Harzen und Gewürzen bestanden. Die in diesen bevorzugten Klimazonen so reiche und duftende Blumenwelt war noch nicht zur Hergabe ihrer lieblichen, aber flüchtigen Schätze gebracht worden. Avicenna gebührt das Verdienst, ihr flüchtiges Aroma vor der Zerstörung bewahrt und mit Hilfe der Destillation dauerhaft gemacht zu haben.

Die Orientalen hegten für die Rose immer eine Vorliebe, die der für die Nachtigall fast ebenbürtig ist, von welcher gesagt wird, daß sie ständig zwischen deren duftenden Lauben weile. Mit dieser Blume führte Avicenna daher seine ersten Experimente durch, wobei er die duftendste der Familie nahm: die von den Arabern *Gul sad berk* genannte *Rosa centifolia*.

[1] Das früher in England und immer noch in Frankreich als Bezeichnung für einen Destillierapparat gebräuchliche Wort *al-embic* zeigt deutlich dessen arabische Herkunft.

"Der Blütenkrone hundert Blätter
Entfalten sich im Morgenhauch,
Der jedes Blatt in seinen Balsam taucht."[1]

Mit Hilfe seiner sachkundigen Arbeitsweise gelang ihm die Erzeugung der köstlichen, als Rosenwasser bekannten Flüssigkeit, deren Formel in seinen Werken und in denen der späteren arabischen Verfasser über die Chemie enthalten ist. Rosenwasser fand bald allgemein Verwendung und scheint in großen Mengen hergestellt worden zu sein, können wir den Historikern Glauben schenken, denen zufolge Saladin bei seinem Einzug in Jerusalem im Jahre 1187 den Boden und die Wände der Omar-Moschee ganz damit abwaschen ließ.

Rosenwasser wird im Orient immer noch in hohem Ansehen gehalten. Wenn ein Fremder ein Haus betritt, ist der angenehmste Willkommensgruß, der ihm angeboten werden kann, das Besprengen mit Rosenwasser. Dies geschieht mit einem enghalsigen Gefäß, dem sogenannten *Gulabdan*. Auf diesen Brauch bezieht sich Byron in seinem Gedicht "Die Braut aus Abydos", wenn er sagt:

"Dann faßt die Urne schnell die Hand,
Drin Persiens Rosenöl verschlossen,
Und spritzt den Wohlgeruch entlang
Im Bildersaal, im Marmorgang.
Die Tropfen, die bei diesem Spielen
Auf die Gewänder Selims fielen,
Benetzten ihn ganz unbewußt,
Als wäre Marmor seine Brust."

Niebuhr erwähnt in seinem "Description of Arabia" ebenfalls die Sitte, Besucher zum Zeichen der Ehrerbietung mit Rosenwasser zu besprengen und meint, es sei nicht unamüsant, Zeuge der verwirrten und sogar ärgerlichen Blicke zu

[1] Moore "Lalla Rukh"

sein, mit denen Fremde diese unerwarteten Besprengungen entgegenzunehmen pflegen. Auch das Räucherfäßchen wird im allgemeinen später hereingebracht und der duftende Rauch auf die Bärte und Kleider der Besucher gerichtet, wobei diese Zeremonie als zarter Hinweis gilt, daß es an der Zeit sei, den Besuch zu beenden.[1]

Der gleichen Quelle zufolge sind arabische Gefäße zum Verbrennen von Räucherwerk aus Holz gefertigt (vermutlich mit Metallauskleidung) und mit Rohrgeflecht abge-

Arabisches Räucherfäßchen und Gulabdan

deckt, entsprechend dem hier abgebildeten Exemplar. Das *Gulabdan* oder die "Casting bottle"*, wie sie in diesem Land vor zwei oder drei Jahrhunderten genannt wurde, besteht in gewöhnlichen Häusern entweder aus Glas oder aus Steingut, während diese beiden Gerätschaften bei wohlhabenden Leuten aus reich ziseliertem oder verziertem Gold oder Silber sind. Der Stich auf der folgenden Seite illustriert diesen wichtigen Aspekt orientalischer Sitten. Die das Räuchergefäß und die Sprengflasche tragende Dienerin stammt von La Mottrayes Lithographie eines türkischen Harems

[1] Niebuhr "Beschreibung Arabiens"

* Gefäß zum Besprengen von Personen und Gegenständen mit Duftwassern.

und der Mann von einem Bild aus der Sammlung des verstorbenen Lord Baltimore, welches den Empfang eines französischen Gesandten beim Großwesir darstellt. Die in dem Räucherfäßchen benutzten Düfte verbinden alle wohlriechenden Hölzer und Gummiharze des Orients, aus denen die in Kapitel III erwähnte Aloe herausragt:

> "Der Weihrauch auf dem Tisch riecht nicht erquickend,
> In's Feuer wirf ihn, daß er lieblich riecht."[1]

Mohammed, der ein scharfer Beobachter der menschlichen Natur war, begründete seine Religion auf den Genuß aller

Türkische Bedienstete mit Duftgefäßen

materiellen Freuden, wohl wissend, daß dies das beste Mittel war, sich die Anhänglichkeit seiner sinnesfreudigen Landsleute zu sichern. Zwar stimmt es, daß er den Konsum von Wein verboten hat, aber lediglich, weil er die gefährlichen Exzesse fürchtete, zu denen jener führte; im Gegensatz dazu ermutigte er gerne das Schwelgen in Düften, waren

[1] Sa'di, Gulistan, Kap. i, Str.18.

diese ihm doch dabei behilflich, in seinen Adepten einen für seine Sache günstigen Zustand religiöser Ekstase zu erzeugen. Er selbst bekannte seine große Liebe zu ihnen und erklärte, am meisten auf dieser Welt genösse sein Herz Kinder, Frauen und Düfte. Unter den vielen Freuden, die den wahren Gläubigen in dem *Djennet Firdous* oder Paradiesgarten versprochen werden, spielen Düfte eine herausragende Rolle, wie aus der folgenden, dem Koran entnommenen Schilderung ersichtlich wird: Wenn der Tag des Jüngsten Gerichtes kommt, müssen alle Menschen eine Al Sirat genannte Brücke überqueren, die feiner als ein Haar und schärfer als die Schneide einer Damaszener Klinge ist. Diese Brücke ist über die Regionen der Hölle gelegt, und so gefährlich und schwierig dieser Übergang auch scheinen mag, die von dem Propheten aufrechtgehaltenen und geführten Gerechten werden sie leicht bewältigen; aber die Schlechten, derartiger Unterstützung beraubt, werden ausgleiten und in den darunterliegenden Abgrund stürzen, der sich auftut, um sie zu verschlingen.

Haben sie diese erste Stufe passiert, werden sich die Gefährten der Rechten, wie der Koran sie nennt, durch einen Trunk an der Quelle Al Cawthar erfrischen, deren Wasser weißer als Milch oder Silber und wohlriechender als Moschus sind. Sie werden dort so viele Trinkbecher wie Sterne am Firmament finden und ihr Durst wird für immer gestillt sein.

Zuletzt werden sie in das im Siebenten Himmel unter dem Thron Gottes gelegene Paradies eingehen. Die Erde dieses entzückenden Ortes besteht aus reinem Weizenmehl, vermischt mit Safran und Moschus; Perlen und Hyacinthen sind seine Steine, und seine Paläste sind aus Gold und Silber erbaut. In dem Zentrum steht der wunderbare Baum namens *Tuba*, der so groß ist, daß ein mit dem schnellsten Pferd berittener Mann in hundert Jahren nicht um seine Ausläufer reiten könnte. Dieser Baum spendet dem ganzen Paradies nicht nur den wohltuendsten Schatten, sondern seine Äste sind mit den köstlichsten Früchten von einer den Sterblichen unbekannten Größe und Geschmack beladen, und sie beugen sich auf Wunsch der Bewohner dieses glücklichen Ortes von selbst nieder.

Da ein Überschuß an Wasser zu den größten Desiderata des Orients gehört, spricht der Koran häufig von den Flüssen des Paradieses als eine seiner wichtigsten Zierden. Alle diese Flüsse entspringen dem Baum *Tuba*; einige führen Wasser, andere Milch, wieder andere Honig und selbst Wein, da dieses alkoholische Getränk den Gesegneten nicht verboten ist.

Von allen Attraktionen dieser Sphären der Wonne wird jedoch keine ihren schönen Bewohnerinnen, den schwarzäugigen Houris[1], gleichen – die die Aufrechten zu ihren Wohnungen geleiten, indem sie parfumierte Tücher[2] vor ihnen schwenken und ihnen mit Lächeln und Schmeicheleien all ihre Plagen und Mühsal entgelten. Diese schönen Nymphen werden die Vollkommenheit selbst sein; sie werden nicht aus unserer eigenen, vergänglichen Erde, sondern aus *reinem Moschus* erschaffen sein. Ich bezweifele sehr, ob sich die Aussicht, einen Ort mit einem Boden aus Moschus zu bewohnen, bevölkert mit aus dem gleichen Material erschaffenen Damen, als große Verlockung für unsere Euro-

[1] "Houri" kommt von *hur al oyoun* „die Schwarzäugige"*

[2] "Winken mit gestickten Tüchern, denen süßer
Duft entströmt, wie jenen, die die Huris schwenken,
Wenn zu den Lauben sie der Seligen Schritte lenken."
Moore „Lalla Rukh"

päer und ihre nervösen Neigungen erweisen würde; die bloße Vorstellung einer solchen Möglichkeit reichte aus, einigen der empfindlicheren Kopfschmerzen zu verursachen. Aber im Orient sind die Geschmäcker anders; und es ist eine eigentümliche Tatsache, daß die Vorliebe für starke Düfte zunimmt, je wärmer ein Land ist, obwohl man annehmen würde, daß die Hitze, welche solche starken Aromata bis auf das Äußerste entwickelt, sie eigentlich unerträglich macht.

Als ein Beispiel für die Liebe, die die Orientalen für Moschus an den Tag legen, erzählt Evlia Effendi, daß es in Karem Amed, der Hauptstadt von Diarbekr, eine von einem Kaufmann erbaute Moschee mit dem Namen *Iparie* gibt. So benannt, weil in den für ihre Erbauung verwendeten Mörtel siebzig Juks Moschus vermischt wurden, die das Gotteshaus unablässig parfumieren. Der gleiche Autor führt aus, daß die Moschee von Zobaide bei Tauris in ähnlicher Weise erbaut worden sei, und da Moschus der dauerhafteste aller Düfte ist, von ihren Wänden immer noch der intensivste Duft ausströmte, besonders wenn die Sonnenstrahlen darauf fallen. Viele von Mohammeds Vorschriften waren sanitärer Natur, und wie Moses gab er ihnen die Form religiöser Gesetze, um ihre Befolgung durch seine abergläubischen Anhänger zu gewährleisten. Solcherart waren auch die vom Koran[1] vorgeschriebenen Waschungen und Reinigungen. Allen wahren Gläubigen wird streng vorgeschrieben, vor Aufsagen ihrer Gebete das Haupt, die Hände bis an die Ellenbogen und die Füße bis an das Knie zu waschen; und kann Wasser nicht besorgt werden, ist feiner Sand als Ersatz zu benutzen. Als sich die Türken im griechischen Reich niederließen, gaben sie sich mit diesen beschränkten Waschun-

[1] Koran, V.8,9

gen nicht zufrieden, sondern übernahmen bald das luxuriöse System von Bädern, das sie in den eroberten Städten bereits etabliert vorfanden. Diese Bäder sind ausführlich im letzten Kapitel beschrieben worden; sie wurden überdies kürzlich in London eingeführt, und obgleich das uns Gebotene nur ein blasser Abklatsch der Pracht der diesem Zweck

Türkisches Bad

im Orient gewidmeten Paläste ist, ließe sich ein längeres Verweilen bei diesem Thema als überflüssig erachten. Die obige Illustration mag genügen, eine Vorstellung von dem Stil dieser Gebäude zu vermitteln.

Gelegentlich wird Seife in diesen Etablissements benutzt. Sehr viel häufiger aber verwendet man eine Art seifiger und mit den wohlriechendsten Düften parfümierter Erde, die zweifelsohne ein direkter Nachkomme jener *Smêgma* ist, die im griechischen Kapitel als hoher Favorit der Athener erwähnt wird. Auf dieses Mittel bezieht sich der berühmte persische Dichter *Sa'di* in dem nachfolgenden, schönen Epilog, mit dem er die Vorteile guter Gesellschaft illustriert:

"Ein lieblich riechendes Stück Thon gab einst
Im Bad' ein lieber Freund mir in die Hand.
Ich sagte: Bist du Moschus oder Ambra,
Daß mich dein Duft zur Trunkenheit entmannt?
Er sprach: Ich bin nur Thon und ohne Werth,
Nur eine Zeitlang bei der Ros' ich stand.
Der Freundin Vorzug teilte sich mir mit;
Sonst bin ich Thon, wie man vordem mich fand."[1]

Wie ich bereits sagte, ist die Rose die Lieblingsblume der Orientalen. Ihr schönes Aussehen und ihr lieblicher Duft sind bevorzugte Themen ihrer Dichter. Der 'Gulistan', aus dem obiges Zitat stammt, ist die schönste, jemals in persischer Sprache verfaßte Dichtung und bedeutet 'Rosengarten'. Ihr Verfasser Sa'di erläutert seine Motive für die Verleihung dieses Namens an sein Werk mit der *naiven* Eitelkeit orientalischer Schriftsteller wie folgt:

"Am ersten Tage des Monats Urdabihisht (Mai) beschloß ich mit einem Freund, die Nacht in meinem Garten zu verbringen. Der Grund war übersät mit Blumen, der Himmel von glänzenden Sternen erleuchtet, die in den höchsten Zweigen thronende Nachtigall sang ihre süßen Weisen, die Tautropfen hingen auf der Rose wie Tränen auf den Wangen einer erzürnten Schönen, das Blumenbeet war mit tausendfarbigen Hyacinthen bedeckt, zwischen denen sich ein klarer Bach schlängelte. Als der Morgen kam, sammelte mein Freund Rosen, Basilien und Hyacinthen und tat sie in die Falten seiner Gewänder; ich aber sprach zu ihm: ,Wirf jene fort, denn ich werde einen Gulistan (Rosengarten) schaffen, der ewig dauern wird, während deine Blumen nur einen Tag leben.'"

[1] Sa'di, Gulistan, Vorwort

Hafis, ein weiterer bekannter persischer Poet, war ebenfalls ein großer Bewunderer von Blumen und Düften, die in seinen Versen ständig wiederkehren und ihm die reizvollsten Vergleiche liefern. Sich in einem seiner Ghasele an seine Geliebte wendend, ruft er aus:

"Lieblich ist dein ganzes Wesen wie ein frisches Rosenblatt,
Gleich der Paradiescypresse bist du Glied für Glied so schön.

"Meines Geistes Rosengarten hast mit Bildern du belebt,
Vom Jasmine deiner Locken duftet mein Gemüth so schön." [1]

Wie Anakreon scheint Hafis besonders die Rose verehrt zu haben, und wie sein griechischer Vorgänger verknüpft er in seinen Oden immer das Lob des Weines mit dem der Königin der Blumen:

"He Schenker, bring' mir Wein, denn sieh, da ist die Zeit der Rosen!
Laß brechen das Verbot uns bei der Herrlichkeit der Rosen.

Wir wollen fröhlich und mit Sang hin in den Garten gehn,
Wie Nachtigallen steigen wir ins Nestchen heut der Rosen.

In Gartens Stille trinke aus den vollen Weinpokal,
Der Freude Zeichen sind erwacht all' im Geleit der Rosen.

Die Rose in den Garten kam; wer weiß, wie bald sie geht;
Such einen Freund und Wein und Sitz beim Feierkleid der Rosen.

Verkehre, Hafis, mit den Rosen wie die Nachtigall!
Dein Herz gieb hin dem Staub des Weg's der Pflegemaid [2] der Rosen" [3]

Daß im Orient Düfte zur Erbauung der Lebenden und Ehrung der Toten bereits seit sehr fernen Zeiten in Gebrauch waren, finden wir in der folgenden, einem persischen Verfasser entnommenen Geschichte bestätigt, die über den Tod von Yezdijird im Jahre 652 berichtet, des letzten Königs aus der Kaiananischen Dynastie. Nachdem die-

[1] Hafis, Ghasele [2] Die Nachtigall [3] Hafis, Ghasele

ser unglückliche Monarch aus seinem Reich geflohen war und Zuflucht in dem Gebiet von Merv gesucht hatte, waren dessen Einwohner eifrig auf seine Ergreifung und Vernichtung bedacht. Sie sandten also eine Botschaft an den König der Tataren Tanjtakh und boten ihm an, sich unter seinen Schutz zu stellen und ihm den Flüchtenden auszuliefern. Tanjtakh nahm ihren Vorschlag an und marschierte mit einer großen Armee gegen Merv. Als Yezdijird dies vernahm, verließ er die Karawanserei, in der er abgestiegen war und irrte unbegleitet auf der Suche nach einem Versteck umher. Schließlich gelangte er an eine Mühle, wo er um Unterkunft für die Nacht bat. Der Müller versprach, daß er unbehelligt sein würde; aber als seine Diener Yezdijirds reiche Kleidung erkannten, ermordeten sie ihn im Schlaf und verteilten die Beute unter sich. Am nächsten Tag erreichte Tanjtakh Merv und ließ Yezdijird überall suchen. Einige seiner Boten kamen zur Mühle und nachdcm sic bemerkt hatten, daß einer der Diener stark nach Parfum roch, rissen sie diesem die Kleider auf und entdeckten, daß er Yezdijirds mit Rosenwasser und anderen Essenzen parfumierte kaiserliche Robe an seiner Brust versteckt trug. Der Körper des Königs wurde im Mühldamm gefunden und vor Tanjtakh gebracht, der bitterlich weinte und befahl, ihn mit Gewürzen und Parfums einzubalsamieren und mit königlichen Ehren zu bestatten. Der Müller und seine Diener wurden zur Strafe für ihren Verrat hingerichtet.

Die Liebe zu Düften hat bei modernen Orientalen in keiner Weise nachgelassen. Sie ist, im Gegenteil, beständig gewachsen und durchdringt nun alle Gesellschaftsschichten, die sie entsprechend ihrer Mittel bis auf das Äußerste zu

Eine persische Dame

befriedigen suchen. Sie wird hauptsächlich von den Damen gepflegt, die aufgrund ihrer Ausgeschlossenheit von den Vergnügungen der Gesellschaft und da ihnen wenig oder nichts an geistigen Errungenschaften liegt, dazu getrieben werden, sich in die mit ihrer Lebensweise zu vereinbarenden sinnlichen Genüssen zu flüchten. Sie lieben es, sich in einer duftgesättigten Atmosphäre aufzuhalten, die sie in einem Zustand träumerischer Gleichgültigkeit hält, der für sie dem Glücklichsein am nächsten kommt. Da ihr einziges Daseinsziel darin besteht, ihre Herren und Meister zu erfreuen, sind die Pflichten der Toilette ihre wichtigste und bevorzugte Beschäftigung. Zahlreich sind die zur Steigerung der Reize begehrten Kosmetika und zahlreich die

Sklaven, die ihre Unterstützung bei der Durchführung dieser wichtigen Aufgabe leihen, indem einige mit einer bleichenden Paste die zu warme Tönung der Haut korrigieren, andere mit künstlichem Schmelz die verblichenen Rosen des Teints ersetzen:

"Die Andre bringt das Hennablatt, die Spitzen
Der Finger zart mit Rosengluth zu spritzen,
So funkelnd, daß sie in des Spiegels Helle
Korallen gleichen, glüh'nd durch Meereswelle.
Noch Eine mischt das Kohol Farbennacht,
Dem Blick verleih'nd ernst süßer Sehnsucht Macht,
Davon Cirkassia's Frauen – Könige prangen
Mit ihrer Schönheit – Siegerreiz erlangen."[1]

Obwohl rote Fingerspitzen und geschwärzte Augenlider unseren europäischen Vorstellungen zufolge nicht darauf berechnet sind, die weibliche Lieblichkeit zu erhöhen, kann man darin eine reine Konvention sehen und mit ziemlicher Wahrscheinlichkeit annehmen, daß die beständige Pflege, welche sich die orientalischen Damen angedeihen lassen, ihre Schönheit erhält und erhöht. Dies wird durch die Mehrzahl der Reisenden bestätigt, und – neben anderen – äußert sich Sonnini in seinen "Travels in Egypt"[2] folgendermaßen zu diesem Thema:

"Es gibt keinen Teil der Welt, in dem die Frauen Reinlichkeit mehr Beachtung schenken als in jenen orientalischen Ländern. Der häufige Gebrauch des Bades, von Düften und allem, was zum Glätten und Verschönern der Haut und Bewahren all ihrer Reize angetan ist, beansprucht ihre ständige Aufmerksamkeit. Kurz gesagt, nichts wird vernachlässigt, und die kleinsten Details lösen einander mit peinlicher Genauigkeit ab. Soviel Sorgfalt ist nicht umsonst;

[1] Moore "Lalla Rukh" [2] Sonnini "Travels in Upper and Lower Egypt"

nirgends sind die Frauen durchweg schöner, nirgends besitzen sie mehr Talent mit der Unterstützung der Natur, nirgends, in einem Wort, sind sie in der Kunst, die Schäden der Zeit aufzuhalten oder zu reparieren, geschickter und erfahrener; einer Kunst, die ihre Gesetze und eine große Vielzahl praktischer Rezepte hat.“

Da einige meiner geschätzten Leserinnen an der Komposition jener weithin berühmten orientalischen Kosmetika interessiert sein könnten, werde ich hier die Rezepte von einigen dieser Präparate aufzeichnen. Für ihre Authentizität kann ich bürgen, da ich sie von einem meiner Korrespondenten in Tunis[1] erhalten habe, dem sie ein einheimischer arabischer Parfumeur übergab. Wenn nicht nützlich, wird man sie doch ohne Zweifel amüsant finden.

Das Kohl oder Kheul, welches wir zum Schwärzen der Augenlider seit der Zeit der antiken Ägypter in Gebrauch gesehen haben, wird von ihnen auf die folgende Weise hergestellt: Man entfernt das Innere einer Zitrone, füllt sie mit Graphit und gebranntem Kupfer und legt sie auf das Feuer, bis sie verkohlt ist. Dann zerstößt man sie in einem Mörser zusammen mit Koralle, Sandelholz, Perlen und Ambra, dem Flügel einer Fledermaus und einem Stückchen Chamäleon, nachdem das Ganze zu Schlacke verbrannt und in noch heißem Zustand mit Rosenwasser angefeuchtet worden war.

Ein *Batikha* genannter Puder für den Teint, den man in allen Harems zum Bleichen der Haut benutzt, wird folgendermaßen bereitet: Man zerstößt in einem Mörser die Schalen einiger Kaurimuscheln, Borax, Reis, weißen Mar-

[1] M. A. Chaplié

mor, Kristall, Tomate, Zitronen, Eier und Helbas (ein in Ägypten gesammelter bitterer Same), vermischt dies mit dem Mehl von Bohnen, Kichererbsen und Linsen und füllt das Ganze in eine Melone, indem man es mit Fruchtfleisch vermengt. Die Melone wird dann bis zum völligen Ausdörren der Sonne ausgesetzt und zu einem feinen Pulver zermahlen.

Die Zubereitung eines für Haar und Bart benutzten Färbemittels ist nicht minder kurios. Es besteht aus in Öl gebratenen und in Salz gewälzten Galläpfeln, denen Nelken, gebranntes Kupfer, Menninge, aromatische Kräuter, Granatapfelblüten, Gummiarabicum, Bleiwurz und Henna hinzugefügt werden. Alle diese Ingredienzen werden pulverisiert und mit dem zum Braten der Äpfel verwendeten Öl verdünnt. Dies gibt dem Haar eine jetschwarze Farbe, aber wer seinem Haar einen goldenen Schimmer verleihen möchte , verwendet dazu einfach Henna.

Daß Haarfärbemittel im Orient seit vielen Jahrhunderten benutzt werden, geht aus folgenden Zeilen hervor, in denen Sa'di diese Angewohnheit mit dem eines Martial würdigen Sarkasmus verspottet:

"Eine Alte färbte schwarz die Haare:
Mütterchen, sprach ich, so grau und alt.
Künstlich kannst du dir die Haare schwärzen,
Krumm bleibt doch des Rückens Ungestalt." [1]

Um die Aufzählung orientalischer Kosmetika abzuschließen, möchte ich eine *Hemsia* genannte Mandelpaste erwähnen, die als Seifenersatz verwendet wird; ein Zahnpulver namens *Souek*, das aus der Rinde des Walnußbaumes hergestellt wird; Pastillen aus Moschus und Ambrapa-

[1] Sa'di Gulistan

ste *(Kourss)* zum Verbrennen sowie zum Anfertigen von Rosenkränzen, die die schönen Odalisken stundenlang in den Händen drehen und damit eine religiöse Pflicht mit einem angenehmen Zeitvertreib verbinden; ein "Trementina" genanntes Enthaarungsmittel, das nichts anderes ist als zu einer Paste verdicktes Terpentin. Und nicht zu vergessen die berühmte *Schnouda*, eine aus Jasminpomade und Benzoin hergestellte, rein weiße Creme, mit deren Hilfe den Wangen ein sehr natürlicher, wenn auch vergänglicher Schimmer verliehen wird.

Der weithin berühmte Balsam aus Mekka wird von den Orientalen immer noch hochgeschätzt, und einige behaupten sogar, daß die jährlich produzierte Menge des echten Produktes zur besonderen Verwendung des Grand Seignor reserviert sei. Lady Mary Wortley Montagu scheint diese Bewunderung nicht geteilt zu haben, denn sie berichtet in ihren Briefen, wie sie – nachdem man ihr etwas von diesem Balsam geschenkt hatte – letzteren in Erwartung einer wunderbaren Verschönerung auf ihr Gesicht aufgetragen und statt dessen drei Tage lang ein geschwollenes und gerötetes Antlitz davongetragen habe.[1]

Aus der gleichen Quelle stammt eine sehr genaue Beschreibung der orientalischen Haarmode, und da die Moden dort nicht so schnellem Wechsel unterliegen wie hier, können wir annehmen, daß sie ebenso für die Gegenwart zutrifft. "Die Frisur", schreibt Lady Montagu[2], "besteht aus dem sogenannten *Talpock*, einer Kappe, die im Winter aus feinem, mit Perlen oder Diamanten besticktem Samt und im Sommer aus einem leichten, schimmernden Silber-

[1] Lady Montagu "Briefe", xxxvii. [2] xxix.

stoff ist. Sie wird mit einer goldenen, etwas herunterhängenden Quaste auf der einen Seite des Kopfes befestigt und entweder mit einem Diamantreif oder einem reich bestickten Taschentuch gebunden. Auf der anderen Kopfseite liegt das Haar flach an, und hier steht es den Damen frei, ihre Phantasie zu zeigen, wobei einige Blumen anstecken, andere einen Strauß aus Reiherfedern, kurz gesagt, was ihnen gefällt. Aber die am meisten verbreitete Mode ist ein großes Bouquet aus Juwelen, welches wie natürliche Blumen gefertigt ist – mit anderen Worten, die Blüten sind aus Perlen, die Rosen aus verschiedenfarbigen Rubinen, der Jasmin aus Diamanten, die Jonquillen aus Topazen etc., und so geschickt gefaßt und emailliert, daß es schwer ist, sich irgend etwas Schöneres dieser Art vorzustellen. Nach hinten fällt das Haar in seiner vollen Länge in Zöpfen auf den Rücken, in die Perlen und das immer reichlich vorhandene Band eingeflochten sind."

Die Türken rasieren ihre Köpfe unter Belassung eines einzigen Haarbüschels, bei welchem sie ihrer Vorstellung zufolge der Todesengel Azrael ergreifen wird, wenn er sie zu ihrem letzten Aufenthaltsort trägt. Sie pflegen ihren Bart mit der größten Sorgfalt und machen aus seinem Wachstum eine religiöse Angelegenheit, weil Mohammed den seinen nie abschnitt. Einem Mohammedaner kann keine größere Beleidigung zugefügt werden, als ihn dieser haarigen Zierde zu berauben; dies ist eine Sklaven vorbehaltene Degradierung oder eine Kriminellen auferlegte Strafe.

Der Barbier des persischen Königs ist keine unbedeutende Persönlichkeit; er erfreut sich aller Privilegien und Rücksichtnahmen, die selbstverständlich jemandem anhaften, in dessen Obhut sich ein derart verehrter Gegenstand wie ein königlicher Bart befindet. Der *Dellak* oder Barbier des großen Schah Abbas häufte so viel Reichtümer an, daß er eine prachtvolle Brücke baute, die immer noch seinen Namen trägt; und vor gar nicht langer Zeit errichtete sich sein moderner Nachfolger einen herrlichen Palast in der Nähe der königlichen Bäder in Teheran.

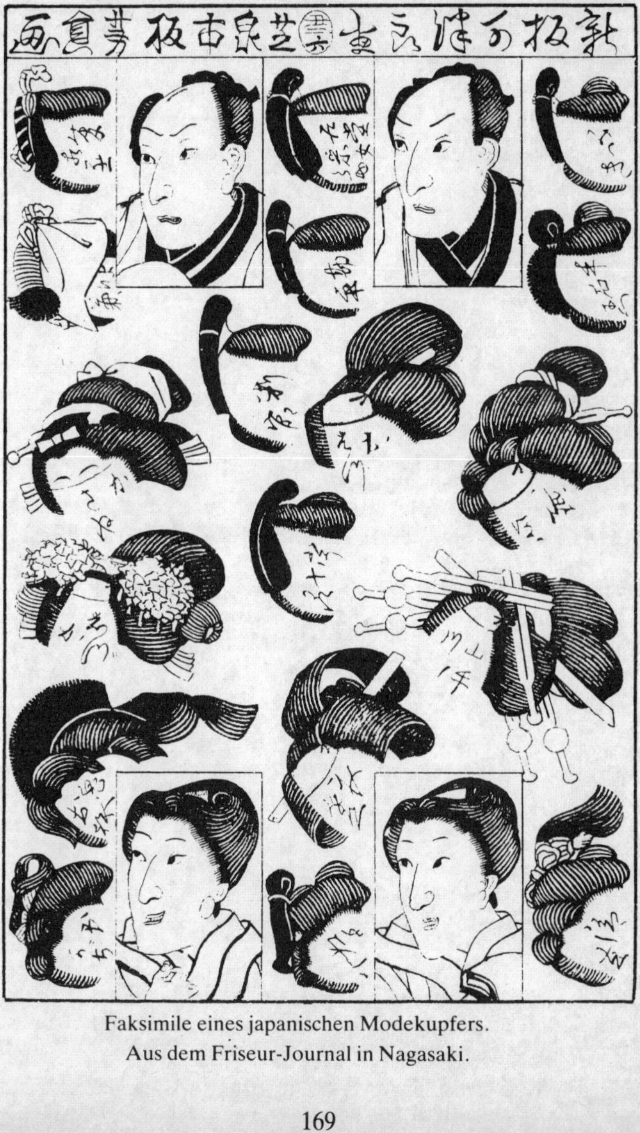

Faksimile eines japanischen Modekupfers.
Aus dem Friseur-Journal in Nagasaki.

KAPITEL VIII

DER FERNE OSTEN

"Gleiche den Parfumverkäufern, denn dein Gewand in ihrer Nähe heischt seinen Teil an ihren Düften."

PHILPAY, INDISCHE EPILOGE

HINA, Indien und Japan – indem wir unsere Wanderschaft "rund um die Welt" fortsetzen, gelangen wir nun zum fernen Osten, jenem Märchenland der Antike, das wir nüchterneren Menschen der Neuzeit einfach mit den Namen Indien, China und Japan bezeichnen. Hier hört unsere Geschichte auf, chronologisch zu sein, denn die Künste der Zivilisation sind diesen Nationen seit sehr fernen Zeiten vertraut und gebräuchlich, und der bei ihnen über viele Jahrhunderte nachzuverfolgende Wechsel oder Fortschritt wäre bestenfalls gering.

Beginnen wir mit Indien, so ist festzustellen, daß Düfte in diesem Land seit den frühesten Aufzeichnungen benutzt werden; ein Umstand, der sich leicht aus dem sinnlichen Temperament seiner Bewohner und dem Reichtum der ihnen von einer verschwenderischen Natur zur Verfügung gestellten duftenden Materialien erklärt. Der während der Regierung von König Vikramáditya vor etwa zweitausend Jahren wirkende Sanskrit-Schriftsteller Kalidasa erwähnt in seinen Gedichten häufig Düfte, insbesondere in dem schönen Drama mit dem Titel "Sakuntala" oder "Der Verlorene Ring". Von ihm erfahren wir, daß sie sowohl für geweihte als auch private Zwecke verwendet wurden.

Opfergaben wurden im allgemeinen in den Tempeln der aus Brahma, Vishnu und Siva bestehenden Dreifaltigkeit oder Trinität dargeboten. Den Vedás zufolge mußten sie aus einem mit duftenden Hölzern entfachten Feuer bestehen, welches an jeder der vier Himmelsrichtungen entzündet wurde. Die Flammen wurden ab und zu mit einem geweihten Öl genährt und um das Feuer selbst ein als heilig geltendes wohlriechendes Kraut namens *Kúsa*[1] gestreut. Sakuntalas Vater Kanwa, das Oberhaupt der Eremiten, bietet in dem obengenannten Drama eines dieser Opfer dar, wobei er ausruft:

"Diese vom heiligen Herd entlehnten,
Rings um den Altar gelegten,
Mit Kúsa-Gras umstreuten
und mit Holz genährten Feuer:

[1] Ich glaube, daß es sich dabei um das in der ostindischen Kollektion bei der Weltausstellung unter dem Namen Rusa gezeigte Kraut gehandelt hat. Es ist das Andropogon nardus oder Ingwergras (fälschlicherweise Indisches Geranium genannt), aus dem ein in der Parfumerie verwendetes Öl extrahiert wird.

"O mögen sie, mit dem Duft des Opfers
Die Sünde vertreibend, dich reinigen!"[1]

Wie aus den letzten Worten seines Gebetes ersichtlich, wurden Opfergaben von den Hindús nicht nur als eine allgemeine Form des Gottesdienstes dargeboten, sondern auch, um die Götter bei besonderen Anlässen günstig zu stimmen, wie es die antiken Griechen und Römer praktiziert hatten. In diesem Fall steht Sakuntala kurz vor ihrer Verheiratung und ihr Vater erbittet den Segen der Götter für sie.

Diese Zeremonien fanden nicht immer in Tempeln statt, sondern manchmal in geweihten Hainen. Im gleichen Drama sagt König Dushyanta, indem er sich auf diesen Brauch bezieht:

"Das sprießend Grün der Blätter ist getrübt
durch die dunklen Ringe aufsteigenden Rauches
von verbrannten Opfern."

Der private Gebrauch des heiligen Grases galt nicht als Sünde, denn wir erfahren, wie Anasya, eine der Dienerinnen Sakuntalas, Parfums und Salben mit geweihter Paste und diesem Kúsa-Gras bereitet, um damit bei der bräutlichen Toilette die Glieder ihrer Herrin zu salben.[2] Von einigen dieser Präparate glaubte man, daß sie heilende Eigenschaften besäßen, und solcherart war zum Beispiel die Salbe aus Usira-Wurzel[3], die der indischen Schönen von einer anderen Gehilfin als Mittel gegen Fieber gebracht wurde.

Der Brauch, die Fußohlen mit Henna zu färben, scheint sehr alt gewesen zu sein, denn wir finden ihn von einem Eremiten erwähnt, der Brautgeschenke für Sakuntala bringt

[1] Sakuntala, Akt iv. [2] Sakuntala, Akt iv.

[3] Diese Wurzel ist wahrscheinlich das indische Kus-Kus oder Vetivert *(Anatherum muricatum)*.

und folgendermaßen einen geheimnisvollen Wald schildert, in dem er sie gefunden hat:

> "Da hing an einem Baum ein mondengelbes,
> Ein glückverleih'ndes, leinenes Gewand;
> Ein andrer träufte Lakscha-Saft herab,
> Als Schminke dienend für der Herrin Fuß."

Und in einer von Patterson übersetzten indischen Ode mit dem Titel "Megha-dúta" kommt die folgende Passage vor, die sich auf den gleichen Brauch bezieht:

> "Demütig beugt die Rose sich zum Kuß
> Drückt glühend ihre Lippen auf der Schönen Fuß,
> Und leiht ihm ihren eigenen Glanz."

In der Hindú-Mythologie gibt es fünf Himmel, über die je einer ihrer höheren Götter präsidiert. Der Brahmá-loka genannte Himmel Brahmás liegt auf dem Mount Meru, die Himmel Vishnus, Sivas, Kuveras und Indras auf dem Gipfel des Himalaja. In all diesen elysischen Gefilden gehören Düfte zu den hauptsächlichsten Wonnen. Die wichtigste Zierde des Himmels von Brahma ist:

> "Jene blaue Blume, die – wie Brahmanensage lehrt,
> Mit ihrer Blüte nur das Paradies beehrt."

Es ist die blaue Campac oder Champac-Blume, eine große Rarität, da die einzige auf dieser Erde[1] bekannte Art gelbe Blüten trägt, mit denen die Hindú-Mädchen ihr rabenschwarzes Haar zu schmücken pflegen.

In dem Paradies Indras, welches den Namen Swarga trägt, gibt es die noch reizvollere Cámalatá. deren rosige Blüten nicht nur die Sinne all derer erfreuen, die das Glück haben, ihren köstlichen Duft einzuatmen, sondern auch in der Lage sind, ihnen jeden Wunsch zu gewähren. Dieser

[1] Michelia champaca

Indra, der *Jupiter tonans* der Hindús, scheint Duft sehr gewogen zu sein, denn er wird stets mit sandelholzgetönter Brust dargestellt.

Káma, der Liebesgott oder indische Amor, ist mit einem aus Zuckerrohr gefertigten Bogen bewaffnet, dessen Sehne aus Bienen besteht. Er besitzt fünf Pfeile, die auf dem Umweg über die Sinne das Herz durchbohren und deren Spitze jeweils durch die Blüte einer Blume gebildet wird. Sein Lieblingspfeil ist mit der Chúta oder Mangoblüte bewehrt. Zu meinem Bedauern muß ich hinzufügen, daß junge Mädchen mit einer ihrem zarten Alter kaum zuzutrauenden grausamen Disposition diesen arglistigen Gott skrupellos mit Waffen versorgen, wie aus dem folgenden Zitat hervorgeht. Ein junges Mädchen pflückt eine Mango-Blüte und ruft dabei aus:

Káma, der indische Amor

"Dem Liebesgotte, der den Bogen führt,
Dem bring' ich dich, o Mangoknospe, dar;
Nimmt er zum Ziele schwärmerische Mädchen,
Sei du der beste unter den fünf Pfeilen!"

Ein auf ein Rohr aufgestecktes, duftendes kleines Blümchen scheint auf den ersten Blick keine sehr gefährliche Waffe zu sein, dennoch verursacht es offensichtlich große

Schmerzen, glauben wir den Beschwerden, die ein verwundeter Liebender in dem gleichen Gedicht ausstößt:

> "Und grausam hart wie Indra's Donnerkeile,
> So machst du, Kàma, deine Blumenwaffen."

Blumen und Düfte werden unverändert im modernen Hindú-Gottesdienst eingesetzt. Bei allen Zeremonien wird Räucherwerk verbrannt, und die Tempel sind mit einer Fülle frischgepflückter Blumen geschmückt. Mit farbigen Salben werden außerdem hieratische Zeichen auf Gesicht, Arme und Brust aufgetragen. Die Anhänger Vishnus ziehen einen roten und gelben Strich waagerecht über die Stirn, während er bei den Anhängern Sivas vertikal verläuft. In der Ostindischen Sammlung der letzten Ausstellung sah ich einige Muster dieser sehr intensiv mit Sandelholz und anderen einheimischen Essenzen parfumierten Salben. In einem *Mariatta Codam* genannten religiösen Fest reiben sich die Anhänger ganz mit einer aus Safran hergestellten Salbe ein und gehen Almosen sammelnd umher, für die sie als Gegenleistung parfumierte Stäbchen verteilen. Diese bestehen teilweise aus Sandelholz und werden mit großer Ehrerbietung entgegengenommen. Bei einem Fest zu Ehren der *Göttin Debrodee* streuen blumenbekränzte Fakire Räucherwerk auf glühende Kohlen, welche sie ohne sichtbare Zeichen von Schmerz auf die Hand legen. Am Krishna-Fest wird in Rosenwasser aufgelöstes Pulver durch Spritzschläuche freizügig über die Passanten verteilt, zum äußersten Unbehagen ihrer Kleidung. Ein ähnlicher Brauch wird im Königreich Burma befolgt. Am 12. April, dem letzten Tag ihres Kalenders, besprengen Frauen jeden, den sie treffen, mit Wasser, um alle Unreinheiten des vorausgegangenen Jahres abzuwaschen und das neue frei von Sünde zu begehen. Reiche Leute benutzen für diesen Zweck mit Sandelholz vermischtes Rosenwasser.

Auch in Tibet verbrennt man Räucherwerk; gelegentlich in einer Pfanne, aber häufiger in einem gigantischen, *Song-boom* genannten Altar, der an der Spitze eine Öffnung besitzt und Ähnlichkeit mit einem Kalkofen[1] hat. Da jedoch

Song-Boom oder tibetanischer Räucheraltar

die aromatischen Gummiharze Indiens in diesen nördlichen Regionen selten sind, wird Wacholder als Ersatz benutzt. Man verwendet im Gottesdienst auch eine sehr merkwürdige, aus einem ledernen Zylinder bestehende Vorrichtung, die Gebetstexte enthält und mit Hilfe eines Handgriffes gedreht wird. Jede Umdrehung bewirkt das Läuten eines kleinen Glöckchens, und dies zählt als ein Gebet. Einige

[1] Dr. Hooker "Himalayan Journal", B. i., S. 339.

Leute halten sogar diese mechanische Weise des Betens für zu ermüdend und lassen ihre Zylinder* – wie Mühlen – durch *Wasserkraft*[1] antreiben.

Bevor die Fischer in Cochin China auf Fang auslaufen, suchen sie die Götter des heimtückischen Elementes zu besänftigen, indem sie aromatische und geweihte Hölzer auf aus groben Steinen errichteten Altären verbrennen. Die Javaner, die in der Regel die Lieferanten der von chinesischen Epikuräern so hoch geschätzten Vogelnester sind, bringen gleichfalls ein Opfer dar, bevor sie sich auf diese gefährlichen Expeditionen begeben. Sie schlachten einen Büffel, sprechen einige Gebete, salben sich mit duftenden Ölen und räuchern den Eingang der Höhlen mit Benzoin aus, in denen sie die begehrte Trophäe suchen werden. In der Nähe einiger dieser Höhlen wird eine Schutzgöttin verehrt, deren Priester Räucherwerk verbrennt und seine Hände auf jede Person legt, die zum Abstieg in die Abyss bereit ist.[2]

Hindú-Hochzeiten werden unter dem sogenannten *Pendal* zelebriert, einer Art Baldachin, der bei wohlhabenden Leuten reich verziert und hell mit Lampen erleuchtet ist. Braut und Bräutigam sitzen oder besser hocken an einem Ende und am anderen brennt das heilige Feuer oder *Oman*, welches durch ständiges Heineinwerfen von Sandelholz, Räucherwerk, duftenden Ölen und anderen, aromatischen Rauch verströmenden Ingredienzen aufrechtgehalten wird. Nachdem die Brahmanen eine Vielzahl von Gebeten aufgesagt haben, weihen sie die Verbindung des Paares, indem

[1] Dr. Hooker "Himalayan Journal", i. 195
[2] Lord Macartney "Embassy to China"
* Buddhistische Gebetsmühlen

sie ihm eine Handvoll Reismehl, vermischt mit Safran, auf die Schultern werfen. Die Zeremonie endet, indem der Ehemann seiner Frau das sogenannte *Talee*, ein kleines goldenes Götzenbild schenkt, welches verheiratete Frauen als Eheringersatz um den Hals tragen.[1]

Hochzeitszeremonie der Hindús

Gestatten der Reichtum des Verstorbenen oder die Großzügigkeit seiner Erben eine derartige Ausgabe, werden wohlriechende Hölzer auch für den Scheiterhaufen verwendet, der die Reste des Toten verzehrt. Als *Suttees* * noch üblich waren, konnten die untröstlichen Witwen die Befriedigung genießen, wie Sardanapalus in "duftendem Rauch" zu ersticken; aber seitdem die britische Regierung

[1] L'Indoustan, B.iii, S. 11.
* Witwenverbrennung

diesen Brauch abgeschafft hat, dürfen sie ihre Tage als gewöhnlich Sterbliche beenden.

Es gibt wenig Länder in der Welt, die Indien im Hinblick auf die Fülle und Vielfalt seiner Blumenerzeugung ebenbürtig sind.

"Einhundert Blumen dort erglühen,
Duch knospend Grün die stillen Wasser träumend ziehen.
Ein jede Blüt', in leuchtendere Farb getaucht,
Süßen Odem in liebeskranke Lüfte haucht.
Die Rose ihr hundertblättrig Buch aufschlägt,
Der Tulpe Hand den Kelch mit rotem Weine trägt.
Zephir aus Nord noch Ambrawolken weht,
Und duft'ge Vielfalt seinen Fittichen entschwebt."[1]

Während die südlichen Provinzen reich an der Vegetation tropischer Klimata sind, gedeihen in den nördlicheren Landesteilen und vor allem in Kaschmir Rosen und andere europäische Blumen.

"Wer hat nicht Kunde von Kaschmirs Tal,
Dessen Rosen an Schönheit alle besiegen?
Seinen Tempeln, Grotten und Brunnen so klar,
Wie die liebenden Augen, die darin sich spiegeln."[2]

Rosenöl wird in Indien seit langem hergestellt, und in "Asiatic Researches" schildert Oberstleutnant Polier dessen Herkunft folgendermaßen: "Noorjeehan Begum (Das Licht der Welt), die Lieblingsfrau von Jehan-Geer, erging sich einmal in ihrem Garten, den ein Kanal mit Rosenwasser durchfloß, und sah, daß auf seiner Oberfläche ein paar ölige Partikelchen schwammen. Sie wurden eingesammelt und ihr Duft als so köstlich empfunden, daß man nach Mitteln und Wegen sann, die kostbare Essenz auf reguläre Weise zu produzieren."
Zweiter Favorit ist der Jasmin, den Hindú-Dichter das

[1] Anvár-i-Suhaili, Kap. i, Str. 26. [2] Moore "Lalla Rukh".

"Mondlicht des Haines" nennen. Es gibt zwei wegen ihres Duftes angebaute Arten – den *Jasminum grandiflorum* oder *Tore* und den *Jasminum hirsutum* oder *Sambac*. Neben anderen duftenden Blumen können wir die Pandang (*Pandanus odoratissimus*) erwähnen, die Champac (*Michelia champaca*), die Kurna (*Phoenix dactilifera*), die Bookol (*Minusops elengi*) und nicht zuletzt die Henna (*Lawsonia inermis*), deren Blüten einen köstlichen Duft ausströmen.

Von all diesen Blumen werden Essenzen destilliert, und das Zentrum dieser Produktion ist Ghazepore, eine oberhalb von Benares am Nordufer des Ganges gelegene Stadt. Das Verfahren ist extrem einfach. Die Blütenblätter werden mit dem Doppelten ihres Gewichtes an Wasser in Destillierapparate aus Ton gelegt und das Destillat eine Nacht lang in offenen Gefäßen der frischen Luft ausgesetzt. Am nächsten Morgen findet man das Blütenöl an der Oberfläche erstarrt, von wo es sorgfältig abgeschöpft wird. Diese Essenzen wären sehr schön, wenn sie rein wären. Aber die in ihrer Kunst nur wenig bewanderten einheimischen Destillateure fügen den Blumen Sandelholzspäne bei, um das Extrahieren des Öls zu erleichtern, welches dadurch mit einem intensiven Sandelholzgeruch behaftet ist. Außer diesen Essenzen stellt man parfumierte Öle aus einigen dieser Blumen auf die folgende Art und Weise her: Ölige Sesamkerne werden mit frischen Blüten in alternativen Schichten in ein abgedecktes Gefäß gelegt. Die Blüten werden mehrere Male erneuert, wonach die Kerne ausgepreßt werden. Wie sich herausstellt, hat das so gewonnene Öl den Duft der Blüten angenommen. Moschus, Zibet, Ambra, Narde (*Valeriana jatamansi*)[1], Patschuli und Kus-kus sind ebenfalls

[1] s. Kap. iii

beliebte Düfte der Inder. Letzteres ist das Rhizom der *Anatherum muricatum* und wird zu Matten und Jalousien verarbeitet, die einen äußerst angenehmen Duft ausströmen, wenn sie in feuchtem Zustand der Sonne ausgesetzt sind.

Düfte und Blumen spielen eine große Rolle in der indischen Dichtung, und die nachfolgenden, dem Anvar-i-Suhaili[1] entnommenen Zitate zeigen, welch gelungene Vergleiche damit angestellt werden:

"Moral dem Moschus gleicht, dem Blick verhüllt,
Er sich dem Sinn durch seinen Duft enthüllt."

"Die Jungfrau betrat die Kammer des Königs mit einem Antlitz gleich einer frischen Rosenblüte, die der leichte Morgenwind erglühen läßt und mit Locken wie die verschlungene Hyacinthe in einer Hülle aus reinstem Moschus begraben."

"Jasmin und Hyacinthen banden ihr duftend Haar,
Einem Strauß lieblicher Veilchen glich ihre Lockenpracht;
Vom Schlaf schon halb betört ihr liebestrunknes Augenpaar,
Die Locken wie indische Nard von Liebesglück entfacht."

Die anschließende Beschreibung eines von Krankheit niedergestreckten Mädchens ist ausnehmend schön:

"Nachdem der vernichtende Blick eines ungünstigen Geschicks so plötzlich auf diese rosenwangige Zypresse gefallen war, legte sie ihr Haupt auf das Krankenlager, und in dem Blumengarten ihrer Schönheit sproß anstelle der Damaszenerrose der Safranzweig. Durch die Gewalt der brennenden Krankheit verlor ihr frischer Jasmin seine Feuchte und die Hyacinthenfülle ihrer Locken büßte ihre Standhaftigkeit durch das Fieber, welches sie verzehrte."

[1] Anvar-i-Suhaili oder "The Lights of the Canopus"

"Die holde Gestalt, verzehrt von langem Leid,
Nun ihren Moschuslocken glich – geneigt."

Anders als seine europäischen *Confrères** schwelgt der Gund'hee genannte Hindú-Parfumeur nicht in protzigen Glasvitrinen und prächtigen Läden. Seine ganzes *Etablissement* besteht aus einigen wenigen Säcken, Schachteln und Tabletts, die seine diversen duftenden Waren enthalten und aus deren Mitte er letztere an seine schönheitshungrigen Stammkunden verteilt.

Gund'hee oder Hindú-Parfumeur

Auch der Hindú-Barbier betreibt sein Gewerbe unter freiem Himmel und handhabt mit großer Geschicklichkeit sein auf Scharnieren montiertes Rasiermesser, das ein furchteinflößendes Instrument ist. Das auf der nächsten Seite gezeigte Exemplar aus vergoldetem, ziseliertem und mit Juwelen besetztem Metall wurde von einem Original aus Mr. Berthouds Sammlung kopiert.

* Kollegen

Meine Bemerkungen haben sich bisher auf die Hindús beschränkt, und obgleich einige ebenso auf die in Indien lebenden Muselmanen zutreffen, gibt es bei letzteren einige merkwürdige Eigenheiten, die kurz beschrieben werden sollen. Im "Qanoon-e-Islam", einem Buch, dessen Autor der aus dem Deccan gebürtige Jaffur Shureef ist, finden sich einige verläßliche Auskünfte zu diesem Thema.

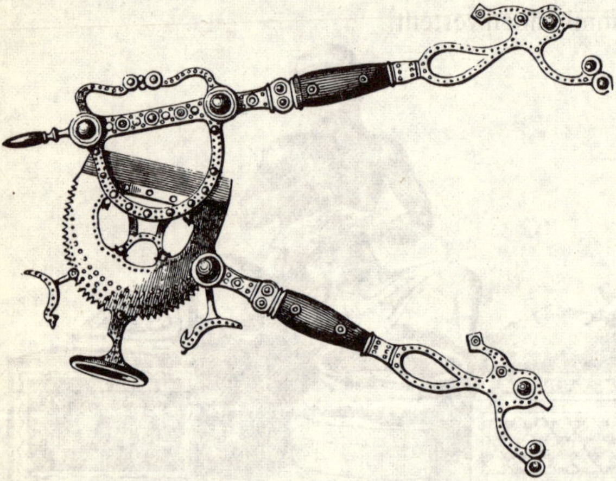

Hindú-Rasiermesser

Natürlich haben ihre Bräuche eine gewisse Ähnlichkeit mit denen ihrer arabischen Vorfahren, und ihr Hang zu Düften scheint seit der Zeit des Propheten in keiner Weise nachgelassen zu haben. In allen Zeremonien verbrennen sie عود *Ood*, ein aus Benzoin, Aloe, Sandelholz, Patschuli etc. hergestelltes Räucherwerk, und der *Oodsoz* oder die Räucherpfanne wird ebenfalls zu Füßen der Toten angezündet, sobald man ihnen die Augen geschlossen hat. Desgleichen wird صندل *Sundul* oder Sandelholzsalbe bei so vielen

Gelegenheiten für religiöse Zwecke eingesetzt, daß ihre Aufzählung ein Buch füllen würde. Ich möchte nur eine als die wahrscheinlich merkwürdigste zitieren, und zwar den

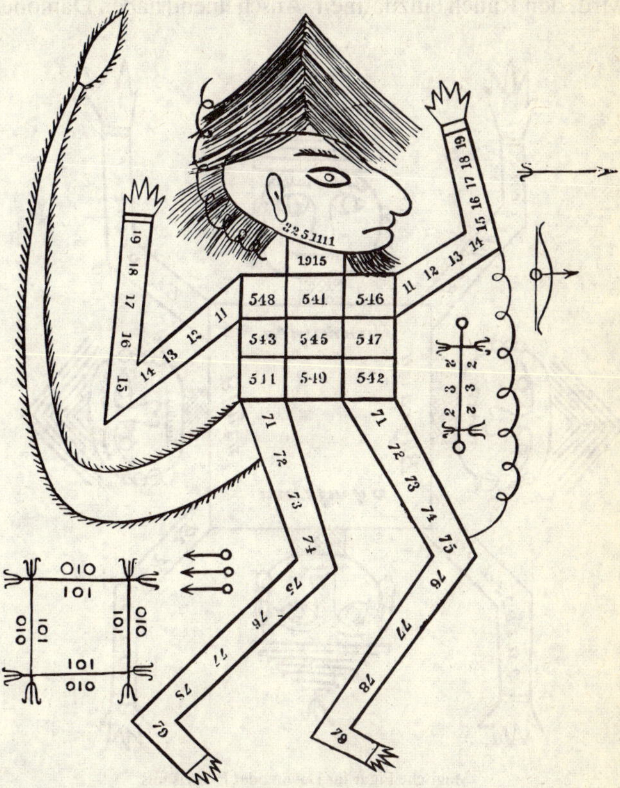

Magische Figur für Dawut oder Exorzismus

Dawut oder Exorzismus*. Magische Kreise, Quadrate und Figuren werden mit *Sundul* auf ein Brett gezeichnet, und die angeblich von einem Dämon besessene Person muß sich

* Teufelaustreibung

in deren Mittelpunkt niedersetzen. Der Exorzist rezitiert dann eine arabische Beschwörung und verbrennt etwas Räucherwerk unter der Nase des Patienten, der aufgefordert wird, den Rauch einzuatmen. Anscheinend haben Dämonen

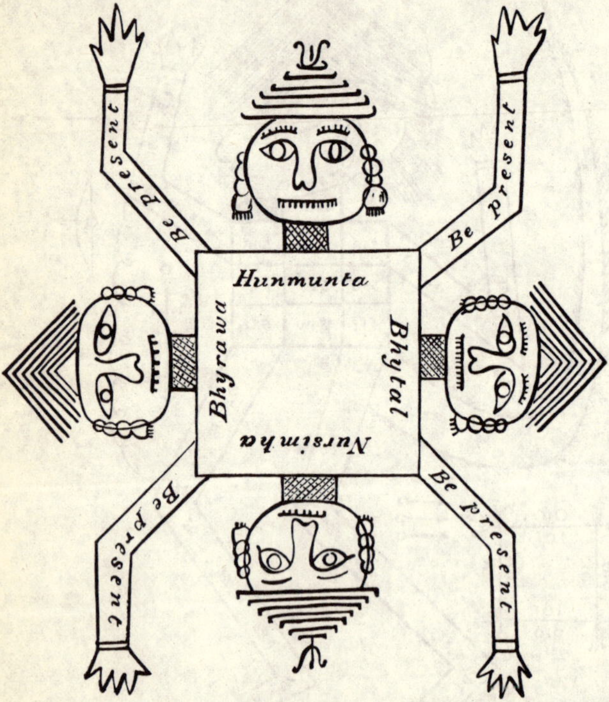

Magische Figur für Dawut oder Exorzismus

nichts für Düfte übrig, denn sie lassen sich im allgemeinen auf diese Art und Weise ausräuchern. Die hier gezeigten völlig authentischen Abbildungen stellen zwei dieser magischen Figuren dar, die eine vage Ähnlichkeit mit dem Bösen haben sollen.

Als ein Beispiel für ihren verschwenderischen Duftgebrauch im Privatleben möchte ich eine Beschreibung des *Singardan* oder Toilettenbeutels geben, der Bestandteil der Geschenke ist, welche der Bräutigam gewöhnlich seiner erwählten Braut übersendet. Neben anderen Dingen enthält dieses *Nécessaire* ein *Pandan* oder eine Dose zum Aufbewahren von Betel – einer aromatischen Kaumischung –, eine Viole mit Rosenöl, ein *Goolabpash* oder eine Flasche zum Besprengen der Besucher mit Rosenwasser, eine Dose zum Aufbewahren von Gewürzen, eine andere für *Meesee* (ein aus Galläpfeln und Vitriol bereitetes Puder zum *Schwärzen*[1] der Zähne), eine für *Soorma* zum Schwärzen der Augenlider, eine für *Kajul* zum Nachdunkeln der Augenwimpern, einen Kamm, einen Spiegel etc.

Dieses *Kajul* wird in der gleichen Weise wie das bereits häufig erwähnte ägyptische Kohl benutzt. Dagegen wird das *Soorma* auf das Innere der Augenlider aufgetragen, und es gibt eine sehr merkwürdige Tradition, die mit dem Ursprung dieses Brauches verbunden ist. Man erzählt, daß Gott – nachdem er Moses das Ersteigen des Koh-e-Toor (Mount Sinai) befohlen hatte, um ihm sein Angesicht zu zeigen, – jenes durch eine nadelöhrgroße Öffnung darbot, worauf Moses in Trance fiel. Als er nach ein paar Stunden zu sich kam und unverzüglich mit dem Abstieg begann, entdeckte er, daß der Berg in Flammen stand. Der Berg wandte sich dann mit den folgenden Worten an den Allmächtigen: "Wieso hast Du mich, den geringsten aller Berge, in Brand gesteckt?“ Dann gebot der Herr Moses, indem er sagte: "Von nun an sollen du und deine Nachfahren

[1] Die Frauen schwärzen bei ihrer Verheiratung ihre Zähne und behalten dies zu Lebzeiten ihrer Ehemänner bei.

die Erde dieses Berges mahlen und auf eure Augen auftragen.“ Seitdem hat sich dieser Brauch erhalten, und das in den Bazaren von Hindustan verkaufte *Soorma* soll Erde vom Berg Sinai sein.[1]

Neben anderen von indischen Muselmanen verwendeten Düften sei *Abeer* erwähnt, ein parfumiertes Pulver, welches auf Gesicht und Körper gestreut wird und aus Sandelholz, Aloen, Tumerik, Rosen, Kampher und Zibet hergestellt wird; ein anderes namens *Chiksa*, das sich aus Senfsamen, Mehl, Fenum Graecum, Zypresse, Sandelholz, Patschuli, Kus-kus, Anissamen, Kampher, Benzoin und allen bekannten Gewürzen zusammensetzt; *Uggur-kee-buttee*, eine aus Benzoin und anderen wohlriechenden Substanzen hergestellte Pastille, und *Urgujja*, eine aus Sandelholz, Aloen, Rosenöl und Jasminessenz bereitete duftende Salbe. Man benutzt auch ein *Munjun* genanntes Zahnpulver, eine Mischung aus karbonisierten Mandelschalen, Tabakasche, schwarzem Pfeffer und Salz.

Indische Frauen schenken ihrem Haar große Beachtung, welches im allgemeinen von einer schönen Farbe und Länge, aber nicht sehr fein ist. Sie salben es mit parfumiertem Öl und tragen darin eine Fülle von Juwelen, wobei die ärmere Schicht diesen kostspieligen Schmuck durch Glasperlen ersetzt. Manchmal schmücken sie ihr Haupt auch mit echten Blumen, dem silbernen Jasmin oder der goldenen Champac, die einen bewunderswerten Kontrast zu ihren rabenschwarzen Flechten bilden. Die Blüten einer Sirisha genannten Akazienart stecken sie hinter die Ohren:

”Stillverliebte Mädchen pflücken,
Um die Ohren sich zu schmücken,

[1] Qanoon-e-Islam, Anh. xcv

Sanft von Bienen geküßte Blüten,
Die voll zarter Staubblatt-Spitzen
Auf Sirischa-Büschen sitzen"

Hindú-Frisur

Einige bändigen das Haar in einem Netz, aber häufiger wird es in langen Flechten getragen, die bei Trauer zu einem Zopf zusammengeflochten werden. Die Tanzmädchen oder *Bayadères* tragen vorne Löckchen und hinten Zöpfe. Die nebenstehende, nach einer indischen Zeichnung angefertigte Illustration vermittelt eine Vorstellung von dem Aussehen einer indischen Schönen, die auch hier Anspruch auf diese Bezeichnung erheben könnte, gäbe es nicht den Nasenring, gegen den sich eventuell Einwände vorbrin-

Taschenkamm der Mech-Stämme

gen ließen und der entschieden unbequem sein muß.

Im Himalaja * wird das Haar zu langen Zöpfen frisiert,

* Stätten des Schnees (Sanskrit)

wobei die Frauen zwei und die Männer lediglich einen Zopf tragen. Die Lepchas tragen darüber hinaus einen weiteren Zopf, der, wie auf Seite 7 gezeigt, einen circa 22 cm hohen Bogen über dem Kopf bildet. Sie achten sehr auf ihr Haar und tragen im allgemeinen einen seltsam geschnitzten Taschenkamm mit sich herum, wie das bei den Mech-Stämmen entdeckte Exemplar, das die Abbildung zeigt.

Statue der Vorsehung mit schwelendem Räucherkessel

Wir werden uns jetzt nach China begeben, wo man Düfte ebenfalls seit frühester Zeit verwendet hat. Ein Konfuzius (oder Kong-Foo-Tse) zugeschriebenes chinesisches Sprichwort lautet: "Räucherwerk parfumiert schlechte Gerüche und Kerzen erleuchten die Herzen der Menschen.“ Nach diesem Grundsatz handelnd, benutzen sie beides sowohl im öffentlichen als auch im Privatleben verschwenderisch, was die Überkritischen zu der Schlußfolgerung verleiten könnte, daß ihre Herzen erheblicher Erleuchtung bedürfen und die natürlichen Gerüche ihrer Tempel und Behausungen nicht die lieblichsten sind. Dieses Räucherwerk wird normalerweise in Form von Räucherstäbchen (*Wan hëang*) und Flitterpapier (*Yuen paou*) verbrannt, und der Verbrauch ist so enorm, daß es laut Morrison allein in der Provinz Kanton nicht weniger als zehntausend Hersteller gibt. Morgens und abends müssen drei Räucherstäbchen geopfert werden. Man steckt sie gewöhnlich in stationäre, elegant geformte Weihrauchkessel, wie das gezeigte Exemplar aus einem Tempel bei Tong-Choo-Foo. Manchmal werden sie zu Füßen des Idols niedergelegt, wie die vorausgegangene Abbildung zeigt, die die Statue der Vorsehung darstellt.

In der Ti-vang-mia-o oder Zeremonienhalle in Peking wird Räucherwerk zum Gedächtnis der toten Kaiser in zwölf großen Urnen verbrannt. Wenn die Mandarine antreten und ihrem regierenden Monarchen ihre Aufwartung machen, verbrennen sie ebenfalls Räucherwerk vor seiner Person; ist er abwesend, erweisen sie diese Reverenz seinem leeren Thron. Ein ähnliche Zeremonie findet alljährlich bei dem zu Ehren von Konfuzius abgehaltenen Fest statt.

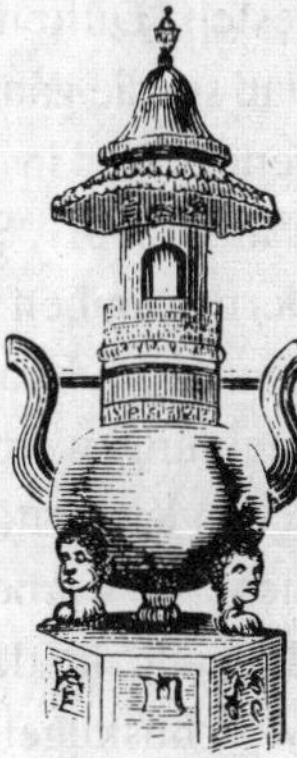
Chinesischer Räucherkessel aus Tong-Choo-Foo

Auch an chinesischen Bestattungen haben Düfte ihren Anteil. Der Körper wird gewaschen, parfumiert und in die besten Roben des Verstorbenen gekleidet, dessen Porträt in der Mitte des Raumes über dem Weihrauchkessel aufgestellt ist, der zu den unentbehrlichen Einrichtungsobjekten jeder Wohnung gehört. Die Personen, welche den Zug bilden, mit dem die Leiche zu ihrer letzten Ruhestätte getragen wird, verbrennen auf dem ganzen Weg parfumierte Streichhölzchen. Die engsten Verwandten gehen an Krükken, als hätte sie der Kummer völlig entkräftet, während die Frauen, welche in mit weißen Seidenvorhängen verhangenen Sänften getragen werden, laut lamentieren.

Räucherkessel für den Hausgebrauch

[1] Lord Macartney "Embassy to China“

Der Katalog der chinesischen Parfumerie ist recht begrenzt. Außer den Räucherstäbchen verwendet man nur einige wenige parfumierte Öle und Essenzen, die eher aufdringlich als angenehm sind – 衣香 *e Hëang*, ein Parfum für Kleider, und 香草 *Hëang tsaou*, eine Pomade für das Haar. Moschus gehört zu ihren beliebtesten Düften, was natürlich ist, wenn man bedenkt, daß sie die ganze Welt damit beliefern, da das ihn produzierende Tier in den Provinzen Mohang Mang und Mohang Vinan lebt. Sie schätzen nicht nur seinen Duft, sondern glauben auch, daß er einschließlich *Kopfschmerzen* jede Krankheit unter der Sonne heile. In dieser Meinung werden sie von ihren bedeutendsten medizinischen Kapazitäten bestärkt. Pao-po-tsé empfiehlt ihn als ein sicheres Vorbeugungsmittel gegen Schlangenbisse. Er rät, daß alle in den Bergen reisenden Personen eine kleine Moschuskugel unter dem Nagel des großen Zehs tragen sollten, da diese Reptilien durch ihren Geruch ferngehalten würden, weil der von den Chinesen *Shay* genannte Moschushirsch die Angewohnheit habe, Schlangen zu fressen. Sandelholz, Patschuli und *Assafoetida* komplettieren die Liste der chinesischen Parfumerie-Ingredienzen.

Die Chinesen besitzen ein paar herrlich duftende Blumen, wie die Kwei-hwa (*Olea fragrans*), die Lien-hwa (*Nymphaea nelumbo*), Cha-hwa (*Camellia sesanyna*) und Mo-lu-hwa, eine Art Jasmin, von dem eine Blüte ausreicht, um einen ganzen Raum zu parfumieren. Sie verfügen auch über mehrere Arten wohlriechender Hölzer, aber man hat sich dieser duftenden Reichtümer bisher nicht bedient. Dagegen schätzt man die Frucht einer in den Bergen von

Tchong-te-foo wachsenden Zeder sehr und hängt sie zum Parfumieren der Räume in diesen auf.

Seife wird von den Chinesen weder hergestellt noch benutzt. Ein "Keen" genanntes, natürliches Alkali, von dem es bei Peking große Vorkommen gibt, dient als Ersatz zum Waschen der Kleider. Was sie selbst angeht, muß ich bekennen, daß sie das Fehlen eines Reinigungsmittels nicht zu empfinden scheinen, da ihr Hang zu Waschungen sehr begrenzt ist. Besteht jedoch bei den chinesischen *Schönen* keine Nachfrage nach Seifen, haben sie keineswegs die gleichen Einwände gegen Kosmetika, die sie sehr freizügig auf die Haut auftragen. Wem an seinem Teint gelegen ist, legt des Nachts eine Packung aus Teeöl und Reismehl auf, die am nächsten Morgen sorgfältig abgekratzt wird, wie dies bereits die römischen Damen taten. Dann trägt man ein "Meen-Fun" genanntes weißes Puder auf, frischt mit ein wenig Karminrot die Wangen, die Lippen, die Nasenlöcher und *die Spitze der Zunge* auf und bepudert das Antlitz mit Reispuder, welches das kunstvolle Bild abrundet und seine Tönung dämpft. Einige benutzen auch das Fleisch einer Lung-ju-en genannten Frucht, aus welchem man eine Art Creme für die Haut herstellt.

Junge Chinesin

Es gibt drei Stile, nach denen eine chinesische Dame

hauptsächlich ihr Haar frisiert und die anzeigen, ob sie ein Mädchen, eine Ehefrau oder eine Witwe ist. Von seiner Kindheit bis zu seiner Verheiratung trägt ein junges Mädchen den hinteren Teil seines Haares zu einem Zopf geflochten und das übrige Haar über die Stirn gekämmt und in Form eines Halbmondes abgeschnitten. An seinem Hochzeitstag wird der Kopf mit einer flitterpapierbedeckten Krone geschmückt, und am darauffolgenden Tag wird das Haar erstmals in dem wohlbekannten, nebenstehend abgebildeten *Teekessel-Stil* frisiert. An Feiertagen schmückt man es entsprechend der Jahreszeit entweder mit echten oder künstlichen Blumen. Wird die Chinesin Witwe, schert sie einen Teil ihres Haares ab und bindet ein Band um den Kopf, das mit zahlreichen, manchmal sehr kostbaren langen Haarnadeln befestigt wird.

Chinesische Frisur
(Teekessel-Stil)

Die Männer rasieren ihre Köpfe und lassen nur auf dem Scheitel einen langen Haarschopf übrig, auf den sie sehr stolz sind, obwohl er ursprünglich ein Zeichen ihrer Unterwerfung unter die Tataren war. Ist ihr Haar dünn, mischen sie es mit Seide oder Pferdehaar, um den Zöpfen ein respektables Aussehen zu geben. Manchmal winden sie dieses Anhängsel bei der Arbeit um den Hals; aber wenn sie einen sich nahenden Fremden erblicken, bringen sie den Zopf schleunigst in seine natürliche Lage zurück, da es als unmanierlich gilt, jemanden in diesem Zustand zu empfangen.

Barbiere werden in China *Te tow teth jin* oder wörtlich

"Rasierer des Hauptes" genannt, da dies ihre vordringliche Beschäftigung ist; aber wie die früheren Barbier-Chirurgen verbinden sie mit dem Rasieren das Schröpfen und andere Eingriffe. Wie auf der Abbildung dargestellt, üben sie ihre Profession unter freiem Himmel aus.

In Japan finden wir viele Sitten, die denen der Chinesen ähnlich sind. Auch dort ist die Liste an Düften sehr be-

Chinesischer Friseur

schränkt und besteht vorwiegend aus einer Nioiabra genannten Pomade, die aus Öl und Wachs hergestellt wird; aus Jinko, einem wohlriechenden Holz, das in Tempeln und

Privathäusern verbrannt wird; dem sogenannten Nioi-bukooroo, einer Art Sachet, und Hamigaki, einem aus dünnen, an der Küste gefundenen Muschelschalen bereiteten und mit duftenden Kräutern vermischten Zahnpulver. Europäische Düfte dringen langsam in dieses Land ein, aber bis zur Abschaffung von *Papiertaschentüchern* ist kein großer Konsum zu erwarten. Duftende Substanzen werden bei Bestattungsriten in etwa der gleichen Weise wie bei den antiken Griechen und Römern benutzt. Der Körper wird auf einen Stoß wohlriechender Hölzer gelegt, den das jüngste Kind des Verstorbenen mit einer Fackel anzündet, und alle anwesenden Personen werfen Öl, Aloen und duftende Harze darauf.

Die Damen in Japan benutzen Kosmetika ebenso wie

Japanische Damen bei der Toilette

die Damen in Kathay, und wollen wir von der obigen Skizze ausgehen, sind die Pflichten der Toilette eine wichtige

Angelegenheit für sie. In meinem Besitz befindet sich ein japanisches Buch, aus dem ich das nebenstehende Porträt einer *Schönen* in Gala ausgewählt habe; eine jener reizenden Kreaturen, die ein japanischer Poet wie folgt apostrophiert:

Japanische Schöne

> "Ein Blick ihres Auges
> Und du verlierst deine Stadt;
> Ein weiterer, und du würdest
> Ein Königreich verwirken."

Japanische Damen widmen ihrem Haar große Aufmerksamkeit. Sie arrangieren es in allen möglichen phantastischen Frisuren, wobei sie eine ungeheuere Anzahl von Nadeln aus Schildplatt oder lackiertem Holz und gelegentlich auch echte Blumen hineinstecken. Heiratet eine Frau, schwärzt sie ihre Zähne und zupft ihre Augenbrauen aus. Die Männer rasieren die vordere und die hintere Partie des Kopfes und frisieren Hinterkopf- und Schläfenhaar zu einer Tolle über den kahlen Schädel. Der nebenstehende Stich zeigt die für Frauen übliche Frisur; und die Titelillustration zu diesem Kapitel – das Faksimile eines japanischen Modekupfers aus dem *Friseur-*

Japanische Frisur

Journal von Nagasaki – demonstriert, daß sowohl Männer als auch Frauen in einer großen Vielfalt von Frisuren und Schmuck schwelgen. Der untere Teil des Kupfers befaßt sich mit Damenfrisuren, während die obere Hälfte für das ernstere Geschlecht reserviert ist. Dies wird durch den blauen Fleck angedeutet, der die rasierte Fläche markiert.

So scheuen sie keine Mühe, sich dessen zu entledigen, was wir so eifrig zu erhalten trachten, und frohlocken über einen glatten Schädel, den wir Europäer mit einer Perücke zu verbergen suchen. Soviel zur Verschiedenartigkeit der Geschmäcker von Nationen. Einige rasieren ihren Kopf und andere ihr Kinn, und jeder schimpft den anderen unreinlich, weil er nicht der gleichen Mode anhängt!

TAHITANISCHER TÄNZER

KAPITEL IX

UNZIVILISIERTE NATIONEN

"Mit Perlen, die Persia's Fluth gebar
Durchflicht sie das krause, das schwarze Haar,
Schmückt die Stirne mit wallenden Federn, und
Den Hals und die Arme mit Muscheln bunt."

FREILIGRATH

N der Einleitung zu diesem Buch wird erwähnt, daß zivilisierte Völker nicht unsere gesamte Aufmerksamkeit in Anspruch nehmen werden, sondern daß sich auch bei primitiven Völkerstämmen einige merkwürdige, aufzeichnungswürdige Moden finden. Selbst der in einem barbarischen Entwicklungsstadium befindliche Mensch hat sich zu jeder Zeit und in jedem

Land darum bemüht, seine persönlichen Reize künstlich zu steigern; und wie mittelmäßig sein Erfolg auch immer in unseren Augen gewesen sein mag, es ist nur barmherzig, anzunehmen, daß er seinen Zweck für ihn erfüllte. Ein Botocudo-Dandy, der mit einer riesigen, in die Unterlippe eingesetzten hölzernen Scheibe herumstolziert, hat ohne Zweifel eine ebenso hohe Meinung von sich wie einer unserer Stutzer, wenn er richtig ausstaffiert aus den Händen seines Kammerdieners entlassen wird. Und wer soll letztlich entscheiden, welches die gültige Geschmacksnorm ist? Sollen diejenigen, welche glauben, wir müßten immer im Recht sein, fünfzig oder sechzig Jahre alte Modekupfer betrachten, und es ist höchstwahrscheinlich, daß sie ihre Großväter und Großmütter ehrfurchtslos als *alte Vogelscheuchen* bezeichnen werden. Können wir nicht ebenso natürlich von unseren Enkeln erwarten, daß sie in einem halben Jahrhundert von uns die gleiche, schmeichelhafte Meinung haben werden?

Bevor wir daher unsere Historie beenden und sie vom römischen Reich zur Gegenwart bringen, werden wir dieses Kapitel einem Blick in die verschiedenen Winkel und Ecken der Welt widmen, wo man sich dennoch bemüht, das "göttliche menschliche Antlitz" auf vielerlei Art und Weise zu schmücken und zu verzieren, obgleich Zivilisation dort kaum oder gar nicht bekannt ist. Der Gebrauch von Düften ist bei diesen Völkern nur sehr limitiert, deren ungeschulte Geruchsnerven gelegentlich dazu neigen, einen intensiven ranzigen Geruch den feinsten Erzeugnissen unserer Laboratorien vorzuziehen. Aber dürfen wir unter Kosmetika die verschiedenen, von ihnen zum Bemalen ihrer Gesichter und Körper benutzten Pigmente einreihen, werden wir feststellen, daß diese in großem Maßstab eingesetzt werden. Und warum sollten nicht die von einem Indianer auf seine Physiognomie aufgetragenen kunstvollen und bunten Farben, die dazu gedacht sind, seine Squaws anzuziehen und seine Feinde abzustoßen, der gleichen Kategorie wie der *Patentlack* einiger unserer aspirierenden Londoner Schönen zugeordnet werden, die zuversichtlich glauben, er würde sie für *immer verschönern*? Was die Frisuren angeht, werden unsere europäischen Haarmoden, so zahlreich und exzentrisch sie auch sein mögen, völlig in den Schatten gestellt, vergleicht man sie mit den ungewöhnlichen Erfindungen, zu denen die Kinder der Natur beim Ausstaffieren ihres Haares oder der ihnen möglicherweise beschiedenen *Wolle* Zuflucht nehmen.

Beginnen wir unsere Reise in Afrika, stellen wir fest, daß der Brauch des Einsalbens unter allen Eingeborenen ebenso verbreitet ist wie bei den antiken Griechen und Römern und gleichfalls sowohl auf den Körper als auch das Haar angewandt wird. Das Hauptmotiv für diese Praxis ist zweifelsohne ein sanitäres; mit Hilfe dieses fettigen Überzugs schützt man die Haut vor den sengenden Strahlen der Sonne nach dem gleichen Prinzip, demzufolge eine Köchin ihren Braten gut mit Fett begießt, um ihn vor dem Anbrennen zu bewahren; aber es gilt bei ihnen auch als große Verschönerung. Sie tragen eine glatte, ölige Epidermis ebenso stolz zur Schau wie ein Pariser seine gut polierten Stiefel, und einer Frau kann kein größeres Kompliment gezollt werden, als zu erklären, sie sähe ”ölig und glänzend“ aus. Man erreicht dieses wünschenswerte Resultat mit Hilfe diverser schlüpfriger Substanzen wie Kokosnußöl, Palmöl und einer *Ce* genannten Butterart. Sie wird bereitet, indem man die Frucht eines an der afrikanischen Westküste wachsenden Baumes in einem Mörser zerstampft und in Wasser kocht. Diese Salben werden im allgemeinen mit duftenden Kräutern oder wohlriechenden Hölzern parfumiert; aber nach den Berichten ist ihr Duft vielfach "eher ungewöhnlich als angenehm". Daß er *intensiv* ist, kann nicht bezweifelt werden, denn Mr. Hutchinson erklärt in seinen "Ten Years in Aethiopia" *, als er von einer bestimmten, Tola Pomade genannten und in der Provinz von Fernando Po gebräuchlichen Sorte berichtet: "Nähert man sich einem Dorf, nimmt man als erstes den Geruch von Tola-Pomade wahr, den jede noch so schwache Brise herüberweht, die ihren Weg durch den Busch findet."

Toilette eines Bräutigams in Fernando Po

* "Zehn Jahre in Äthiopien"

Der gleiche Reisende gibt den folgenden, amüsanten Bericht von der Toilette eines fernandianischen Bräutigams: "Außerhalb einer kleinen Hütte, die der Mutter der zukünftigen Braut gehörte, erkannte ich bald den glücklichen Bräutigam, wie er von seiner zukünftigen Schwägerin für die Hochzeit hergerichtet wurde. Während unzählige Tshibbu-Schnüre um Körper, Beine und Arme befestigt wurden, bepflasterte ihn die für das Einsalben zuständige Dame, welche eine kleine schwarze Pfeife in ihrem Mund hielt, mit Tola-Paste. Er schien nicht gänzlich frohgemut in Erwartung seines bevorstehenden Glücks sondern warf ab und zu einen mürrischen Blick auf ein nierenförmiges Stück Yam in seiner Hand, in dessen nach außen gewölbter Seite eine rote Papageienfeder stak. Wie man mich informierte, hieß dieses Gebilde Ntshoba und gilt als Schutz gegen schlechte Einflüsse an dem wichtigen Tag."

Man darf nicht glauben, daß dieser Verschönerungsprozeß auf das männliche Geschlecht beschränkt ist; denn als er ein wenig später von der Braut spricht, berichtet Mr. Hutchinson: "Von dem Gewicht der Ringe und Kränze sowie der Tshibbu-Gürtel niedergezogen, gab ihr die Tola-Pomade das Aussehen einer exhumierten Mumie mit Ausnahme des Gesichtes, welches völlig weiß war. Nicht aus einem Übermaß an Bescheidenheit (und hier möchte ich einfügen, daß die negroide Rasse immer *blau* erröten soll), sondern aufgrund des völligen Bedecktseins mit einer weißen Paste, dem Symbol der Reinheit. Sobald sie außerhalb der Umpfählung war, wurde mit ihrem bräutlichen Aufzug begonnen und *der ganze Körper mit weißem Zeug übertüncht*." Welch ein hübscher Ersatz für den klassischen Kranz aus Orangenblüten, und welch reizender Kontrast muß sich bieten, wenn die Farbe allmählich abblättert und den dunklen Untergrund enthüllt, auf den sie aufgetragen war!

Dr. Livingstone, Du Chaillu und andere Afrikaentdekker geben uns amüsante Berichte der phantastischen Frisu-

Bushukulompo-Frisuren

ren, in denen die Eingeborenen ihr Haar oder besser ihre *Wolle* arrangieren. Die Bushukulompos frisieren das ihre zu einem helmähnlichen Kegel[1], während die Londa-*Damen*[2] ihr Haar am Vorder- und Hinterkopf in Form eines Zweispitzes arrangieren, mit einem flott hineingesteckten geschnitzten Pflock anstelle einer Feder. Die Ashira-*Schönen* schätzen einen kunstvolleren Stil, der aus zahlreichen, vom Gesicht strahlenförmig ausgehenden und von einem äußeren Ring begrenzten Spitzen besteht. Diese würden ihnen eine vage Ähnlichkeit mit einem Heiligen geben, wie er in den katholischen Ländern dargestellt wird, trüge das

Londa-Frisur

[1] Dr. Livingstone "Africa" [2] Du Chaillu "Travels"

Gesicht inmitten des Heiligenscheins einen engelhafteren Ausdruck. Die Makololo-Frauen schneiden ihr Haar ganz kurz, und in der Sahara wird der Vorderkopf bis auf eine einzige Locke geschoren, die geflochten wird und über das Gesicht herunterhängt.[1] Sir John Barrow zufolge haben die Hottentotten sehr seltsames Haar; es bedeckt nicht die gesamte Kopffläche, sondern wächst in separaten kleinen Büscheln. Wird es kurz gehalten, hat es das Aussehen einer harten *Schuhbürste* und fühlt sich auch wie eine solche an.

Ashira-Frisur

Die unterschiedlichsten und ungewöhnlichsten Frisuren finden sich jedoch bei den Stämmen der Ounyamonezi oder Berge des Mondes, wie die Gruppe auf der folgenden Seite zeigen wird, die Kapitän Burtons interessanter "Voyage to The Lake Regions of Central Africa" * entnommen ist. Zur Vervollständigung ihrer Reize lassen sie sich auf jeder Gesichtshälfte mit einem Rasiermesser oder Messer zwei tiefe Narben anbringen. Diese Verzierung erfreut sich auch der Gunst des schönen Geschlechts; aber mit dem ihm üblichen Hang zur Koketterie läßt es die Narben blau einfärben.

Auf der Insel Madagaskar war es üblich, das lange schwarze Haar der Männer in acht bis zehn Zentimeter lange und am Ende geknotete Zöpfe zu flechten. Aber König Radama, dem diese Mode für seine Truppe zu unpraktisch war, erließ ein Edikt, welches all seinen Soldaten das Abschneiden ihrer Zöpfe befahl. Dieses Gesetz stieß jedoch

[1] Richardson "Travels in the Great Desert of Sahara"
* Reise zu den Seengebieten Zentralafrikas

auf beträchtliche Oppostion – nicht nur seitens der Männer, die ihre Haarzier ebenso schätzten wie die Husaren des letzten Jahrhunderts ihre Tressen und Schnüre, sondern auch von seiten der Ehefrauen, die stolz auf ihre Bemühungen waren, das Haar ihrer Ehemänner in einem wohlgeflochtenen und mit Kokosnußöl eingefetteten Zustand zu halten.

Frisuren bei den Ounyamonezi-Stämmen

Als er sah, daß die üblichen Rechtsmittel unzureichend waren, griff König Radama auf die Kraft des Exempels zurück und erschien eines Tages bei einer Truppenschau mit ganz kurz geschnittenem Haar. Diejenigen, die am meisten bestrebt waren, ihren Herrscher zu erfreuen, zögerten nun nicht mehr, ihre Locken zu opfern. Aber einige der Hartnäckigeren setzten ihren Widerstand von ihren Frauen ermutigt fort, die ein beträchtliches Getue darum machten. Als er dies sah, befahl der König seinen Wachen, in aller Stille die Ungehorsamen in einen benachbarten Wald zu führen und dort ihr Haar in einer Weise abzuschneiden, *daß es nicht wieder wachsen würde.* Mit einem Eifer, der eines solchen Herrn würdig war, gehorchten die intelligenten Diener umgehend diesem Befehl, denn sie schnitten die Köpfe ab.[1]

Die Mode des geflochtenen Haares scheint in Afrika vorherrschend zu sein, da sie laut Konsul Petherick fast ausnahmslos bei beiden Geschlechtern im gesamten östlichen Teil des Kontinents von Mount Sinai bis zum Weißen Nil eingeführt ist. Über die in letztgenannter Gegend lebenden Hassanyeh-Araber berichtet er: "Männer und Frauen sind mit gleicher Sorgfalt frisiert, wobei beide das Haar geflochten tragen, wenn auch nicht auf die gleiche Art und Weise, da das Haar der Männer von vorn nach hinten frisiert wird und in zahlreichen Zöpfen am Hinterkopf herunterhängt. Die Frau bündelt die Zöpfe an den Seiten und am Hinterkopf und schmückt sie mit Korallen, Bernsteinperlen sowie kleinen Schmuckstücken aus Messing. Ein sehr beliebter Schmuck sind auch an der Spitze durchlöcherte und auf einen starken Faden aufgezogene Fingerhüte aus Messing[2] sowie ein in die Stirn fallender alter Knopf oder irgendein kleines Kinkerlitzchen aus Messing. Die Fingerhüte sind in regelmäßigen Abständen verknotet und reichen bis zum Scheitel des Kopfes, damit sie am Hinterkopf herunterfallen. In Nubien wird das ebenfalls zum Wolligen tendierende Haar in einer Vielzahl von Stilen geflochten. Im allgemeinen jedoch wie eine eng an den Kopf anliegende Kappe mit unzähligen kleinen Zöpfchen, die vom Hinter-

[1] Captain Owen "Voyage to Africa" (Reise nach Afrika).
[2] Egypt, the Soudan and Central Africa, von John Petherick

kopf und den Seiten herunterhängen. Bei einer anderen Frisurenart wird nur das dicht an der Kopfhaut liegende Haar geflochten und die restliche Länge mit einer klebrigen Lösung ausgekämmt und versteift, so daß der Kopf von einem dichten Haarbusch umgeben ist. Da der Aufbau lange dauert, wird diese kunstvolle Frisur nur ein- oder zweimal im Monat erneuert. Damit das kostbare Gebäude nicht aus der Façon gerät, sind seine Anhänger gezwungen, den Kopf beim Schlafen gegen einen hölzernen und mit einer Vertiefung für den Nacken versehenen kleinen Hocker zu lehnen, was zeigt, daß sich Opfer der Mode selbst in jenen abgelegenen Gegenden finden.“[1]

Abessinierin

Abessinische Damen tragen Kämme aus Holz oder Elfenbein in ihrem Haar, die kunstvoll in verschiedenen Mustern geschnitzt und mit Henna eingefärbt sind. Sie huldigen auch einer Fülle von Kränzen auf dem Haupt und um den Hals, und die elegantesten tragen an ihrem Busen eine große, flache Silberschachtel mit parfumierter Baumwolle, die als eine Art Amulett gilt.

Abessinisches Amulett

Die Beduinen von Mount Sinai flechten ihr Haar und ordnen es so an, daß es einem auf dem unteren Teil der Stirn plazierten hornähnlichen Höcker gleicht, der etwa fünf bis acht Zentimeter vorsteht. Die Mädchen tragen auf ihren Köpfen einen Kranz aus verschiedenfarbigen

[1] ”Egypt, the Soudan and Central Africa“ von John Petherick.

Perlen, von denen sauber geschnitzte Austernschalen herabhängen. Letztere gelten als ein bedeutender Wink an die jungen Männer des Stammes, daß man nicht abgeneigt wäre, sich zu verheiraten. Dies mag nicht ganz so poetisch sein wie die Blumensprache, aber es ist dennoch ein großer Jammer, daß es keinen ähnlichen Brauch in England gibt, da der Anblick der Austernschale schüchterne junge Männer sicher zu einem Heiratsantrag ermutigen würde.

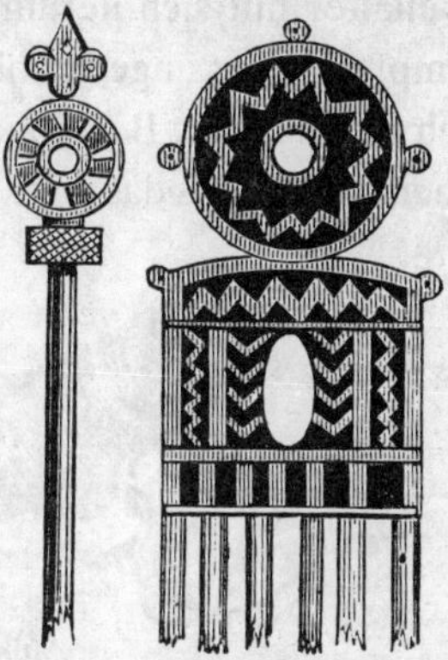

Abessinische Kämme

Wer es sich in Oberägypten leisten kann, huldigt ausgiebig Parfumerieartikeln und Kosmetika. Moschus zum Parfumieren der Kleider und Kohl zum Schwärzen der Augenwimpern sind zwei unentbehrliche Positionen auf der Liste der Geschenke, die einer Braut von ihrem Zukünfigen übersandt werden. Mit einem lobenswerten Respekt für die künftigen Bedürfnisse der Gemeinschaft hockt dieser einige Tage nach der Hochzeit auf einer Matte an der Tür der Moschee, stellt seine Geschenke auf einem Tablett aus und sammelt Almosen von den Gläubigen ein.

Dringen wir weiter in das Innere vor, ist der wichtigste dort gebräuchliche Parfumerieartikel (falls man ihn so nennen kann) eine Art mehr oder minder parfumierte Pomade oder Butter, die die Eingeborenen in Straußeneiern aufbewahren und verschwenderisch benutzen, wobei es am stilvollsten ist, einen auf den Kopf gelegten Klumpen schmelzen und am ganzen Körper herunterrinnen zu lassen.

Andere tragen diese Salbe mit einer Straußenfeder auf Kopf und Körper auf, die sie in einem aus Büffelhorn gefertigten Behälter mit sich herumtragen. Das hier abgebildete Exemplar dieses ungewöhnlichen Toilettenutensils entdeckte ich in Mr. S.H. Berthouds einzigartiger Sammlung. Es ist meines Wissens das erste dieser Art in Europa.

Afrikanische Salbfeder

In Nubien gibt es eine sehr merkwürdige Form des Badens, die besondere Beschreibung verdient. Konsul Petherick berichtet von seiner großen Überraschung, als er nach Bestellen eines Bades in Berbera – einer der von ihm besuchten Städte – eine junge Negerin eintraten sah, die als einziges erforderliches Hilfsmittel eine Schüssel und eine Teetasse trug. Die Schüssel enthielt Teig und die Tasse etwas duftendes, mit aromatischen Wurzeln parfumiertes Öl. Ersteren gut auf die bloße Haut verrieben, reinigte diese gründlich, wonach das parfumierte Öl eingesetzt wurde, um die Gliedmaßen elastisch zu halten. Diese *Dilka* genannte Prozedur ist bei den Eingeborenen sehr beliebt, und Mr. Petherick, den sie laut eigenen Aussagen sehr erfrischte, schreibt ihr das völlige Fehlen von Hautkrankheiten bei diesen Leuten zu und sagt, sie ermögliche es ihnen, den kalten schneidenden Winden des Winters mit keinem anderen Schutz als ihrer sehr dünnen Kleidung zu widerstehen.

Im Sudan ersetzt eine aromatische Räucherung selbst diese sehr unvollkommene Badetechnik. In einem neben dem Bett in den Boden gegrabenen Loch steht ein irdener Topf, in dem das wohlriechende Holz des Tulloch verbrannt wird. Die Eingeborenen hocken sich, mit einer dicken Wolldecke bedeckt, darüber und verharren etwa zehn Minuten in der Wolke duftenden Rauches, was zu intensivem Perspirieren führt und einen belebenden und wohltuenden Einfluß auf die Haut ausüben soll. *Damen*, die davon häufig Gebrauch machen, werden mit der Zeit von einem wohlriechenden Schmelz überkrustet, der hoch im Kurs steht und als *sehr flott* angesehen wird.

Selbst in den entlegensten Wildnissen Zentralafrikas bemühen sich Menschen im Rahmen ihrer primitiven Denkweise, der Natur durch Kunst zu assistieren.

Die *Neam Neam*, ein im tiefen Inneren am Äquator lebender Stamm, geben sich große Mühe mit ihrem Haar, das sie in dicke, den Nacken bedeckende Zöpfe flechten und mit 15 Zentimeter bis zu einem Fuß * langen Elfenbeinpflöcken schmücken. Diese Pflöcke sind in schönen Mustern geschnitzt und zum Teil mit dem Sud einer Wurzel gefärbt. Sie werden am Hinterkopf eingesteckt, wobei kurze mit langen abwechseln, und bilden einen Halbkreis. Er sieht dem von den Bauernmädchen an den Ufern des Comer Sees getragenen ähnlich, mit dem einzigen Unterschied, daß der italienische Haarschmuck aus Stahl und Goldnadeln besteht. Das ist sicherlich ein sehr kurioses Zusammentreffen. Die Dinkas färben ihr Haar rot, während sich die Djibbas als kriegerisches Volk damit brüsten, daß

* ca. 33 cm

sie das Haar ihrer gefallenen Feinde mit dem eigenen zu einem dicken Zopf verflechten, dessen Länge die Tapferkeit des Trägers demonstriert.

Die größten Dandies sind jedoch die Griquas, die sich mit Fett und rotem Ocker einschmieren, während der Kopf mit einer blauen, aus Glimmererde hergestellten Pomade gesalbt wird. Die auf den Körper herunterfallenden glänzenden Glimmerteilchen gelten als hochdekorativ und die Farbmischung als sehr anziehend.[1]

Machen wir einen kühnen Sprung von dort zu den Philippinen, und wir werden sehen, daß die Tagal genannten Eingeborenen ihrem schwarzen und glänzenden langen Haar die größte Aufmerksamkeit schenken. Die Frauen waschen es mindestens einmal täglich mit einem *Go-go* genannten seifenartigen Gras und salben es mit Kokosnußöl, das mit den Blüten der *Alangilan* oder *San-paquita* parfumiert ist.

Sowohl Männer als auch Frauen auf den Loo-Choo-Inseln tragen ihr Haar zum Scheitel hochfrisiert und zu einer Art Schleife aufgesteckt, die mit zwei Nadeln verziert ist. Die Reichen haben juwelenbesetzte Nadeln und benutzen den Saft einer duftenden Pflanze, um den natürlichen Glanz ihres Haares zu betonen.

Die Javanerinnen sind sehr stolz auf den gelben Teint, mit dem die Natur sie bedacht hat. Er ist das ständige Thema ihrer Dichter, die seine *goldene* Tönung mit ebensoviel Glut preisen wie die unseren die rosen- und lilienfarbige, welche unsere *Schönen* auszeichnet. Laut Admiral Dumont d'Urville greifen sie in der gleichen Weise auf gelbe Kosmetika zur Erhaltung des Glanzes der bevorzug-

[1] Dr. Livingstone "Africa"

ten Tönung zurück, wie man hier Rouge und weiße Farbe benutzt.[1] Darüber hinaus schwärzen sie ihre Zähne und machen sich über die weißen der Europäer lustig, die letzteren in ihren Augen das Aussehen von *Affen* geben.

In Australien sind die Aborigines schlimmer als die Eskimos. Für diese Völker ist ein schlechter Geruch tatsächlich ein Wohlgeruch, weswegen wir sie in Ruhe lassen werden. Dennoch produziert das Land zahlreiche duftende Blumen und Pflanzen und ganze Wälder von Bäumen mit duftenden Blättern;[2] und wer weiß, ob nicht eines Tages dieser fruchtbare Markt für unsere Waren seinerseits die Welt mit Essenzen und Kosmetika beliefern wird. Wenn sich in ein paar Jahrhunderten Lord Macaulays Neuseeländer auf den Ruinen von London postiert, wird sein aus den Fasern von *Formium tenax* hergestelltes Taschentuch wahrscheinlich nach dem *neuesten Duft* von Warranonga von den Murrumbidgee duften!

Tätowieren gehört bei den australischen und polynesischen Rassen zu den wichtigsten persönlichen Verzierungen.

Man könnte es fast als eine Art unentfernbarer Kosmetik bezeichnen, da es wahrscheinlich seinen Ursprung in der Gesichtsbemalung hatte; nachdem ein Wilder mit widerstandsfähiger Haut auf den Gedanken gekommen war, die Farbe durch Einritzen in die Haut dauerhaft zu machen. Neuseeland trägt oder trug den Sieg in dieser Kunst davon. Dort brüsteten sich vor allem die Häuptlinge mit den eleganten Arabesken, die ihre Physiognomien zierten, und Haar und Bart wurden bereitwilligst geopfert, um einen

[1] Voyages autour du monde par Dumont D'Urville, Vol. ii,S. 324

[2] Vorwiegend die Eukalyptus- und Melaleuca-Arten

besseren Untergrund für das Dessin zu erhalten. Diese Moko genannte Operation wurde allgemein mit einem aus karbonisiertem *Dammarharz* hergestellten schwarzen Pulver durchgeführt, welches mit Hilfe eines kleinen, aus dem Knochen eines Albatros gefertigten Meißels in die Haut eingelegt wurde. Das Verfahren wird ausführlich von Mr. Taylor in seinem interessanten Werk über Neuseeland beschrieben. Er sagt, daß der Künstler seinen Patienten zur Linderung der verursachten Schmerzen Lieder vorsingt, von denen er das folgende kuriose Beispiel anführt:

> "Wer gut zahlt,
> Möge gut geschmückt werden;
> Wer aber den Operateur vergißt,
> Der möge nachlässig bedient werden:
> Auf daß die Linien weit auseinanderstehen.
> O hiki Tangaroa!
> Hole aus, daß der Meißel beim
> Schneiden erklingen möge:
> Die Menschen erkennen nicht die Kunst des Operateurs
> Beim Führen des Meißels.
> O hiki Tangaroa!"

Die in diesen Zeilen enthaltene zarte Anspielung zeigt, daß Künstler in ihren poetischen Ergüssen immer ein "Auge auf das Geschäft" hatten und es für notwendig hielten, ihre Kunden daran zu erinnern, daß *Schönheit* – wie alles andere – ihren Preis hat. Auch das sanftere Geschlecht griff zu dieser Verschönerungsart, aber das Tätowieren wurde nur auf Lippen und Kinn ausgeführt mit einem schelmischen kleinen Kringel am Augenwinkel in Form einer *Accroche coeur*.*

Auch Einbalsamieren scheint von den Neuseeländern praktiziert worden zu sein. Es wurde aber auf die Häupter der geschätzten Verwandten beschränkt, die nach Entfernen des Gehirns mit Blumen gefüllt, im Ofen gebacken und

* Schmachtlocke

schließlich an der Sonne getrocknet wurden. Diese Köpfe wurden in sorgfältig gefertigten und mit Öl parfumierten Körben aufbewahrt. Bei wichtigen Anlässen nahm man sie heraus, schmückte sie mit Federn und beweinte sie mit der ganzen Familie.

Die außergewöhnlichsten und phantastischsten Frisuren gibt es vielleicht bei den Fidji-Insulanern. Nicht damit zufrieden, ihre Locken in jede denkbare Form zu drehen, variieren sie deren dunkle Tönung durch Einfärben mit allerlei Farben wie Blau, Weiß, Rot und Gelb. Bei jungen Leuten sind Karmesinrot und Strohblond die bevorzugten Töne; aber am modischsten ist die Kombination mehrerer Farben in der gleichen Frisur. Demzufolge tragen einige eine kugelförmige Masse jetschwarzen Haares mit einem handbreiten weißen Streifen vorne; oder ein weißes Rechteck bedeckt die Länge des Schädels, wobei das schwarze Haar auf beiden Seiten herunterhängt; anderen fallen eine große rote Rolle oder ein sandfarbener Vorsprung in den Nacken; und noch andere arbeiten phantasievolle Muster in ihr Haar ein, indem sie es in verschiedenfarbige Quadrate oder Kegel unterteilen. Ich trage diese *Idee* demütig allen Damen mit einer Vorliebe für Neuheiten vor und bin sicher, daß eine derart karierte Frisur eine ziemliche Sensation in einem unserer Salons kreieren würde. Mit Haarfärbemitteln sind wir wohl vertraut, und ihren Verwendern ist bekannt, daß einige von ihnen verschiedenartige Schattierungen, vom lebhaften Erbsengrün bis zum sanften Violett, erzeugen können. Aber mit unseren Anti-Fidji-Vorurteilen haben wir diesen Umstand bisher eher als Unglück denn als Zierde betrachtet. Die Eingeborenen der Duke-of-York Insel haben ebenfalls einen Hang zu verschiedenfarbigem Haar. Aber sie erreichen dieses Ziel, ohne es zu färben, indem sie es einfach mit Fett einschmieren und anschließend mit einem aus karbonisierten Muscheln und Koralle hergestellten Pulver bestreuen, welches sie stets in

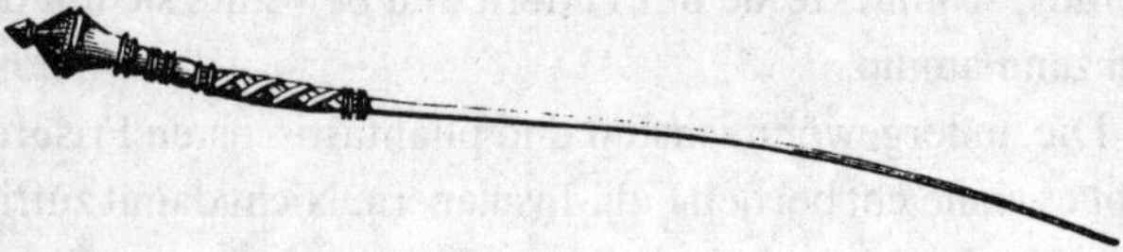

Haarnadel von den Marquesas

einem kleinen Flaschenkürbis bei sich tragen. Eine Mode, die an unsere eigenen gepuderten Beaus des letzten Jahrhunderts erinnert. Mehrere andere Stämme von Südseein-

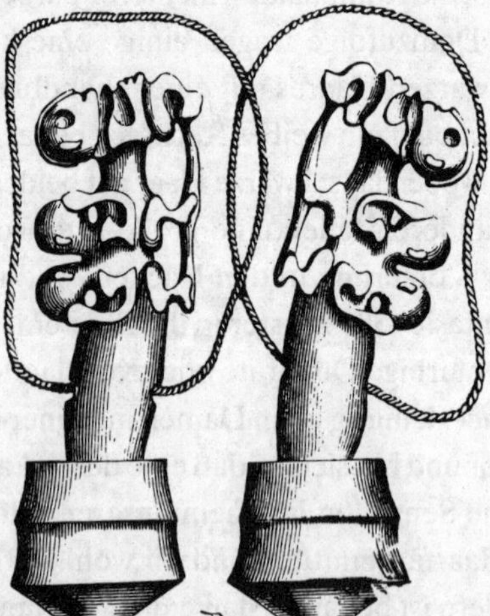

Fischknochen-Ohrringe von den Marquesas

sulanern, darunter die der Darnley- und Britannia-Inseln, schätzen vielfarbiges Haar.

Junge Leute von der letztgenannten Inselgruppe geben sich ebensoviel Mühe mit dem Bleichen ihrer schwarzen

Locken, wie ältliche Europäer mit dem Schwärzen ihrer weißen. Auf Nooka-hiva, der größten der Marquesas-Inseln, reiben sich beide Geschlechter reichlich mit süßduftendem Kokosnußöl ein, und die Kultiviertesten verwenden den Saft der *Papa* als Ersatz, der die Haut bleichen und ihre Glätte bewahren soll. Die Frauen widmen ihrem Haar besondere Sorgfalt, das sie mit langen geschnitzten Nadeln schmücken. Sie tragen auch Ohrringe, die im allgemeinen

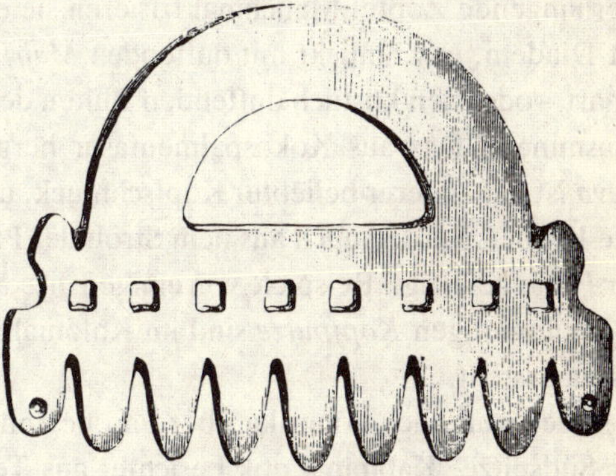

Kamm von den Solomon-Inseln

aus Fischknochen gefertigt sind. Die gezeigten Exemplare sowie der aus den Zähnen des See-Elefanten (*Trichechus*) gefertigte Kamm von den Solomon-Inseln stammen aus Mr. Berthouds Sammlung.

Zuletzt müssen wir Tahiti, die Königin des Pazifik, erwähnen, wo die Eingeborenen, insbesondere die Frauen, ihrer persönlichen Erscheinung immer große Beachtung geschenkt haben. Seit ihrem Kontakt mit Europäern haben sie von diesen viele Sitten übernommen und sind heute nicht mehr die gleichen, wie sie Kapitän Cook beschrieb und wie sie auf dem Titelbild zu diesem Kapitel dargestellt sind.

Aber sie haben immer noch einige ihrer ursprünglichen Bräuche bewahrt, die erwähnenswert sind. Die Tahitianerinnen sind im allgemeinen groß und gut gebaut; sie haben schöne Augen und Zähne und wunderschönes langes Haar, welches sie sorgfältig pflegen. Sie waschen es täglich und salben es mit einer *Monoi* genannten, aus Kokosnußöl gewonnenen und mit Sandelholz oder *Toromeo*-Wurzel parfumierten Pomade und flechten es in lange, den Rücken herunterhängende Zöpfe. Manchmal frisieren sie es zu einer Art Diadem, geschmückt mit duftenden *Mairi* – einer Blumenart – oder den köstlich duftenden Blüten der *Tiare*, einer Jasminart. Das aus Kokospalmenfaser hergestellte *Reva-reva* ist ein anderer beliebter Kopfschmuck, und sehr elegante Kronen werden auch aus dem Stroh der Pfeilwurzel oder *Pia* angefertigt. Beispiele von einigen dieser außerordentlich anmutigen *Kopfputze* sind im Kolonialmuseum in Paris ausgestellt.

Wir setzen nun nach Amerika über und beginnen dort mit der Südspitze. Kapitän Cook berichtet aus Terra del Fuego* von einem damals dort üblichen, merkwürdigen Brauch, der aller Wahrscheinlichkeit nach immer noch en vogue ist. Die Eingeborenen dieses Landes bemalen sich von oben bis unten mit roter und weißer Farbe, wobei das Rot Flecken auf Brust und Schultern und das Weiß lange Streifen auf Armen und Beinen bildet. Mit etwas Weiß um die Augen und einem langen, durch die Nasenscheidewand gezogenen Knochen gilt ihre Toilette als komplett.

Die südamerikanischen Indianer haben im allgemeinen langes schwarzes Haar, welches sie lose über die Schultern tragen. Die Frauen flechten das ihre mit einem Band nach

* Feuerland

hinten und schneiden es vorne, etwas oberhalb der Augenbrauen, von einem Ohr zum anderen ab. Indianern beiderlei Geschlechts kann keine größere Schande angetan werden, als ihnen das Haar abzuschneiden. Lieber ertragen sie jede andere körperliche Strafe, und eine solche Maßnahme ist daher auf die ungeheuerlichsten Verbrechen beschränkt. Fast alle lieben sie Düfte, aber obgleich ihr Boden duftende Materialien in Hülle und Fülle bietet, greifen sie gewöhnlich auf unsere europäischen Erzeugnisse zurück. Es gibt jedoch ein von Mr. Wallace als sehr exquisit erwähntes einheimisches Parfum, welches am Rio Negro hohes Ansehen genießt. Es wird *Umari* genannt und aus dem *Humirium floribundum* mittels eines sehr ungewöhnlichen Verfahrens extrahiert. Dieses besteht im Anheben der Rinde und Einschieben von Baumwollstückchen zum allmählichen Aufnehmen der Duftstoffe, die nach Ablauf eines Monats aus der Baumwolle ausgedrückt werden. [1]

Wir werden nun unsere lange Wanderung mit den nordamerikanischen Indianern beenden und deren Methode der Gesichtsbemalung beschreiben, eine Kunst, in der sie sicherlich unübertroffen sind. Allen Berichten von Reisenden zufolge, die die *Rothäute* besucht haben, hat keine Rouge oder Schönheitspflästerchen für Oper oder Ball auflegende Matrone des Ancien régime je soviel Zeit auf ihre Toilette verwendet wie ein Sioux oder Pawnee, der sein Gesicht für einen Ausflug kriegerischer oder friedlicher Natur *herrichtet*.

Mr. Murray berichtet von einem Häuptlingssohn namens Sa-in-tsa-rish und sagt, daß er nie einen Dandy sah, der ersterem an Eitelkeit ebenbürtig gewesen sei. Für gewöhn-

[1] Travels on the Amazon and Rio Negro, von A.R. Wallace

lich begann er seine Toilette um acht Uhr morgens und beendete sie erst zu später Stunde. Nachdem er sich von oben bis unten mit Fett als Basis für die Farbe eingeschmiert und ein paar Streifen über Kopf und Körper gezogen hatte, betrachtete er sich unausgesetzt in einem Stückchen Spiegel, das er bei sich trug, und fuhr fort, die Linien so lange zu ändern, bis sie ihm schließlich gefielen.

Einige behaupten, es stecke in den verschiedenen Farben ein gewisser Symbolismus; demzufolge wird beispielsweise Freude durch Rot und Trauer durch Schwarz versinnbildlicht. In der letztgenannten Eigenheit entfalten sie eine gewisse Ähnlichkeit mit uns, mit dem Unterschied, daß sie bei Verlust eines Verwandten keine Trauerkleidung anlegen, sondern ihr Gesicht mit Holzkohle einreiben. Die gedämpften Schattierungen von Halbtrauer stellen sie mit einem über das Gesicht gezogenen Spalier von schwarzen Linien dar oder sie malen machmal eine Gesichtshälfte schwarz an, wie wir den Untergrund unserer Familienwappen. Glücklicherweise sind sie häufigen Waschungen nicht zugetan, andernfalls wäre ihre Trauer nur von kurzer Dauer.

DAS BUCH DES PARFUMS KAPITEL X

EIN FAHRENDER PARFUMVERKÄUFER (Zur Zeit Ludwig XV.)

KAPITEL X

VON ANTIKEN ZU MODERNEN ZEITEN

Cerca d'accrescer collo studio e l'arte
La natural beltá che in lei risplende.
L'auree chiome in vago ordine comparte,
Ed ad ornarisi il rimanente attende:
Poi lieta si contempla a parte a parte
Nell'acciar, che l'immago al vivo rende,
Cosi augellin dopo la pioggia al Sole
Polirisi i vanni, e vagheggiarsi suole.

TORQUATO TASSO

ASSEN wir ferne Länder hinter uns und kehren wir jetzt zu unserem eigenen Europa zurück, um den Fortschritt in der unser Thema bildenden Kunst von den frühesten Zeiten an zu verfolgen, und zwar hauptsächlich in England, Frankreich und Italien, da unsere Informationen über diese Länder am vollständigsten sind.

Die Toilette der antiken Bewohner Britanniens besaß eine gewisse Ähnlichkeit mit der der nordamerikanischen Indianer. Sie bestand aus einer Reihe kunstvoller, über den ganzen Körper verteilter Malereien, die ursprünglich zweifelsohne die Haut vor der Unbill des Wetters schützen sollten, später aber als Schmuckform und zur Differenzierung der unterschiedlichen sozialen Stellungen benutzt wurden – denn sie waren Freien vorbehalten und Sklaven strikt untersagt.[1] Das einfache Volk leistete sich nur kleine, voneinander getrennte Dessins, während der Adel das Privileg genoß, sich mit großen Figuren – vorwiegend von Tieren – dekorieren zu dürfen. Diese wurden nach Einführung eines weniger spärlichen Kostüms auf ihre Schilde übertragen. Man kann darin den Ursprung der Familienwappen sehen, welche die Japaner, die vermutlich in der gleichen Weise begannen, heute als Stickerei auf ihren Gewändern tragen.

Am bemerkenswertesten im Hinblick auf ihre Bilderdekorationen waren die den Norden Britanniens bewohnenden Pikten, die davon auch ihren Namen ableiten.[2] Die Gallier und Germanen färbten die Brust vor Antritt der Schlacht rot, damit der Feind das aus ihren Wunden fließende Blut nicht wahrnehmen konnte. Unter den verschiedenen damals gebräuchlichen Farbstoffen erwähnte Julius Cäsar Färberwaid (*Isatis Tinctoria*), mit dem die Briten ihrer Haut eine bläuliche Färbung und damit ein grauenhaftes Aussehen für die Schlacht gaben. Plinius spricht auch von

[1] Pelautier "Histoire des Celtes"

[2] *Picti*, "bemalt"

einer Art Wegerich, *Glastrum* genannt, mit dem die Gallier und Briten ihre Gesichter und Körper färbten.[1]

Haarfärbemittel waren selbst zu diesem frühen Zeitpunkt schon bekannt, denn Diodorus Siculus berichtet, daß die von Natur aus rothaarigen Briten keine Anstrengung scheuten, um es künstlich noch röter zu machen, welchselbiges sie durch wiederholtes Waschen in mit Linde aufgekochtem Wasser erreichten.

Die Druiden hinterließen keine schriftlichen Aufzeichnungen ihrer Bräuche, aber zeitgenössischen Berichten zufolge scheinen sie keine Duftstoffe bei ihrem sehr primitiven Kult verwendet zu haben. Sie kannten und schätzten jedoch ihre zahlreichen einheimischen Duftpflanzen sehr. Druidinnen bekränzten ihre Brauen mit Verbena und bereiteten aus duftenden Kräutern mysteriöse Salben, die die Wunden der Helden heilten und die Reize der Schönen erhöhten. Die römische Eroberung brachte die zivilisierten Sitten der Eroberer nach Gallien und Britannien. Körperbemalung und roher Schmuck wurden beiseitegelegt und gegen anmutige Gewänder und kunstvolle Kosmetika vertauscht, und bald waren die Provinzen der Metropolis an Eleganz und Verfeinerung ebenbürtig. Die bei Ausgrabungen in Frankreich und England entdeckten diversen Toilettengeräte und herrlichen Bäder dieser Epoche bezeugen den hohen Grad an Luxus, welcher damals in jenen Ländern herrschte. Jedoch dauerte dies nur eine Weile, und mit der römischen Herrschaft endete dieser flüchtige Schimmer, da mit den folgenden Invasionen alles erneut ins Dunkel versank. Von diesem Zeitpunkt bis zu den Kreuzzügen sind die in der Geschichte vorkommenden Berichte über Düfte vor-

[1] Plinius, Naturgeschichte, lxxii. Kap. 1.

wiegend mit der Kirche oder dem Hof verbunden, denn sie waren zu kostspielig, um häufigen Gebrauch im Privatleben zu finden. Als Chlodwig, der erste christliche König Frankreichs, im Jahr 496 in Rheims getauft wurde, verbrannte man für diese Zeremonie Räucherwerk und entzündete duftende Wachskerzen. Daß Räucherwerk auch den Angelsachsen bekannt war, geht aus dem folgenden Rätsel hervor, das aus dem Exeter-Buch übersetzt wurde:

> "Bin viel süßer als Räucherwerk oder die Rose,
> Die so reizend auf dem Rasen gedeiht,
> Bin zarter selbst als die Lilie,
> Wie teuer jene Blume der Menschheit auch sei." [1]

Nachdem er die Schwester König Athelstans zur Frau erbeten hatte, übersandte Hugo der Große, der Vater Hugo Capets, laut Bericht der Malmesbury-Chronik neben anderen Geschenken auch Düfte, wie man sie in England nie zu Gesicht bekommen hatte. Auch Charlemagne war ein großer Liebhaber von Düften, und an seinem glänzenden Hof in Aachen herrschte eine stetige Nachfrage nach ihnen.

Teppiche waren damals unbekannt, aber man pflegte in den Häusern der Großen duftende Binsen [2] auf den Fußboden zu streuen, die die Luft mit einem angenehmen Duft erfüllten. Als Wilhelm der Eroberer in der Normandie geboren wurde, wo dieser Brauch herrschte, füllte das Kind in dem Augenblick, als es das Licht der Welt erblickte und den Boden berührte, seine beiden Hände mit den Binsen auf dem Fußboden, fest ergreifend, was es aufgenommen hatte. Dies wurde als günstiges Omen begrüßt, und die anwesenden Personen erklärten, der Junge würde ein König werden. [3]

[1] Exeter-Buch, S. 423.
[2] Vermutlich Calamus aromaticus
[3] Reliques in Malmesbury (Reliquien in Malmesbury)

Der Brauch, duftende Binsen auszustreuen, war im England von Königin Elisabeth immer noch en vogue, und Shakespeare spielt in seinen Stücken häufig darauf an.

Gelegentlich wurde Einbalsamieren in jenen Tagen praktiziert und aus Eadmers "Leben des Heiligen Anselm" erfahren wir, daß der Körper des Heiligen nach dem Tode mit Balsam gesalbt wurde.[2]

Nach den Kreuzzügen kamen Düfte in allgemeineren Gebrauch. Die tapferen Ritter brachten für ihre lieben Damen einige der weithin berühmten Parfums des Orients heim sowie Proben der wunderbaren Kosmetika, mit denen die Haremschönen ihre Reize bewahrten. Unter den Geschenken, die dem heiligen Ludwig, König von Frankreich, dargebracht wurden, spielten seltene und kostbare Duftstoffe eine herausragende Rolle. Um diese Zeit führte man auch Rosenwasser ein, und es wurde in den Häusern des Adels Sitte, es den Gästen nach dem Mahle zum Waschen der Hände anzubieten. Eine sehr notwendige Waschung, wenn wir bedenken, daß die in Italien im fünfzehnten Jahrhundert erfundenen Gabeln in England bis zur Regierung von Jakob I. unbekannt waren und dann als große Ziererei galten. Matilda, die Königin von Heinrich I., erhielt aus Frankreich einen wunderschönen silbernen Pfau mit einem in Perlen und Edelsteinen eingefaßten Schwanz zum Geschenk, welcher zur Aufnahme von Rosenwasser gedacht und für diesen Zweck auf die Tafel zu stellen war. Mathieu de Coucy berichtet ebenfalls in seinen Chroniken, daß bei einem von Philipp dem Guten, Herzog von Burgund, gegebenen Bankett die Statue eines Kindes auf der Anrichte stand, aus der ein Strahl Rosenwasser hervorsprudelte.

[2] Eadmer, Vita S. Anselmi, S. 893

Gewerbliche Parfumeure gab es in Frankreich bereits seit dem zwölften Jahrhundert, denn Philipp Augustus gewährte ihnen im Jahr 1190 eine Konzession, die 1357 von Johann und danach im Jahre 1582 von Heinrich III. bestätigt wurde. Diese Charter wurde zum letzten Male unter Ludwig XIV. im Jahre 1658 erneuert und erweitert. Um zum Meisterparfumeur gewählt zu werden, war es damals erforderlich, vier Jahre als Lehrling und drei als Geselle zu dienen, was zeigt, daß man es als nicht unbedeutendes Handwerk erachtete.

Eine Dame bei der Toilette
(13. Jahrhundert)

In einem im Britischen Museum[1] aufbewahrten Manuskript aus dem dreizehnten Jahrhundert finden wir die nebenstehende Abbildung einer Dame bei ihrer Toilette, die eine Vorstellung von der Art und Weise geben mag, in der diesen Pflichten nachgegangen wurde. Frühmorgens war die von den Schönen der Epoche für diese wichtige Aufgabe gewählte Zeit, denn wir lesen in der Romanze von "Alisaunder":

"In a moretyde hit was,
Theo dropes hongyn on the gras;
Theo maydenes lokyn in the glas
For to tyffen heare fas" *

Die Moralisten und Satiriker der Zeit werfen den Damen vor, ihrer persönlichen Verschönerung zuviel Aufmerksamkeit zu schenken und ihre Körper mit Korsetts zu defor-

[1] MS. Addit. No. 10,293, fol. 266.

* "An einem Morgen war's
Die Tropfen hingen an dem Gras,
Die Mädchen schauen in das Glas,
Zu schmücken ihr Gesichte."

mieren, die um diese Zeit eingeführt wurden. Sie werden auch beschuldigt, ihre Gesichter zu schminken, ihre Locken zu färben und überflüssiges Haar auszuzupfen.

Unsere Ahnen liebten Blumen sehr, deren sie sich sowohl zur persönlichen Dekoration als auch zum Schmücken ihrer Gärten bedienten. Wie die antiken Griechen und Römer trugen sie bei allen ihren Festlichkeiten Blumenkränze im Haar, die im zeitgenössischen Französisch *Chapels* oder *Capiels* genannt wurden. In der Romanze von "Perce-Forest" sagt der Verfasser beim Schildern eines Festes: "avoist chascun et chascune un chapel de roses sur son chief."[1] Diese Worte zeigen deutlich, daß selbst das *finstere* Geschlecht diesem blumigen Kopfputz anhing, welcher in Verbindung mit einer roten Nase und einem

"schönen runden Bauch gefüllt mit gutem Kapaun"

einen sehr hübschen Effekt erzeugt haben muß.

Kränze windende Damen

Im allgemeinen fiel den Damen die Aufgabe zu, Blumen für Kränze zu pflücken, und der obige, einer Handschrift aus dem Britischen Museum[2] entnommene Stich zeigt sie

[1] Jeder Mann und jede Frau trugen Rosenkränze auf dem Haupte.
[2] M.S. Reg. Bvii. (siehe Seite 169[1]

bei dieser reizenden Tätigkeit. So wird Emelie von Chaucer in seiner "Geschichte des Ritters" geschildert:

"Hire yolwe heer was browdid in a tresse,
Byhynde hire bak, a yerde long, I gesse.
And in the gardyn at the sonne upriste,
Sche walketh up and doun wheer as hire liste;
Sche gardereth floures, partye whyte and reed,
To make a certeyn gerland for hire heede." *

In "Blonde of Oxford" trifft Jean de Dammartin seine Herrin ebenfalls auf einer Wiese beim Fertigen von Blumenkränzen an.

"A dont de la chambre j'avance
De là le vit en i-prael
U ele faisoit un capiel." **

Die Parfumerie bildete damals in England keinen eigenständigen Gewerbezweig. Sie wurde im allgemeinen von Textilhändlern betrieben, die mit diesem Handel den Verkauf einer Vielzahl von Toilettenutensilien wie Kämmen, Spiegeln, Haarbändern etc. verbanden. Wir finden sie in einer sehr merkwürdigen Handschrift mit dem Titel "Der Pilger"[2] erwähnt, worin eine Dame, die eine Textilienhandlung betreibt, ihre verschiedenen Handelsartikel wie folgt aufzählt:

"Quod sche, 'Geve I schal the telle,
Mercerye I have to selle;

---

[1] M.S. Reg. Bvii. [2] M.S. Cotton, Tiberius A.vii.

* "Ihr golden Haar in einem Zopf geflochten war,
Ein Yard lang, denk ich, auf ihrem Rücken lag.
Und in dem Garten, als die Sonn aufging,
Wandelt sie auf und ab, wohin sie treibt der Sinn;
Sie pflücket Blumen, weiße und auch rote,
Zu winden einen Kranze für ihr Haupte."

** "Ich trete aus dem Kämmerlein
Und sehe sie am Wiesenrain,
Wo sie sich windet ein Kränzelein."

"In boystes sootè oynementis;
Therewith to don allegementis;
I have knyves, phylletys, callys,
At ffeestes to hang upon wallys;
Kombes mo than nyne or ten,
Both ffor horse and eke for men;
Merours also, large and brode,
And ffor the syght wonder gode." *

Der der gleichen Handschrift entnommene Holzschnitt zeigt den Laden der Textilhändlerin mit einigen der geschilderten Artikel. Die schöne Händlerin offeriert dem Pilger einen schmeichelnden Spiegel, der den Hineinschauenden verschönern soll, jedoch von dem frommen Mann entrüstet zurückgewiesen wird.

Ein mittelalterlicher Parfumeursladen

Alkoholische Parfums scheinen bis zum vierzehnten

* "Sagt sie: "Wenn ich Euch bericht'
Krämerwaren verkaufe ich;
In Dosen süße Salben fein,
Die erleichtern manche Pein;
Hab Messer, Spitzen, Kerzen,
Zu stecken an die Wänd' bei Festen;
Kämme mehr als neune oder zehn,
Die für Pferd und Mensch wohl gehn;
Spiegel dazu, große und breite,
Tun Wunder für das Konterfeite."

Jahrhundert unbekannt gewesen zu sein. Als erstes finden wir das "Ungarische Wasser" erwähnt, so benannt, weil es erstmals im Jahre 1370 von Königin Elisabeth von Ungarn bereitet wurde. Diese verdankte das Rezept einem Einsiedler und wurde durch die Anwendung des Wassers so schön, daß der König von Polen sie noch im Alter von zweiundsiebzig Jahren um ihre Hand bat. Die aus einem alten, 1639 in Frankfurt veröffentlichten Buch entnommene Geschichte wird von Beckmann[1] erzählt, der diesem Thema ein ganzes Kapitel widmet, am Ende aber ihre Genauigkeit bezweifelt – eine höchst ungalante Schlußfolgerung, denn er sollte die bestrickenden Talente nicht in Frage stellen, die Damen jeden Alters mit oder ohne Unterstützung von *Ungarischem Wasser* eigen sind.

Das fünfzehnte Jahrhundert, jenes glänzende *Cinquecento*, auf das Italien zu Recht stolz ist, erlebte die Wiedergeburt der schönen Künste auf diesem klassischen Boden. Die Paläste seiner fürstlichen Kaufleute strotzten von Luxusgütern, unter denen die Parfumerie wie üblich ihre Rolle spielte. Durch seinen frühen Handel mit Konstantinopel gehörte Venedig zu den ersten, die die duftenden Schätze des Orients einführten. Im Laufe der Zeit wurden auch Kosmetika von seinen patrizischen Damen adoptiert, die – nicht zufrieden mit den von der Natur reichlich an sie verschwendeten Reizen – diese durch künstliche Mittel zu erhöhen trachteten.

Das erste Buch zu diesem Thema erschien im sechzehnten Jahrhundert unter der Schirmherrschaft der Komtesse Nani[2] und enthielt viele seltsame Rezepturen, unter denen sich einige zum Einfärben des Haares in jenen schönen, *Capelli fila d'oro*[3] genannten Farbton befanden. Da meine schönen

[1] Beckmann "History of Inventions" Vol.i.S.315.

[2] Ricettario della Contessa Nani.

[3] Haar wie Goldfäden.

Leserinnen vielleicht wissen möchten, wie dies bewerkstelligt wurde, will ich eines dieser Präparate anführen, das aus zwei Pfund Alaun, sechs Unzen schwarzem Schwefel und vier Unzen Honig bestand, die mit Wasser destilliert wurden. Der Cousin Tizians, Cesare Vecellio, berichtet in seinem inter-

La Donna che si fa biondi i capelli*

essanten Werk *"Degli habiti antichi e moderni"*, wie dieses Wässerchen angewandt wurde. Die Damen zogen sich auf die Dachterrassen ihrer Häuser zurück, weichten ihr Haar gründlich mit diesem Mittel ein und blieben dort stundenlang sitzen, um eine gute Fixierung der Farbe durch die Sonne zu erreichen. Zum Schutze ihres Teints trugen sie den sogenannten *Solana*, einen großen Strohhut ohne Kopfstück, und ließen das Haar so lange über dessen Rand herunterhängen, bis es

* Sich die Haare blondierende Dame

völlig trocken war. Die diesem Buch entnommene vorausgegangene Abbildung zeigt, wie dies bewerkstelligt wurde. Man vermutet allgemein, daß jene schönen, in den Gemälden der venezianischen Künstler der Epoche so bewunderten goldenen Locken auf diese Weise erworben wurden, denn man findet sie selten bei der modernen Bevölkerung.

Als Katharina von Medici nach Frankreich kam, um Heinrich II. zu heiraten, brachte sie einen Florentiner namens René mit, der großes Geschick in der Zubereitung von Düften und Kosmetika besaß. Sein Laden auf der Pont au Change wurde zum Treffpunkt der *Beaux* und *Belles* der Epoche, und von diesem Zeitpunkt an kamen Parfumerieartikel bei den Reichen allgemein in Gebrauch. René verstand sich auch auf die Kunst der Erzeugung subtiler Gifte, und seine königliche Herrin soll häufig auf seine Talente zurückgegriffen haben, um sich ihrer Feinde zu entledigen. Von ihren Opfern erwähnen die Historiker Jeanne d'Albret, die Mutter von Heinrich IV., und behaupten, sie sei durch das Tragen parfumierter Handschuhe vergiftet worden, die ihr Katharina schenkte; aber moderne Chemiker bezweifeln, daß es möglich war, jemanden auf diese Weise zu vergiften.

Bei öffentlichen Festen wurde das Parfumieren von Brunnen Sitte; und im Jahr 1548 zahlte die Stadt Paris den Betrag von sechs goldenen Kronen an Georges Marteau "pour herbes et plantes de senteur pour embaumer les eaux de fontaines publiques lors des derniers esbattements."[1]

Unter der Regierung jenes verweichlichten Monarchen, Heinrich II., wurde der Mißbrauch von Düften so groß, daß er von den Satirikern der Zeit angeprangert wurde. Als einer

[1] Für duftende Kräuter und Pflanzen zum Parfumieren des Wassers der öffentlichen Springbrunnen während der jüngsten Lustbarkeiten.

von ihnen tadelt auch Nicolas de Montaut die Damen in seinem "Miroir des François" (1582), "alle Arten von Düften, stärkende Wässerchen, Zibet, Moschus, Ambra und andere kostbare Duftstoffe zum Parfumieren ihrer Kleider und ihrer Wäsche und selbst ihrer Körper" zu benutzen.

Das früheste französische Parfumeriebuch, auf das ich gestoßen bin, trägt den Titel "Les secrèts de Maistre Alexys le Piedmontois"[1], und enthält einige merkwürdige Rezepturen zur Herstellung von Pomade mit Äpfeln[2], Pomandern gegen die Pest, "Oiselets odoriférants"* zum Verbrennen in Gemächern, Pasten zum Parfumieren von Handschuhen und diversen Haarfärbemitteln und Kosmetika. Um eine Vorstellung von dem Stadium der Kunst jener Zeit zu geben, möchte ich die folgende Formel zum Bereiten eines wunderbaren Wassers zitieren, welches Damen "ewige Schönheit" garantiert.

"Nimm einen jungen Raben aus dem Nest und füttere ihn vierzig Tage lang mit harten Eiern, töte ihn und destilliere ihn mit Myrtenblättern, Talk und Mandelöl."

Dies ist ein hübsches Beispiel des Ganzen, das nach den noch vorherrschenden Wahnvorstellungen der Alchimie schmeckt und nicht wenig Ähnlichkeit mit den in Kapitel VIII zitierten, noch immer von den Arabern verwendeten Rezepturen hat.

Düfte wurden in England erst ab der Zeit von Königin Elisabeth allgemein gebräuchlich. Howes, der Stowes Chronik fortsetzt, berichtet uns, daß sie hierzulande bis zum vierzehnten oder fünfzehnten Regierungsjahr der Königin, als

[1] Die Geheimnisse von Meister Alexis, dem Piedmonteser.

[2] Pomade wurde anfangs aus Äpfeln hergestellt, woher sie ihren Namen ableitet

* Duftkugeln in diversen Formen, hier als Vögel geformt

der recht Ehrenwerte Edward de Vere, Graf von Oxford, aus Italien zurückkam und Handschuhe, süßduftende Beutel, ein parfumiertes Lederwams und andere *vergnügliche Dinge* mitbrachte, kein kostbares Duftwasser oder Parfum erzeugen konnten. In jenem Jahr besaß die Königin ein Paar parfumierte Handschuhe, nur mit vier Quasten oder Reihen aus gefärbter Seide besetzt. Sie hatte so viel Freude an diesen Handschuhen, daß sie mit ihnen gemalt wurde, und noch viele Jahre später hieß es das "Parfum des Grafen von Oxford". Bei einer anderen Gelegenheit wurde Königin Elisabeth anläßlich eines Besuches der Universität von Cambridge ein Paar parfumierter Handschuhe überreicht, und sie fand so großes Vergnügen an ihnen, daß sie sie sofort anlegte. Sie trug gewöhnlich auch einen Pomander (oder *Pomme d'arbre*) bei sich, bei dem es sich um eine aus Ambra, Benzoin und anderen Duftstoffen hergestellte kleine Kugel handelte. Und sie war einmal sehr über das Geschenk eines "faire gyrdle of pomander"*, erfreut, der aus einer Reihe aufgezogener Pomander bestand und um den Hals getragen wurde. Diese Pomander, die man in der Hand hielt, um gelegentlich daran zu riechen, sollten auch Ansteckung vorbeugen. Wie aus den Porträts der Zeit ersichtlich ist, waren sie allgemein gebräuchlich. In einem alten Stück werden ihre Ingredienzen genau beschrieben: "Die einzig richtige Methode zur Herstellung eines guten Pomanders ist diese: "Nimm eine Unze der feinsten Gartenerde, welche sieben Tage lang in frischem Rosenwasser gereinigt und eingeweicht worden ist; dann nimm Labdanum, Benzoin, beide Storaxarten, Ambra, Zibet und Moschus, von allem das Beste, und forme daraus, was dir gefällt. Ist dein Atem nicht zu stark, wirst du dadurch so lieblich duften wie einer Dame Schoßhündchen."

* schönen Gürtels aus Pomandern

In seiner "Queen of Cynthia" bezieht sich Drayton in den nachfolgenden Zeilen ebenfalls auf Pomander:

> "Als den Fuß sie aus den Wellen hob,
> Wo er berührt den Strand,
> Man bald darauf für Geld feilbot,
> Pomander aus dem Sand."

Einige dieser Pomander bestanden aus kugelförmigen Behältern, die starkes Parfum enthielten und mit kleinen Löchern perforiert waren, nicht unähnlich unseren modernen Taschenriechdöschen. Die früheste Darstellung dieses beliebten Toilettenrequisits erscheint in "Die Boote der närrischen Frauen"[1], einer Serie von fünf Karikaturen von Jodo-

Das Boot der närrischen Düfte

cus Badius, die 1502 veröffentlicht wurden und den Mißbrauch geißeln sollten, der mit den fünf Sinnen getrieben wurde. Der obige Stich zeigt das "Boot der närrischen Düfte"[2], in welchem sich drei Damen befinden, von denen eine einige Blumen hält, die sie gepflückt hat, während sie gleichzeitig an einem Pomander riecht, den ihre Freundin von einem umherziehenden Parfumhändler erworben hat.

[1] Scaphae Fatuarum Mulierum. [2] Scapha olfactionis stultae.

Die damals hauptsächlich verwendeten Düfte waren sehr stark. Moschus und Zibet bildeten die Grundlage der meisten Präparate, und wir finden sie häufig von Shakespeare erwähnt. In "Viel Lärm um Nichts" sagt Pedro über Benedick: "Und was mehr ist, er reibt sich mit Zibet: merkt ihr nun, wo's ihm fehlt? Das heißt mit anderen Worten, der holde Knabe liebt." Und in den "Lustigen Weibern von Windsor" sagt Mrs. Quickly, als sie Falstaff die Mrs. Ford gemachten Geschenke aufzählt: "Ein Brief und ein Geschenk nach dem anderen, alle so lieblich nach Moschus duftend." Bei aller Hochachtung für unseren unsterblichen Barden bezweifele ich stark, ob ein moderner Freier, griffe er zwecks Förderung seines Anliegens zu den gleichen Mitteln, diese bei dem Opfer seiner Neigungen obsiegen sähe; denn Moschus und Zibet, allein benutzt, sind alles andere als angenehm und eher dazu angetan, anstelle des *Herzens* den *Kopf* in Mitleidenschaft zu ziehen.

Der orientalische Brauch, die Kleider mit Rosenwasser zu besprengen, scheint in dieser Epoche sehr verbreitet gewesen zu sein, denn in einem von Marstons Stücken betritt ein junger Galan mit einer *Duftwasserflasche* in der Hand die Bühne, aus der er sich mit Rosenwasser besprengt; in einem anderen Teil sagt er: "So süß und rein wie die Duftflasche eines Barbiers." [1] Auch Ford erwähnt in einem Stück mit dem Titel "The Fairies" * das gleiche Toilettengerät. Eine seiner *Dramatis personae* tritt auf, indem sie Haar und Gesicht aus einer Duftwasserflasche besprengt und ihre Erscheinung mit Hilfe eines kleinen, am Gürtel befestigten Spiegels herrichtet.

Die Fußböden der Wohnungen waren ebenfalls entweder mit duftenden Binsen ** oder mit Duftwassern parfu-

[1] Marston: Antonio und Mellida, Einf.

* Die Feen. ** Calamus aromaticus.

miert. In "Doktor Faustus", einem alten Schauspiel von Marlowe, tritt Pride * mit den Worten auf: "Pfui, welch ein Gestank herrscht hier! Nicht für eines Königs Lösegeld spräche ich ein weiteres Wort, es sei denn, der Boden wird parfumiert." Selbst in Kirchen pflegte dies der Fall zu sein; aber im Sommer streute man im allgemeinen Blumen anstelle von Duftstoffen in das Kirchengestühl. In "Apius and Virginia" einem Stück der Epoche, findet sich folgende Darstellung dieses Brauches:

"Du schlimmer Bengel, wärst du heut nicht so spät,
Läg meines Fräuleins Kirchstuhl längst schon übersät
Mit süßen Primeln, Schlüsselblumen und Violen.
Mit Minze, Ringelblum und Majoran,
Ist's schmutzig nun, trägst du allein die Schuld daran."

Dieser Brauch ist in Spanien und Portugal immer noch en vogue, wo der Boden der Kirchen im Sommer im allgemeinen mit Lavendel und Rosmarin bestreut wird. Desgleichen wurden Düfte zum Verbrennen in Räumen und zum Einräuchern von Laken eingesetzt. "Nun tränken Veilchen die Leintücher auf dem Rasen," sagt Marston in "Was ihr wollt". In "Viel Lärm um Nichts" antwortet Borachio auf die Frage, wie er in den Palast gelangt sei: "Man hielt mich für einen Parfumeur, da ich gerade einen muffigen Raum ausräucherte." etc.; und Strype erwähnt in seinem "Life of Sir J.Cheke", daß dieser um eine "Parfumpfanne" für seine Gemächer sandte. [1]

Burton sagt in seiner "Anatomy of Melancholy": ** "Der Wacholderrauch ist bei uns zum Parfumieren unserer Kammern sehr gefragt"; und bei Ben Jonson heißt es: "Er opfert ihr allmorgendlich vor dem Aufstehen für zwei Pence Wacholder, um durch Verbrennen desselben den Raum zu parfumieren."

[1] Strype "Life of Sir J. Cheke", S. 39 A.D. 1549

* Stolz ** Anatomie der Melancholie

Parfumierte Blasebälge waren ein weiteres Gerät zum Erzeugen einer duftenden Umgebung, und Richelieu, der ein großer Genießer war, benutzte sie in seinen Gemächern. Ford bezieht sich in einem seiner Schauspiele folgendermaßen auf diesen Brauch:

"Mein Atem wird so zart sein
Wie ein Paar parfumierter Blasebälge
In der Kammer einer schönen Dame."

Parfumierte Handschuhe wurden damals gewöhnlich von Putzmacherinnen oder Kurzwarenhändlerinnen verkauft, und die Apotheker, die in London vorwiegend in Bucklersbury wohnten, führten diverse wohlriechende Kräuter. Das erklärt auch Shakespeares Redensart: "So lieblich duftend wie Bucklersbury zur Kräuterzeit." Das Geschäft mit wohlriechenden Kräutern schloß alle damals gebräuchlichen aromatischen Pflanzen ein, wie Rosmarin, das eigentümlicherweise sowohl bei Hochzeiten als auch bei Beerdigungen benutzt wurde, und diverse Hölzer zum Verbrennen, wie Beaumont und Fletcher es in "Wit without Money" [1] sagen:

"Verkaufen verfaultes Holz wie Gewürze nach Pfunden,
Und die feinen Herren verbrennen es dann nach Unzen."

Zahlreiche Hausierer bereisten ebenfalls das Land und nahmen an den Jahrmärkten in der Provinz teil, wo sie ihre verschiedenen Waren feilboten, wie Autolycus in "Ein Wintermärchen":

"Handschuh, weich wie Frühlingsrasen *
Masken für Gesicht und Nasen,
Armband, Halsgehang voll Schimmer,
Rauchwerk für ein Damenzimmer."

Während der Regierungszeit von Karl I. war der Einsatz

[1] Kein Geld, aber Witz. * In der engl. Fassung heißt es richtiger "damask roses", da Handschuhleder vielfach in Rosenwasser geweicht wurde.

von Düften zur Vorbeugung gegen die Pest sehr verbreitet. Unter den verschiedenen, von den Ärzten dieser Epoche erfundenen Heilmitteln erwähnt Rushworth ein sehr kurioses, das aus dem Verspeisen eines gebratenen, mit Olibanum gefüllten Apfels bestand, der als sicheres Heilmittel empfohlen wurde. Ob dies zutrifft, wage ich nicht zu sagen; aber die prophylaktischen Eigenschaften von Düften können nicht bezweifelt werden, und noch im letzten Jahrhundert trugen praktische Ärzte ein kleines, mit Duftstoffen gefülltes Riechdöschen auf der Spitze ihrer Spazierstöcke, welches sie an die Nase hielten, wenn sie ansteckende Fälle besuchen mußten.

Die Kunst der Gesichtsverzierung scheint damals nicht sehr fortgeschritten gewesen zu sein. Als ein Beispiel können wir einen Auszug aus den "Poems and Fancies"* der Herzogin von Newcastle zitieren, die empfiehlt, die Zähne mit "Porzellan-, Ziegelerde oder *ähnlichem*" zu reinigen, und erklärt, es sei üblich, die Haare der Augenbrauen an der Wurzel auszureißen und nur eine dünne Reihe übrig zu lassen und die oberste Hautschicht des Gesichtes mit Vitriolöl zu entfernen, damit sich anstelle der alten eine neue Haut bilden könne – eine sicherlich sehr seltsame Methode zur Verbesserung des Teints.

Während der Republik teilte die Parfumerie das Schicksal aller Luxusartikel und wurde von strengen Puritanern aufgegeben; aber nach der Restauration von Karl II., dem "fröhlichen Monarchen", erfreute sie sich an seinem glänzenden Hof erneuter Gunst. Es wurde für alle Modebewußten damals üblich, das Gesicht zu schminken und Schönheitspflästerchen zu tragen. Diese sollten den Gesichtszügen Reiz verleihen, dienten gelegentlich aber auch zum Kaschieren von Verunstaltungen, wie bei der von Pepys in

* Gedichten und Phantastereien

seinem Tagebuch geschilderten Herzogin von Newcastle, welche "wegen der Mitesser um den Mund viele schwarze Schönheitspflästerchen trug".[1] Einige dieser Pflästerchen hatten die ungewöhnlichsten Formen, wie Sonnen, Monde, Sterne etc., wie Butler in seinem Hudibras[2] sagt:

"Sonne und Mond von ihrer Augen Schimmer,
Verdunkelt gar am fernen Himmel,
Sind schwarze Pflaster nur auf ihren Wangen
In Sonne, Mond und Sternenform gefangen."

Die nebenstehende, nach einem zeitgenössischen Stich kopierte Abbildung zeigt eine Dame, die ihr Antlitz darüber hinaus mit einer *Pferdekutsche* geschmückt hat! Diese Gewohnheit nahm derartige Ausmaße an, daß Grammont in seinen Memoiren erklärt, man könne immer damit rechnen, daß die Garderobe einer Dame Rouge und Schönheitpflästerchen einschließe. Es war damals ferner Mode, daß beide Geschlechter sich die Augenbrauen schwärzten, wie es in Shadwells "Humorists" heißt: "Sollten deine Augenbrauen nicht schwarz sein, dann sorge dafür, sie gründlich zu schwärzen. Ah! Eine schwarze Braue ist eine modische Braue. Ich verabscheue Schlingel mit unmodischen Brauen."

Eine Dame mit Schönheitspflästerchen zur Zeit Karls II.

Haarpuder wurde gegen Ende des sechzehnten Jahrhunderts eingeführt. Wahrscheinlich von einer vorzeitig ergrauten Person, die nun wünschte, daß andere sich das gleiche Aussehen zulegten, ähnlich dem Fuchs, der seinen Schwanz

[1] Pepys Diary, 26. April 1687 [1] "Hudibras", Teil ii, Canto 1.

in der Falle verloren hatte. Können wir nach der Kritik zeitgenössischer Schriftsteller gehen, scheint diese Mode breiten Anklang gefunden zu haben. Der Wasserpoet Taylor sagt in seinem "Superbiae Flagellum":

"Manch einer pudert täglich so sein Haar,
Daß Geistern er und Müllern ähnlich sah,
Doch pudre er nur immerdar,
Sein Stolz vor Gott und Mensch wird dennoch offenbar."

Die Sitte, Haarpuder zu tragen, dauerte etwa zwei Jahrhunderte und kann heute kaum als abgeschafft gelten, da ihr

Beim Auftragen von Haarpuder (zur Zeit Ludwigs XV.)

exzentrische *Schöne* und aristokratische Lakaien immer noch huldigen. Es verleiht den Gesichtszügen sicherlich ein gewisses Maß an Weichheit, muß aber beim Auftragen sehr unbequem gewesen sein, wie aus dem vorausgegangenen Stich aus der Zeit Ludwigs XV. geschlossen werden kann.

Das folgende Zitat aus dem "Virtuoso", einem weiteren Schauspiel von Shadwell, zählt die verschiedenen Artikel auf, welche damals den kompletten Warenbestand eines Parfumeurs bildeten: "Ich habe ausgewählt gute Handschuhe, Amber, Orangery, Genoa, Romane, Frangipane, Neroli, Tuberose, Jasmin und Marshall; alle Sorten von

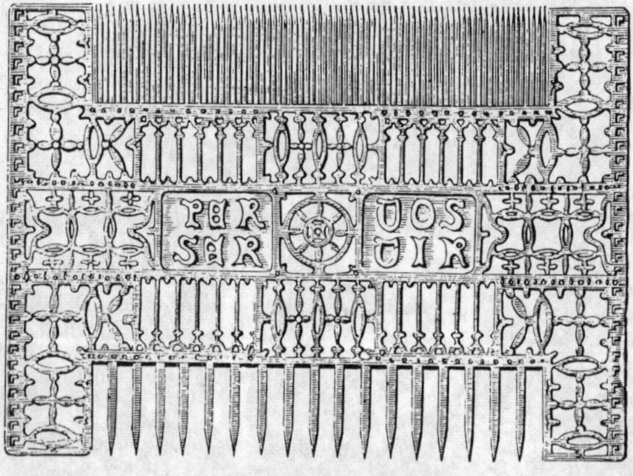

Kamm aus dem 17. Jahrhundert

Putz für das Haupt, Locken, Haartouren, Kraushaarperükken, Kämme[1] und so weiter; alle Sorten von Duftwassern, Mandelwasser und Quecksilber für den Teint; die besten Pomaden Europas, außer einer sehr seltenen, die aus der Glückshaube eines Lammes und Marientau bereitet ist.

[1] Dieses Exemplar gehört zu einer Serie von erlesen geschnitzten Kämmen; die auf ihm eingravierten Worte *Per vos Servir* (pour vous servir) weisen ihn als ausländische Arbeit aus.

Ferner alle Arten von Artikeln aus *Quecksilber und Schweinsknochen* zum Erhalten vorhandener und Wiederherstellen verlorener Schönheit." Das letztgenannte Mittel klänge nicht sehr verlockend, wäre es nicht mit einem, jeglichen Einwand ausschaltenden Versprechen gekoppelt: jedenfalls muß den Parfumeuren jener Epoche ihre Aufrichtigkeit beim Erwähnen der von ihnen verwendeten seltsamen Ingredienzen angerechnet werden.

Manche Historiker behaupten, König Ludwig XIV. von Frankreich hätte eine starke Abneigung gegen Düfte gehabt, die infolgedessen von seinem Hof verbannt waren. Ich teilte anfangs diese Auffassung, bis mich die Zufallsbekanntschaft mit einem sehr interessanten und gelehrten Buch von M. Edouard Fournier[1] von meinem Irrtum überzeugte. Es scheint, daß dieser König im Gegenteil Düften sehr zugetan war, und als der bis dahin "wohlriechendste Monarch" oder "le roi le plus doux fleurant" galt. "Le Parfumeur Francoys", ein 1680 publiziertes wunderliches Buch, läßt daran keinen Zweifel, denn es berichtet, daß "seine Majestät häufig geruhte, M. Martial[2] in seiner Kammer beim Komponieren der Parfums für seine geweihte Person zuzusehen". Es galt damals als keineswegs abträglich, wenn hohe Persönlichkeiten die Herstellung ihrer Düfte selbst überwachten, denn der Prinz von Condé ließ seinen Schnupftabak in seiner Gegenwart parfumieren. Ebenso wurde das berühmte "Poudre à la Maréchale", das immer noch seinen Platz in dem Warenkatalog eines modernen Parfumeurs behauptet, so benannt, weil es erstmals von

[1] Paris Démoli par Edouard Fournier.

[2] Ein von Molière in seiner "Comtesse d'Escarbagnas" erwähnter, gefeierter Parfumeur der Zeit.

Madame la Maréchale d'Aumont bereitet wurde. Damals besaß Italien noch das Privileg, das restliche Europa mit den feinsten Düften zu beliefern. Als der große französische Maler Poussin nach Rom reiste, wurde er von M. de Chanteloup mit der Mission betraut, ein Paar parfumierte Handschuhe zu erwerben, welche er von "la Signora Maddelena" kaufte, die zu jener Zeit in dem Ruf der besten Parfumeurin Roms stand; und in seinem "Livre Commode des adresses" erwähnt Du Pradel den "Sieur *Adam courrier de cabinet*", der häufig feine Essenzen aus Rom, Genua und Nizza mitbrachte. In meinem Besitz befindet sich ein 1663 gedrucktes, altes englisches Buch mit dem Titel "Queen's Closet" *, das einen kompletten Überblick über die Kunst der Parfumerie jener Epoche vermittelt. Es enthält eine Anzahl recht wunderlicher Rezepturen, unter denen sich ein von Eduard VI. erfundenes Parfum befindet, ein weiteres von Königin Elisabeth, eine wunderbare, aus Äpfeln und dem Fett eines jungen Hundes hergestellte Pomade, sowie ein hochgelobtes Zahnputzmittel, hergestellt von Mr. Ferene von der New Exchange, Parfumeur der Königin und meiner Vermutung nach der erste der Generation. Dieser Gentleman scheint die Vorliebe der Herzogin von Newcastle für Ziegelerde geteilt zu haben, denn sie ist Hauptbestandteil seines Zahnpulvers. Unter der Regierung von Ludwig XV. stiegen Düfte weiter in der Gunst des französischen Hofes, und die tägliche Etikette schrieb die Benutzung eines bestimmten Duftes vor, weshalb Versailles ""La cour parfumée" ** genannt wurde. Auch in Choisy, wo Madame de Pompadour das Zepter der Eleganz und Schönheit schwang, waren Düfte sehr beliebt und repräsentierten keinen unwesent-

* Das Kabinett der Königin ** Der parfumierte Hof

lichen Posten in den Haushaltsaufwendungen dieser Dame, die sich zu einem Zeitpunkt auf 500 000 Livres jährlich beliefen. Diese Mode behauptete sich in Frankreich, bis die blutigen Tage der Revolution den Gebrauch von Luxusgütern zeitweilig unterbrachen, die jedoch mit der Ankunft des kaiserlichen Hofes zurückkehrten. Die Kaiserin

Madame de Pompadour in Choisy

Josephine hegte die übliche, leidenschaftliche Liebe der Kreolen zu Düften, die ihr Gemahl in keinem geringen Ausmaß teilte.

In England war die Parfumerie unter den diversen Königen mit dem Namen Georg mehr oder minder beliebt, entsprechend den unterschiedlichen Neigungen der einflußreichen Persönlichkeiten, die nacheinander das Zepter der Mode schwangen. Zu Beginn des letzten Jahrhunderts scheint ein gewisser Charles Lilly der Modeparfumeur gewesen zu sein, der auf dem Strand, Ecke Beaufort Buildings[1], residierte. Sein Name wird häufig im "*Tatler*" erwähnt, der sein Geschick im Bereiten von "Schnupftabaken und Düften" preist, die einerseits "das Gehirn von Leuten mit zuviel Muße anregen und andererseits das derjenigen erfreut, die zu wenig davon besitzen, um den Mangel zu empfinden." Als nächster scheint ein Mr. Perry etwas Aufmerksamkeit auf sich gezogen zu haben, der ebenfalls auf dem Strand, Ecke Burleigh Street, wohnhaft war. Er war jedoch dazu erniedrigt, "sein eigenes Lob zu singen"; und in einer *Weekly Packet* betitelten Zeitung mit Datum vom 28. Dezember 1718 brüstet er sich mit seinen Düften und mit einem aus Senfsamen gewonnenen Öl, welches zu dem bescheidenen Preis von 6 Schilling pro Unze garantiert alle Krankheiten unter der Sonne heile. Auch einige der französischen Parfumeure jener Epoche handelten zusätzlich zu ihren "duftenden Waren" mit verschiedenen Arten von Arzneimitteln. Dies traf besonders auf die reisenden Händler oder "Scharlatane"[2] zu. Ausstaffiert mit einem prächtigen, mit Goldtressen besetzten roten Rock, wandten sich diese von einer eleganten Equipage aus an die gaffende Menge und verkauften ihre Düfte und Quacksalbereien mit musikalischer Untermalung. Die Titelillustration zu diesem Kapitel zeigt einen dieser "fahrenden Parfumeure", die im allgemeinen Pulver, Elixiere, Pillen, Beruhigungsmittel, Eau-de-Cologne und Abführtropfen verkauften. Acht oder zehn Jahre vor der Revolution ließ sie der Arzt des Königs aus dem Reich verbannen, und von diesem Zeitpunkt an

[1] Durch einen merkwürdigen Zufall bewohne ich heute diese Räumlichkeiten

[2] Aus dem Italienischen "ciarlare", schwätzen

nahm die Parfumerie eine geachtetere Stellung in der Gewerbewelt ein. Heute hat sie dank der in Wissenschaft und Bildung gemachten Fortschritte die Fesseln der Quacksalberei abgestreift und ist ein wichtiger Zweig unseres Handels geworden.

Ich werde dieses Kapitel mit einigen Bemerkungen zu Haar und Bart abschließen. Die Gallier trugen ihr Haar lang, woher ihr Land seine Bezeichung *Gallia comata* oder langhaarige Gallier ableitete. Nach ihrer Unterwerfung zwang sie Julius Cäsar, es abzuschneiden, was sie als große Schande ansahen. Die antiken Briten waren gleichfalls sehr stolz auf die Länge ihres Haares, das sie mit großer Sorgfalt behandelten. Sie rasierten ihr Kinn, behielten aber einen langen Schnurrbart zurück. Auch die Angelsachsen und Dänen schenkten ihrem Haar große Beachtung. Die in England zur Zeit von Edgar und Ethelred stationierten dänischen Soldaten galten als die *Beaus* ihrer Zeit und sollen die englischen Damen mit ihrem schönen Haar gefesselt haben, welches sie *täglich einmal* kämmten und frisierten. Die Geistlichkeit, die gezwungen war, die Kopfplatte zu scheren und das Haar kurz zu halten, predigte ständig gegen langes Haar und setzte manchmal sogar ihre Lehren in die Tat um, indem sie eigenhändig das Haar ihrer Herde schor; aber ihre Siege waren von kurzer Dauer und die bevorzugte Mode übernahm bald wieder die Herrschaft. Männer trugen ihr Haar weiterhin lang, bis zur Zeit von König Franz I. von Frankreich, der nach einer Kopfverwundung bei einem Turnier sein Haar kurz schneiden ließ und sich als Entschädigung einen Bart zulegte, ein Beispiel, dem das ganze Land selbstverständlich sofort folgte. Diese Sitte verbreitete sich schnell nach England, wo sie während der Regierungszeit von Heinrich VIII. allgemein verbreitet war, urteilt man nach Holbeins Bildern, auf denen der Kopf nahezu kahl erscheint. Der nachstehende Stich nach einer Zeichnung von Jost Amman stellt einen deutschen Barbier im sech-

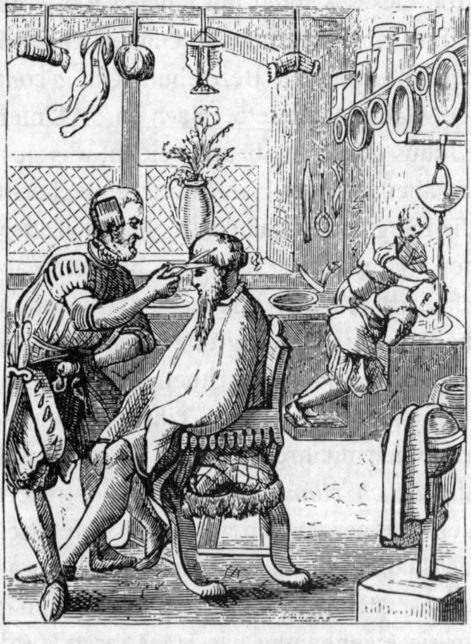

Deutscher Barbier (16. Jahrhundert)

zehnten Jahrhundert dar und illustriert diese Mode, die zweifellos die Kopfwäsche erleichtert zu haben scheint, die der Kunden im Hintergrund des Ladens erduldet.

Zur Zeit von Karl I. waren Locken wieder in Mode sowohl für Männer als auch für Frauen. "Ich kenne viele junge Herren", sagt Middleton in einem seiner Stücke, "deren Haar länger ist als das ihrer Geliebten." Den Bart trug man auf verschiedene Weise, wobei als bevorzugter Schnitt die von Beaumont und Fletcher in ihrer "Queen of Corinth" als T-Bart bezeichnete Form galt, die aus einem Schnurrbart und einem Knebelbart bestand:

> "Seinen Bart
> Trägt er jetzt in Form eines T,
> Des römischen T; einen T-Bart fordert die Mode,
> Ist er zweifach, bezeugts den verliebten Höfling."

Der Bart wurde auch in allerlei Farben eingefärbt, wie Shakespeare in einigen seiner Stücke erwähnt. Dic Puritaner trugen ihr Haar kurzgeschnitten, woher ihr Beiname "Rundköpfe" stammt; aber mit Karl II. kehrte langes Haar zurück. Da allerdings nicht jeder von Natur aus mit üppigen Locken beschenkt war, erfand man Perücken zur Ergänzung des Fehlenden. Zur Ehrenrettung der Herren der Epoche möchte ich dies eher dieser Ursache als dem von Pepys angeführten Grund zuschreiben, der in seinem Tagebuch erklärt: "Weil ich eine zu tragen beabsichtige, probierte ich zwei oder drei Haarteile und Perücken bei meinem alten Barbier Mr. Jervas; und doch tendiere ich nur dazu, *weil die Mühe, mein Haar sauberzuhalten, so groß ist.*"[1] Als nächstes kamen Puder und Zöpfe in Mode, und man trug sie während des ganzen letzten Jahrhunderts, bis die Französische Revolution zu einem völligen Wandel in Kleidung und Gewohnheiten führte und das Haar in Anlehnung an die Antike *à la Titus* kurzgeschnitten wurde.

Bei den Damenfrisuren sind die nacheinander eingeführten Moden so zahlreich, daß ihre Aufzählung ein ganzes Buch füllen würde. Da das Haar als einziger von den Reizen einer Frau beliebig von ihr verändert werden kann, wurde

[1] Pepys Diary, 9. Mai 1663

es natürlich einem ständigen Stilwechsel unterworfen. In der Antike ließen junge Mädchen vor ihrer Verheiratung ihr unbedecktes und ungebundenes Haar lose über die Schultern fließen; traten sie in den Ehestand, schnitten sie es ab und legten sich irgendeinen Kopfputz zu. Ein wenig später flochten sie es in lange Zöpfe, die manchmal bis an die Fersen reichten. Zur Zeit Richards II. bedeckte man das Haar mit einem Goldnetz oder einer Haube – ein wahrscheinlich von den Kreuzfahrern mitgebrachter, orientalischer Brauch. Dann kamen jene von Isabeau de Bavière eingeführten hohen, konischen Kappen, die in solch außergewöhnlichen Dimensionen gefertigt waren, daß Türen für ihren Durchlaß geändert werden mußten. Ein Beispiel dieser Kappen ist immer noch in einem Teil der Normandie, dem *"Pays de Caux"*, zu sehen, wo sie von reichen Bauersfrauen getragen werden. Während der ersten Hälfte des fünfzehnten Jahrhunderts wurde der gehörnte Kopfputz eingeführt, und seine Form und Ausmaße bildeten das häufige Ziel der Satiriker und Karikaturisten des Zeitalters. Die aus der Kirche von Ludlow in Shropshire stammende Zeichnung stellt eine ältliche Dame dar, deren "Hörner" ihren beiden Gefährtinnen offensichtliches Entsetzen einflößen, da sie in ihnen anscheinend ein Zeichen für eine Verwandtschaft mit dem Bösen Geist sehen. Zur Zeit von Königin Elisabeth

Karikatur des gehörnten Kopfputzes

wurde flachsblondes Haar als *"Farbe der Königin"* hochgeschätzt, und wir können feststellen, daß die Dichter der Epoche häufig darauf anspielen.

"Ihr Haar ist bräunlich, meins vollkommen blond",

sagt Julia in "Zwei Herren aus Verona", und im "Kaufmann von Venedig" ruft Bassano beim Anblick von Portias Porträt aus:

"Der Maler spielte hier in ihrem Haar
Die Spinne, wob ein Netz*
Die Männerherzen zu fangen,
Wie die Mück im Spinngeweb."

Auch damals griff man häufig auf falsches Haar zurück, welches augenscheinlich auf das Alter des Trägers abgestimmt war, urteilen wir nach dem folgenden, von Lord Brooke verfaßten Epigramm:

"Coelica schmückte, als sie jung und lieblich war,
Mit goldener Leihgab stets ihr eigenes Haar;
Als mit den Jahren jetzt der äußre Glanz verfällt,
Ist ihr trotz ihres Alters die Perück' vergällt,
Betrauert nun mit echter schwarzer Lockenpracht,
Vergangnen Wert, den früher sie mißacht."

Unter der Regierung von Karl II. wurden kurze Stirn- und lange Seitenlocken Mode. Dies nannte sich der "Sévigné"-Stil und ist in Lelys Porträts in Hampton Court Palace zu sehen. Im letzten Jahrhundert nahmen Frisuren die extravagantesten Dimensionen an. Es waren komplette Gebäude, die sich mehr als zwei oder drei Fuß** über dem Kopf auftürmten und jede mögliche und

[1] Lord Brooke, S. 202
* Im Original heißt es "wob ein Netz aus Gold".
** ca. 66 bis 100 Zentimeter.

VERSCHIEDENE FRISURENMODEN DES ACHTZEHNTEN JAHRHUNDERTS

Schmetterling

Taube

Batterie

Braut

Noble Schlichtheit

Hohe Ansprüche

Gärtnerin

Tuileries

Fregatte

Kapriziös

Abgefangene Locken

Vereinigung

Wallfahrt

Blumenmädchen

Schäferin

Stachelschwein

Freundschaft

Sieg

unmögliche Verzierung enthielten. Die vorausgegangenen Illustrationen werden eine Vorstellung von diesen *Coiffures* vermitteln, deren Bezeichnung mindestens ebenso kurios wie ihr Aussehen ist, und die folgendes Spottgedicht im *London Magazine* des Jahres 1777 inspirierten:

> "Gib Chloe einen Büschel Pferdehaar und Wolle,
> Paste, Pomade, je ein Pfund,
> Dreißig Fuß bunter Bänder für die Tolle,
> Nebst Gaze für das Drumherum."

Es wäre überflüssig, von den Moden des gegenwärtigen Jahrhunderts zu sprechen, denn sie sind meinen Lesern noch frisch in Erinnerung; noch möchte ich mir anmaßen, eine Meinung bezüglich ihrer jeweiligen Meriten zu offerieren. Damen sind die besten Richter dessen, was ihre Reize zur Geltung bringt, und schließlich, was macht der Rahmen, wenn das Bild hübsch ist?

DAS INNERE EINER PARFUMFABRIK IN NIZZA

KAPITEL XI

Die kommerzielle Nutzung von Blumen und Pflanzen

"Dann wäre spurlos mit der Blüthen Fall
Des Sommers Angedenken eingegruftet,
Umschlösse nicht ein Kerker aus Krystall
Als Elixier, was in der Blüte duftet.
So schwindet zwar, indem die Welt vereis't.
Der Blume Form, doch lebt der Blumengeist."

Shakespeare

NTER dieser Überschrift werde ich die verschiedenen in Gebrauch befindlichen Methoden zum Extrahieren der Duftstoffe aus Blumen und Pflanzen beschreiben. Die Herstellung wird hauptsächlich im Süden Frankreichs, in Italien, Spanien, der Türkei, Algerien und Indien betrieben – eigentlich überall, wo das Klima Blumen und Pflanzen die für eine profitable Extraktion erforderliche Duftintensität verleiht. Der Süden Frankreichs liefert das ergiebigste Angebot an Parfumeriematerialien; dort werden die wohlriechendsten Blumen – wie die Rose, Jasmin, Orangen etc. – in großen Maßstab kultiviert und bilden die Grundlage der feinsten Parfums. Italien produziert hauptsächlich die sehr gefragten Essenzen von Bergamotte, Orange, Zitrone und anderen Mitgliedern der Citrus-Familie. Der Türkei verdanken wir das weithin berühmte Rosenöl, das in die Komposition vieler Düfte eingeht. Spanien und Algerien haben bisher nur wenig erzeugt, werden aber ohne Zweifel in künftigen Jahren die duftenden Schätze besser nutzen, mit denen die Natur sie ausgestattet hat. Als ich durch die Ebenen von Spanisch Estramadura reiste, bin ich Meile um Meile durch Gebiete gefahren, die mit wildem Lavendel, Rosmarin, Iris und dem als "Rosmarino" bezeichneten *Lavandula staechas* üppigst bedeckt sind, und trotzdem läßt man sie mangels geeigneter Arbeitskräfte und Wartung ihren "Duft an die einsame Luft verschwenden". Auch in Portugal fand ich viele Duftpflanzen, darunter eine mit dem Namen "Alcrim do norte" (*Diosma ericoides*), die einen entzückenden Duft besitzt.

Aus Britisch-Indien importieren wir Cassia, Nelken, Sandelholz, Patschuli und mehrere ätherische Öle der Andropogon-Gattung; und China schickt uns den viel mißbrauchten aber dennoch unentbehrlichen *Moschus*, welcher nach sorgfältiger Mischung mit anderen Düften diesen Nachdruck und eine pikante Note verleiht, ohne in irgendeiner Weise abstoßend zu sein.

Es ist vorgeschlagen worden, in England Blumen für Parfumeriezwecke zu kultivieren, aber das Klima macht diesen

Plan völlig undurchführbar. Englische Blumen, so schön sie in Form und Farbe sein mögen, besitzen nicht die zur Extraktion notwenige Intensität des Duftes, und die Mehrzahl der in Frankreich für die Parfumerie verwendeten Blumen wüchse hier nur in Treibhäusern. Die einzige Blume, die reichlich verfügbar sein könnte, wäre die Rose; aber verglichen mit dem der südlichen Rose ist ihr Duft sehr schwach, und das in diesem Land hergestellte Rosenwasser kann sich an Intensität nie mit dem französischen messen. Rechnen wir dazu die Kürze der Blütezeit und die hohen Kosten von Land und Arbeitskräften, können wir zu dem Schluß kommen, daß eine solche Spekulation ebenso schlecht wäre wie der Versuch, aus englischen Trauben Wein herzustellen. Als Beweis dafür möchte ich erwähnen, daß mir vor nicht langer Zeit ein Muster einer parfumierten Pomade vorgelegt wurde, die eine Dame auf einer *Blumenfarm* zu erzeugen versucht hatte, zu deren Errichtung im Norden Englands man sie überredet hatte. Erwartungsgemäß war die Pomade ein völliger Fehlschlag.

Die einzigen beiden Parfumerie-Ingredienzen, in denen England wirklich überragend ist, sind Lavendel und Pfefferminz. Dies ist jedoch genau jenem Grund zu verdanken, der dem Erfolg anderer Blumen in diesem Land entgegenwirkt; denn unser feuchtes und gemäßigtes Klima gibt jenen beiden Pflanzen die Milde des Duftes, für die sie geschätzt werden, während sie in Frankreich und anderen warmen Ländern stark und scharf werden.

Für das Extrahieren des Duftes aus wohlriechenden Substanzen gibt es vier in Gebrauch befindliche Verfahren – Destillation, Expression, Mazeration und Absorption. *Destillation* wird bei Pflanzen, Rinden, Hölzern und einigen wenigen Blumen eingesetzt. Diese werden in einen Destillierapparat mit Wasser gelegt, das mit Hilfe von Wärme verdunstet, in der Kühlschlange kondensiert und duftgesättigt aus dem Spund herausströmt, wobei sich der stärker konzentrierte Anteil der Duftstoffe entsprechend ihrem spezifischen Gewicht entweder auf der Oberfläche oder dem Boden des Destillats sammelt und das ätherische Öl bildet.

Dampfdestillierapparat

Dasselbe Wasser wird im allgemeinen mehrere Male mit frischem Material destilliert und ist manchmal so gut, daß es aufbewahrt werden kann, wie dies bei Rosen- und Orangenblütenwasser der Fall ist. Vor kurzem ist eine beachtliche Verbesserung in der Destilliertechnik eingeführt worden: sie besteht darin, die Blumen oder Pflanzen in einer Art Sieb in den Destillierapparat einzuhängen und die Duftmoleküle von einem durch den Apparat geführten Wasserdampfstrahl mitführen zu lassen. Sie erzeugt ein feineres ätherisches Öl, als wenn man die Duftstoffe auf dem Boden des Destillierapparates in Wasser weichen läßt.

Expression beschränkt sich auf die aus den Fruchtschalen gewonnenen Essenzen der Citrus-Familie, die Zitrone, Orange, bittere Pomeranze, Bergamotte, Cedrat und Limette umfaßt. Sie wird auf verschiedene Art und Weise durchgeführt: an der Küste Genuas reibt man die Frucht gegen einen Reibtrichter; in Sizilien preßt man die Schale in Stoffbeuteln aus; und in Kalabrien, wo die größte Menge erzeugt wird, rollt man die Frucht zwischen zwei ineinandergestellten Schalen, bei denen der konkave Teil der unteren und der konvexe der oberen mit scharfen Dornen bewehrt sind. Diese Schalen drehen sich in entgegengesetzter Richtung, wodurch sie das Aufplatzen der kleinen, auf der Schale befindlichen Bläschen und damit die Abgabe der in ihnen enthaltenen Essenz bewirken, die anschließend mit einem Schwamm gesammelt wird. Manchmal werden die Fruchtschalen auch destilliert, doch liefert das erstgenannte Verfahren, welches in Frankreich *au zest* heißt, eine sehr viel reinere Essenz.

Mazeration und *Absorption* basieren beide auf der Affinität von Duftmolekülen für fettige Körper, in denen sie sich sehr viel leichter fixieren lassen als in irgendwelchen anderen Stoffen. Demgemäß werden die Duftstoffe von Blumen erst auf Fette (Pomaden genannt) und Öle übertragen, die sie anschließend an Alkohol abgeben müssen, während der letztgenannte, brächte man ihn direkt mit den Blumen in Kontakt, die Duftstoffe nicht aus ihnen extrahieren würde. Der erste mit dieser Methode vor mehr als zweihundert Jahren unternommene Versuch bestand darin, einige Mandeln mit frischgepflückten Blumen in Lagen abwechselnd übereinander zu legen, die Blüten mehrere Tage lang zu erneuern und anschließend die Mandeln in einem Mörser zu zerstoßen und das Öl, welches den Duft aufgenommen hatte, auszupressen. Hierbei handelt es sich um das gleiche Verfahren, wie es heute von den Einheimischen in Indien zur Gewinnung parfumierter Öle eingesetzt wird, wobei die Mandeln durch Gingilli- oder Sesamsamen ersetzt werden. Die nächste Verbesserung bestand in dem Verwenden eines einfachen, innen mit einer dünnen Fettschicht bestrichenen irdenen Trogs, dem Auflegen der Blumen auf die Fettschicht und dem Bedecken des Trogs mit einem auf die gleiche Weise präparierten Gefäß. Nach mehrtägigem Erneuern der Blumen zeigte sich, daß das Fett ihren Duft angenommen hatte. In Frankreich wurde dieses Verfahren vor mehr als fünfzig Jahren abgeschafft, aber die Araber (seine vermutlichen Erfinder) benutzen es heute noch, mit dem einzigen Unterschied, daß sie wegen der Hitze ein mit Fett vermischtes weißes Wachs verwenden.

Die beiden heute zur Gewinnung dieser Duftöle und Pomaden eingeführten Methoden sind, wie ich bereits sagte, Mazeration und Absorption. Die erstere wird für die unempfindlicheren Blumen wie Rose, Orange, Jonquille, Veilchen und Cassie (*Acacia farnesiana*) eingesetzt. Eine bestimmte Menge Fett wird in ein mit einem Wasserbad ausgerüstetes Becken getan und zu einer öligen Konsistenz erwärmt. Dann werden die Blumen hineingeworfen und einige Stunden unter häufigem Umrühren zum Ausziehen darin belassen; anschließend nimmt man das Fett heraus und preßt es in Beuteln aus Pferdehaar aus. Dieser Vorgang wird so lange wiederholt, bis das Fett mit dem Blumenduft ausreichend gesättigt ist. Öl wird auf die gleiche Art und Weise behandelt, erfordert aber geringere Hitze.

Das von den Franzosen *Enfleurage* genannte *Absorptionsverfahren* ist hauptsächlich auf Jasmin und Jonquillen beschränkt, deren feiner Duft durch Hitze beeinträchtigt werden würde. Eine Reihe rechteckiger Glasrahmen wird mit einer dünnen Lage gereinigten Fettes bedeckt, in welches zur leichteren Aufnahme Rillen gezogen werden. Auf diese Rahmen werden frischgepflückte Blumen gestreut, die jeden Morgen bis zum Ende der Blütezeit der Blume erneuert werden, wobei das Fett bis dahin ein sehr intensives Aroma angenommen hat. Das gleiche Verfahren wird für Öl benutzt, jedoch sind die Rahmen statt mit Glas mit einem Maschendraht bespannt, über den ein mit Olivenöl getränktes dickes Baumwolltuch gebreitet wird. Die Blumen

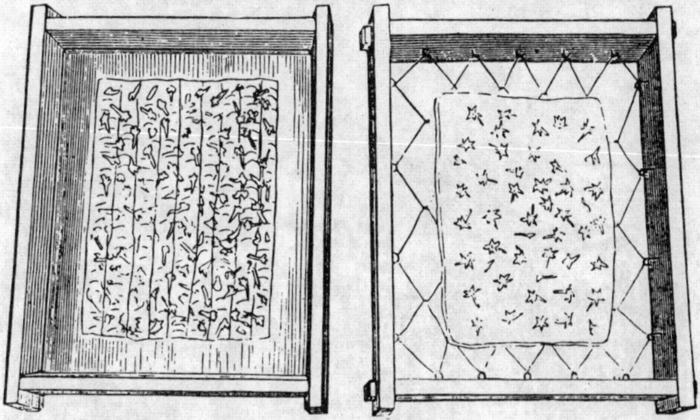

Öl- und Pomaderahmen

werden in der gleichen Weise aufgelegt und die Tücher, wenn sie ausreichend imprägniert sind, zum Extrahieren des Öls hohem Druck ausgesetzt. Um sie luftdicht zu halten, werden diese Rahmen übereinandergestapelt. Eine neue *Enfleurage*methode wurde kürzlich von M.D. Séméria aus Nizza entwickelt, die gegenüber der soeben beschriebenen Vorteile bietet. Statt die Blumen auf das Fett zu legen, breitet er sie auf einem feinen Netz aus, das in einen separaten Rahmen eingespannt ist. Dieses Netz wird zwischen zwei, beidseitig mit Fett bedeckten Glasrahmen eingeführt.

Die gesamte Rahmenserie wird in einen luftdichten Alkoven eingeschlossen, und man muß nur noch jeden Morgen die Netze herausziehen und mit frischen Blumen füllen, die ihren Duft an ihre beiden Kontaktflächen abgeben. Dieses System vermeidet den durch das Ablesen der alten Blumen von der Fettfläche resultierenden Ausschuß und Arbeitsaufwand und erzeugt außerdem einen feineren Duft.

Eine recht merkwürdige Apparatur wurde für den gleichen Zweck von M. Piver, dem angesehenen Pariser Parfu-

Ansicht von Grasse

meur, erfunden, der der Jury anläßlich der letzten Ausstellung eine Zeichnung davon vorlegte. Sie besteht aus einer Reihe perforierter Platten in einer Kammer, die abwechselnd Schichten von Blumen und mit Fett bedeckte Glasscheiben tragen und durch die mehrmals ein Luftstrom geführt wird, bis der Duft der Blumen im Fett fixiert ist.

Eine nicht minder bemerkenswerte Erfindung ist die des französischen Chemikers M. Millon, dem das Extrahieren der Duftstoffe aus Blumen dadurch gelang, daß er sie in einen Filtrierapparat legte und mit etwas Äther oder Schwefelkohlenstoff übergoß, der nach einigen Minuten abgezogen wird und alle Duftmoleküle mitnimmt. Er wird anschließend trockendestilliert, und das gewonnene Resultat ist eine feste, wächserne Masse, die den Blumenduft in seiner reinsten und konzentriertesten Form enthält. Dieses Verfahren, obwohl äußerst genial, hat aufgrund der damit verbundenen Kosten noch keine praktische Anwendung erfahren, da einige dieser kompakten Essenzen bis zu 50 £ pro Unze kosten. Es diente jedoch als Beweis für die völlige Gewichtslosigkeit von Duftmolekülen: obgleich diese Sub-

Ansicht von Nizza

stanz aufgrund ihres hohen Konzentrationsgrades auf den ersten Blick das erstarrte Prinzip des Duftes zu sein scheint, verliert sie nach mehrmaliger Behandlung mit Alkohol nach und nach ihren Duft, obwohl der Rückstand nicht ein Atom an Gewicht verloren hat.

Die Mazerations- und Absorptionsverfahren werden hauptsächlich in den Städten Grasse, Cannes und Nizza eingesetzt, die alle im Süden Frankreichs und nahe beieinander liegen. Dort arbeiten mehr als einhundert Firmen mit diesen Verfahren und der Destillation von ätherischen Ölen und verschaffen während der Blumensaison mindestens zehntausend Menschen Beschäftigung. Von den dreien ist vielleicht Nizza zum Blumenanbau für Parfumeriezwecke am günstigsten gelegen, und besonders seine Veilchen sind allen anderen überlegen. Seitdem diese Stadt französisch ist, hat ihre Erzeugung von Parfumeriematerialien, die früher bei der Einfuhr nach Frankreich mit Zöllen belegt waren, starken Auftrieb erhalten.

Die nachfolgende Tabelle gibt die ungefähren, dort zum Erzeugen von Parfumerierohstoffen eingesetzten Mengen und Werte:

Orangenblüten	2000000 lbs.	im Werte von ca.	£	40000
Rosen	600000 "	"	£	12000
Jasmin	150000 "	"	£	8000
Veilchen	60000 "	"	£	4000
Cassia	80000 "	"	£	6000
Tuberose	40000 "	"	£	3000

Diese Blumen werden von den Blumenbauern durch Firmenverträge bezogen oder auf dem Markt gekauft. Jährlich werden daraus die durchschnittlichen Mengen folgender Artikel hergestellt: 700 000 lbs. parfumierte Öle und Pomaden, 200 000 lbs. Rosenwasser, 1 200 000 lbs. Orangenblütenwasser erster Güte[1], 2 400 000 lbs. Orangenblütenwasser zweiter Güte; 1 000 lbs. Neroli, ein aus Orangenblüten gewonnenes ätherisches Öl. Die anderen Blumen liefern keine ätherischen Öle, doch werden letztere in den gleichen Orten in großem Maßstab aus Duftpflanzen wie Lavendel, Rosmarin, Thymian, Geranie etc. destilliert. Viele meiner geschätzten Leser haben in Blumen bisher eine reine Dekoration gesehen: die obigen Zahlen werden ihnen eine Vorstellung von ihrer Bedeutung als Handelsgut geben.

Ein anderer Zweig der Parfumeriekunst ist die Herstellung von Parfums, Kosmetika, Seifen und anderen Toilettenrequsiten. Sie wird in den Hauptstädten Europas und vor allem in London und Paris betrieben, die man als Hauptquartiere der Parfumerie bezeichnen kann, und von wo aus diese Produkte in alle Teile der Welt exportiert werden. Zwar gibt es auch in Deutschland, Rußland, Spanien und den Vereinigten Staaten Fabriken, aber deren hauptsächliches Gewerbe besteht darin, die Artikel der Londoner und Pariser Hersteller zu kopieren, und das kann nicht als legitimes Geschäft betrachtet werden.

Die bedeutendsten englischen Fabrikanten von Parfumerieartikeln und Toilettenseifen, circa sechzig an der Zahl, sind in London ansässig und beschäftigen dort eine große Anzahl von Männern und Frauen; denn Frauenarbeit ist seit nahezu zwanzig Jahren in allen Londoner Fabriken[2] eingeführt und hat sich als sehr tauglich für alle Arten von Arbeit erwiesen, die mehr Geschicklichkeit als Kraft erfordern.

[1] Das heißt, zweimalige Destillation der Blüten

[2] Ich glaube, ich habe als erster weibliche Arbeitskräfte in England beschäftigt, und ich bin glücklich, sagen zu können, daß meine *Confrères* bald meinem Beispiel folgten

Den veröffentlichten amtlichen Ziffern zufolge betrugen die Exporte an Parfumerieartikeln aus dem Vereinigten Königreich £ 106 989 für das Jahr 1863, deren Aufschlüsselung aus der nachstehenden Tabelle ersichtlich ist; man muß allerdings sagen, daß auf diese Zahlen nur sehr wenig Verlaß ist, da sie kaum ein Viertel des tatsächlich ausgeführten Betrages repräsentieren. Nimmt man beispielsweise die für Australien mit £ 18 921 angegebene Summe, so erscheint diese lächerlich gering. Es gibt ohne Zweifel mehrere Hersteller in London, von denen jeder unabhängig voneinander jährlich Parfumerieartikel für annähernd diesen Betrag in unsere australischen Kolonien verschifft.

AUSFUHREN AN PARFUMERIEARTIKELN AUS DEM VEREINIGTEN KÖNIGREICH 1863

Einfuhrländer	Deklarierte Werte
Rußland	£ 2732
Hamburg	3 118
Holland	1 980
Belgien	2 568
Frankreich	2 250
Ägypten	1 968
China	5 749
Vereinigte Staaten	4 477
Brasilien	2 149
Britische Besitzungen in Südafrika	1 818
Mauritius	2 141
Britisch Indien	21 914
Australien	18 921
Britisch Nordamerika	3 415
Britisch Westindien	6 004
Kanalinseln	10 189
Gibraltar	1 003
Portugal, Azoren und Madeira	1 172
Spanien und die Kanarischen Inseln	2 021
Argentinische Konföderation	1 717
Sonstige Länder	9 683
	£ 106 989

Diese Tabelle schließt Seife nicht ein; aber da parfumierte Seifen nicht einzeln ausgewiesen sind und unter gewöhnliche Seifen fallen, ist es unmöglich, im Hinblick auf die ausgeführte Summe oder Menge genaue Auskünfte zu erhalten.

Paris ist das große Fabrikationszentrum der Parfumerie, die einen bedeutenden Posten in den sogenannten "Articles de Paris" * bildet. Es gibt in dieser Hauptstadt einhundertundzwanzig praktizierende Parfumeure, die etwa dreitausend Männer und Frauen beschäftigen und deren vereinte Einnahmen auf nicht weniger als vierzig Millionen Francs jährlich geschätzt werden können. Allein der aus Frankreich ausgeführte Wert an Parfumerie-Erzeugnissen erreicht jährlich mehr als dreißig Millionen Francs, wobei Europa und Nord- und Südamerika die wichtigsten Kunden sind, während britische Parfumerieartikel häufiger nach Indien, China und Australien geliefert werden.

Auf Ungarisch Wasser, dem ältesten heute gebräuchlichen Duft, folgt Eau de Cologne oder Kölnisch Wasser, welches im letzten Jahrhundert von einem in jener Stadt wohnhaften Apotheker erfunden wurde. Es läßt sich jedoch ebenso gut woanders herstellen, da sämtliche in seine Komposition eingehenden Ingredienzen aus dem Süden Frankreichs oder Italien kommen. Sein Duft wird hauptsächlich aus den Blüten, Blättern und der Fruchtschale der bitteren Orange und anderer Bäume der *Citrus*-Familie extrahiert, die sich gut miteinander verbinden und eine harmonische Mischung bilden.

Toilettenessig stellt eine gewisse Verbesserung zu Eau de Cologne dar und enthält zusätzlich Balsame und Weinessig.

* Pariser Artikel

Lavendelwasser wurde früher mit Hilfe von Alkohol aus frischen Blüten destilliert, wird aber heute durch einfaches Digerieren des ätherischen Öls in Alkoholen hergestellt, was zu dem gleichen Resultat bei sehr viel geringeren Kosten führt. Das beste wird mit englischem und das gewöhnliche mit französischem Öl erzeugt. Es ist beträchtlich billiger, läßt sich aber leicht an seinem schärferen Geruch erkennen.

Taschentuchparfums werden auf unterschiedliche Art und Weise gemischt; das beste wird durch Aufgießen der Pomade oder Öle in Alkohol erzeugt, die mittels des soeben von mir geschilderten Verfahrens gewonnen wurden. Dieses Alkoholat besitzt den reinen Duft der Blumen, der völlig frei von dem allen ätherischen Ölen eigenen empyreumatischen * Geruch ist. Da es jedoch nur sechs oder sieben Blumen gibt, die Pomaden und Öle liefern, muß der Parfumeur diese miteinander kombinieren, um alle anderen Blumen zu imitieren. Dies kann man als den wirklich künstlerischen Teil der Parfumerie bezeichnen, denn es wird durch Studieren von Ähnlichkeiten und Affinitäten und dem Vermischen von Duftschattierungen erreicht, wie ein Maler die Farben auf seiner Palette mischt. So werden beispielsweise aus Heliotrop keine Duftstoffe extrahiert. Da es aber ein starkes Vanillearoma hat, wird durch Verwenden von letzterem als Basis und anderen Ingredienzen, die ihm Frische verleihen sollen, eine perfekte Imitation produziert. Das gleiche geschieht mit vielen anderen Düften.

Der wichtigste Zweig der Parfumeurskunst ist die Herstellung von Toilettenseifen. Diese werden im allgemeinen aus den besten Schmierseifen gewonnen, die wieder verflüssigt, gereinigt und parfumiert werden. Sie lassen sich auch mit dem

* brenzlig

sogenannten Kaltverfahren produzieren, einer Kombination von Fett und einer bestimmten Menge Waschlauge. Es bietet Parfumeuren einen gewissen Vorteil beim Erzeugen einer feinparfumierten Seife, da es ihnen anstelle von Fett den Einsatz einer Pomade als Basis erlaubt. Dies ist mit dem anderen Verfahren nicht möglich, da die Hitze den Duft zerstören würde. Die Seife muß jedoch vor ihrer Verwendung einige Zeit gelagert werden, damit die völlige Verseifung stattfinden kann. Die als Rasiercreme bekannte Schmierseife erhält man durch Verwendung von Sodalauge anstelle der Pottasche und klare Seife durch die Verbindung von Sodaseife mit Alkohol. Eine andere Art klarer Seife wurde kürzlich durch Hinzufügen von Glyzerin in dem Anteilsverhältnis von ein Drittel Glyzerin zu zwei Drittel Seife erzeugt.

Die englischen Toilettenseifen sind die besten. Dann folgen die französischen, aber da diese nicht erneut verflüssigt werden, erreichen sie nie die Geschmeidigkeit der unseren. Am schlechtesten sind die deutschen Seifen. Das unweigerlich ihre Grundlage bildende Kokosnußöl hinterläßt auf den Händen einen starken, übelriechenden Geruch. Selbst ihr niedriger Preis ist ein Betrug, denn da Kokosnußöl zweimal soviel Alkali aufnimmt wie jede andere fetthaltige Substanz, verbraucht sich die mit ihm hergestellte Seife in einer sehr kurzen Zeit. Kosmetika, Pomaden, Duftwasser für Waschzwecke, Zahnpulver und andere Toilettenrequisiten werden ebenfalls reichlich hergestellt, aber sie sind zu zahlreich, um hier ausführlich beschrieben zu werden. Noch werde ich versuchen, mich hier über ihre respektiven Meriten auszulassen, die weitgehend von dem Können des Herstellers und der Eignung und Reinheit der verwendeten Materialien abhängen. Die bedeutendste, sich auf diese Präparate auswirkende Verbesserung ist unlängst die Einführung von Glyzerin gewesen. Obgleich diese Substanz im letzten Jahrhundert entdeckt wurde, haben Mediziner ihre Vorzüge erst seit ein paar Jahren voll erkannt und gewürdigt, und sie zur Heilung von Hautkrankheiten eingesetzt, wofür sie sich großartig eignet. Parfumeure fangen jetzt an, sich ihrer wunderbaren Eigenschaften zu bedienen und sie mit ihren Seifen und Kosmetika zu kombinieren. Auch die Verdunstung von Düften mit Hilfe von Dampf ist eine moderne Verbesserung. Ein Dampfstrahl wird durch eine konzentrierte Essenz geleitet, aus der er die Duftmoleküle löst und mit außerordentlicher Geschwindigkeit und Kraft durch die Luft verbreitet. Ein ganzes Theater läßt sich damit in zehn Minuten parfumieren und ein Salon demzufolge in sehr viel kürzerer Zeit. Dieses System hat den Vorzug, die Luft zu reinigen, und wurde daher von einigen der Hospitäler und anderen öffentlichen Institutionen übernommen.

Bevor ich dieses Kapitel beende, möchte ich den Damen einige wenige beratende Worte zur Wahl ihrer Düfte und Kosmetika anbieten. Ich sehe ein, daß ich mich hier auf heiklem Boden bewege, aber ich werde mich bemühen, meinen Äußerungen ganz allgemeinen Charakter zu geben.

Die Wahl eines Duftes ist ausschließlich eine Frage des Geschmacks, und ich würde es mir ebensowenig anmaßen, einer Dame zu diktieren, welchen Duft sie wählen sollte, wie einem Epikuräer den von ihm zu trinkenden Wein. Trotzdem könnte ich zu der Ängstlichen sagen: Ziehe einfache Blumenextrakte, die dir nie schaden können, Mischungen vor, die im allgemeinen Moschus und andere Inhaltsstoffe enthalten, welche möglicherweise zu Kopfschmerzen führen können. Vermeide vor allem starke, grobe Düfte und vergiß nicht, daß – läßt sich der Charakter einer Frau aus ihrer Handschrift erkennen – man ihren guten Geschmack und ihre gute Erziehung ebenso leicht anhand des von ihr benutzten Duftes ermitteln kann. Bezaubert uns eine *Dame* durch den von ihr ausgehenden feinen, ätherischen Duft, wird sich aufstrebende Vulgarität ebenso leicht durch ein nach ordinären Parfums duftendes *Mouchoir** verraten.

Haarmittel sind wie Arzneien und müssen entsprechend dem Verbraucher variiert werden. Für einige ist Pomade vorzuziehen, für andere Öl, während andere wiederum keines von beiden benötigen und Haarwasser oder Lotionen verwenden sollten. Eine Mischung aus Limonensaft und Glyzerin ist kürzlich eingeführt worden und hat sich als sehr erfolgreich erwiesen, da sie das Haar von Schuppen befreit, der üblichen Ursache vorzeitiger Kahlheit. Für all diese Dinge ist jedoch persönliche Erfahrung die beste Richtlinie.

Seife ist ein großer Konsumartikel, und einige Menschen können es sich nicht leisten, viel dafür zu zahlen; trotzdem würde ich sagen, man solle sehr billige Seifen vermeiden, die aufgrund ihres zu hohen Alkalianteils die Haut irritieren. Gute Seifen werden heute zu einem sehr bescheidenen Preis von den bedeutenden Londoner Parfumeuren hergestellt und sollten selbst die Sparsamsten zufriedenstellen. Weiß, Gelb und Braun sind die vorzugsweise zu wählenden Farben.

Zahnpulver sind Zahnpasten vorzuziehen. Die letztgenannten mögen in ihrer Anwendung angenehmer sein, aber die ersteren sind sicherlich nützlicher.

Vor allen anderen Kosmetika erfordern Gesichtslotionen sorgfältige Zubereitung. Einige werden mit Mineral-

* Taschentuch

giften gemischt, die ihren Gebrauch gefährlich machen, obgleich sie beim Behandeln gewisser Hautkrankheiten wirksam sein können. Es sollte immer ein Unterschied zwischen denjenigen gemacht werden, die für eine gesunde Haut gedacht sind, und jenen, die bei Hautunreinheiten benutzt werden sollten. Abgesehen davon lassen sich letztere ohne Rückgriff auf irgendwelche gewaltsame Mittel leicht entfernen.

Schminken für das Gesicht kann ich guten Gewissens nicht empfehlen. Rouge ist an sich harmlos, da es aus Koschenille und Färberdistel hergestellt ist; aber weiße Schminken werden oft aus tödlichen Giften gemacht, wie jene, die den bedauernswerten Zelger vor einigen Monaten das Leben kosteten.[1] Die beste weiße Schminke sollte aus Perlmutt fabriziert sein, wird aber häufig anders zubereitet. Professionellen Menschen, die ohne sie nicht auskommen können, kann ich nur zu großer Sorgfalt bei ihrer Auswahl raten; aber zu anderen würde ich sagen, kaltes Wasser, frische Luft und Bewegung sind die besten Rezepte für Gesundheit und Schönheit, denn keine ausgeliehenen Reize sind denen "eines Frauenantlitzes ebenbürtig, das die Natur mit eigener Hand bemalt hat."

[1] M. Zelger war ein belgischer Sänger an der Königlichen Italienischen Oper. Während der Aufführung von "Guillaume Tell" (Wilhelm Tell) gelangte ihm versehentlich etwas von der Schminke seines Gesichtes in den Mund, und er starb als Folge davon nach einer sehr schmerzhaften und langwierigen Krankheit

BLUMENPLANTAGE UND DESTILLERIE IN NIZZA

KAPITEL XII

Werkstoffe der Parfumerie

"Cheiro suave, ardente especiaria."

Camões

ABEN wir somit sowohl die antike als auch die moderne Geschichte der Parfumerie abgeschlossen, bleibt mir nur noch eine Beschreibung der verschiedenen für diesen Fabrikationszweig verwendeten Materialien, die aus allen Teilen der Welt geliefert werden – von den ausgedörrten Regionen der heißen Zone bis zu den Eisreichen des arktischen Pols.

Ihrer Beschaffenheit entsprechend lassen sie sich in zwölf Gruppen unterteilen, nämlich die animalische Gruppe, die

Gruppe der Blumen, der Kräuter, der Andropogon-Gräser, der Citrusfrüchte, der Gewürze, der Hölzer, der Wurzeln, der Samen, der Balsame oder Harze, der Früchte und der künstlichen Duftstoffe.

Die animalische Familie umfaßt nur drei Substanzen – Moschus, Zibet und Ambra. Dank ihres starken und dauerhaften Duftes, der der Verdunstung länger als jeder andere widersteht, ist sie von großem Nutzen für die Parfümerie.

Moschus ist ein Sekret, das sich in einer Tasche oder Beutel unter dem Bauch des Moschushirsches (*Moschus moschatus* oder *moschiferus*) befindet, einem die höheren Gebirgs-

Moschushirsch

züge von China, Tibet und Tonkin bewohnenden Wiederkäuer. "Es ist ein hübsches graues Tier," schreibt Dr. Hooker, "von der Größe eines Rehbocks und ihm nicht unähnlich, mit rauher Decke, kurzen Hörnern und zwei aus dem Oberkiefer ragenden Zähnen, die es zum Entwurzeln der aromatischen Kräuter benutzen soll, denen er nach Ansicht der Bhoteas seinen Duft verdankt."[1] Nur das männliche Tier erzeugt den berühmten Duft, dessen beste Qualität aus Tonkin kommt. Die zweitbeste Sorte wird in Assam gesammelt, während Kaberdeen-Moschus als die minderwertigste Qualität

[1] Himalayan Journal, Dr. Hooker, Vol.i, S.256.

gilt. Er wird von einer Kubaya (*Moschus sibiricus*) genannten Art der Gattung gewonnen, welche die sibirische Seite jener Berge bewohnt.

Den Chinesen ist Moschus seit vielen Jahrhunderten bekannt: sie nennen ihn *Shay hëang*, wobei *Shay* der Name des Tieres und *Hëang* der Begriff für Duft ist. Tavernier ist der erste europäische Reisende, der die kostbare Droge erwähnt, und er behauptet, auf einer seiner Reisen 7673 Beutel erworben zu haben, was zeigt, wieviel bereits zu jenem frühen Zeitpunkt davon vorhanden gewesen sein muß. Er gibt die folgende Beschreibung der im Februar und März stattfindenden Moschushirsch-Jagd, wenn der Hunger diese

Moschushirsch-Jagd

Tiere aus ihren wilden, schneeigen Schlupfwinkeln in Richtung bebauter Gebiete treibt: "In dieser Zeit lauern ihnen die Jäger mit Schlingen auf und töten sie mit Pfeilen und Stöcken. Die Tiere sind von dem durchlittenen Hunger so abgemagert und erschöpft, daß man sie leicht verfolgen und einholen kann."[1]

Die vorausgegangene Illustration ist von einer chinesischen Zeichnung kopiert, die als Verpackung einiger kürzlich von mir erworbener Moschusbeutel diente. Sie scheint zu beweisen, daß die Jagd auf den Moschushirsch unverändert in der gleichen Manier durchgeführt wird.

Moschus ist eine fettige, rötlichbraune Substanz, die durch Lufteinwirkung schnell schwarz wird. Sie riecht so in-

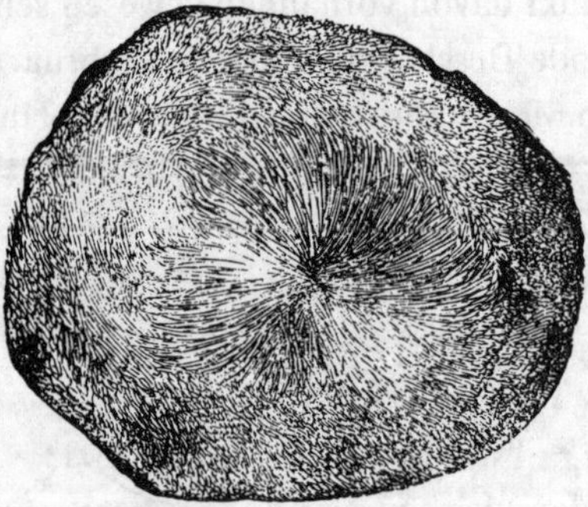

Moschusbeutel (natürliche Größe)

tensiv, daß der Jäger nach Aussagen von Chardin gezwungen ist, beim Entfernen des Beutels vom Tier Mund und Nase mit gefalteter Leinwand zu verstopfen, weil der stechende Geruch andernfalls zu einem manchmal tödlichen Blutsturz führen könnte. Da die Einheimischen andererseits sehr bemüht sind, den Moschus vor seinem Versand nach Europa zu verfälschen, sind wir solchen Unglücksfällen nicht ausgesetzt. Die für diese Verfälschung verwendeten Substanzen sind im allgemeinen das Blut oder die zerhackte Leber des Tieres, welche sie geschickt in den Beutel

[1] Voyage de Jean Baptiste Tavernier, Band iv., S. 75

einführen, und gelegentlich werden zur Gewichtserhöhung sogar Bleistückchen hineingesteckt. Einige produzieren sogar künstliche Beutel aus der Bauchhaut des Tieres und füllen diese mit einer Mischung aus Moschus und anderen Stoffen.

Moschus in Beuteln wird im allgemeinen in Teedosen von zwanzig Unzen importiert, und sein Preis schwankt entsprechend der Sorte zwischen 25 bis 50 Schilling pro Unze. *Körnermoschus*, das heißt der aus den Beuteln extrahierte Moschus, ist sehr viel teurer. Moschus ist ausnahmslos der *stärkste* und *dauerhafteste* aller bekannten Duftstoffe und wird daher weitgehend in Mischungen eingesetzt, in denen seine Anwesenheit – vorausgesetzt, sie ist nicht allzu wahrnehmbar – einen sehr angenehmen Effekt erzielt.

Der Moschusduft beschränkt sich nicht auf diese Tiergattung. Es gibt ihn ebenfalls bei anderen, wenn auch in geringerem Ausmaß, wie beispielsweise dem Moschus-Ochsen, der Moschusratte, der Moschusente etc. Oberrichter Tempel aus Britisch Honduras, der den Vorsitz über die Society of Arts führte, als ich mein Schriftstück über die Parfumerie vorlas, versicherte den Anwesenden, daß die Drüsen von Alligatoren stark nach Moschus röchen. In dem Wunsch, den Sachverhalt zu ermitteln, beschaffte ich mir dank der Gefälligkeit meines Freundes, Mr. Edward Greey von der Royal West India Mail Company, den Kopf eines dieser Ungeheuer. Aber ich muß gestehen, der beim Öffnen der Kiste ausströmende Gestank war so groß, daß für das Extrahieren der Drüsen eine ganze Portion Mut erforderlich war, und der ihnen innewohnende *Duft* erinnerte stark an den Markt von Billingsgate * an einem heißen Tag.

* Der damalige Londoner Fischmarkt

Einige Polypen, darunter der hauptsächlich im Mittelmeer und bei Nizza vorkommende *Tipula moschifera*, geben einen moschusartigen, jedoch sehr vergänglichen Geruch ab.

Der moschusartige Duft kommt auch in einigen Pflanzen vor, wie der wohlbekannten, gelbblühenden Moschuspflanze. Jedoch reicht seine Intensität zur Extraktion nicht aus. Die Bezeichnung *moschatus* (moschusartig) wird häufig auf Pflanzen und Blumen angewandt; aber sie sollte nicht immer im wörtlichen Sinne verstanden werden, denn Botaniker neigen dazu, mit diesem Begriff starke Düfte kenntlich zu machen, wie Muskat, der *Myristica moschata* genannt wird, obgleich er keine Ähnlichkeit mit Moschus hat. Selbst das sogenannte *Moschuskorn (Hibiscus abelmoschus)* riecht mehr nach Zibet als nach Moschus. Dr. Cloquet behauptet, einige Präparate aus Gold und anderen mineralischen Stoffen hätten auch einen moschusartigen Duft[1], aber ich bin nie auf irgendeines gestoßen, welches diese Behauptung bekräftigte.

Zibet ist die Drüsensekretion der *Vicerra civetta*, einem

Zibetkatze

etwa drei Fuß langen und ein Fuß hohen Mitglied des Katzenvolkes, das in Afrika und Indien vorkommt. Heute wird

[1] Osphrésiologie, S. 76

es vorwiegend vom Indischen Archipel eingeführt; aber früher hielten holländische Kaufleute einige dieser Katzen in Amsterdam in langen Holzkäfigen und ließen das Duftsekret zwei- bis dreimal wöchentlich mit einem hölzernen Spachtel ausschaben. In seinem natürlichen Zustand sieht Zibet ausgesprochen scheußlich aus, und sein Geruch ist für den Laien ebenso abstoßend, der versucht wäre, mit Cowper auszurufen:

> "Zibet im Raum nimmt schier zum Sprechen mir die Luft,
> Ein feiner Herr, der nur besteht aus Duft;
> Der Anblick reicht, wer riecht schon gern den Beau,
> Der seine Nase steckt in eine Raritäten-Schau."

Wird es dagegen richtig verdünnt und mit anderen Düften kombiniert, erzeugt es einen sehr angenehmen Effekt und besitzt einen sehr viel *blumigeren* Duft als Moschus. Tatsächlich wäre das Imitieren einiger Blumen ohne Zibet unmöglich. Sein Preis schwankt von 20 bis 30 Schilling pro Unze entsprechend seiner Qualität. Lange Zeit gab Ambra den Weisen Rätsel auf, die sich seine Herkunft nicht erklären konnten und anfangs glaubten, es wäre von gleicher Beschaffenheit wie gelber Bernstein, woher es seinen Namen *grauer Bernstein (ambre gris)* ableitete. Heute steht außerhalb jeden Zweifels fest, daß es von dem großköpfigen Walratwal *(Physeter macrocephalus)* produziert wird und das Resultat eines Erkrankungszustandes des Tieres ist, welches die krankheitserregende Substanz entweder erbricht oder an der Krankheit stirbt und von anderen Fischen aufgefressen wird. In beiden Fällen wird Ambra freigesetzt und entweder auf dem Meer treibend aufgefischt oder an Land gespült. Es wird hauptsächlich an den Küsten von Grönland, Brasilien, Indien, China, Japan etc. und gelegentlich an der Westküste Irlands gefunden. Das bisher größte, aktenkundig gewordene Stück, welches die Holländische Ostindien-Kompagnie vom König von Tydore erwarb, wog 182 lbs. In meinem Besitz befindet sich ein sehr merkwürdiges Stück, das ein nordamerikanischer Walfänger einem von ihm getöteten Fisch entnahm. Ein Teil davon ist ganz grau und der Rest noch schwarz, was zeigt, daß die Krankheit noch nicht ihren vollen Höhepunkt erreicht hatte.

Ambra an sich ist nicht angenehm, da es ein etwas erdiges oder schimmeliges Aroma hat. Aber in Verbindung mit anderen Duftstoffen verleiht es ihnen eine durch kein anderes Mittel erreichbare ätherische Note. Sein Preis schwankt sehr stark entsprechend der auf dem Markt befindlichen Quantität. Ich habe ihn bei einem Tiefstand von 10 Schilling und einem Höchststand von 50 Schilling pro Unze erlebt.

Die blumige Gruppe umfaßt alle für Parfumeriezwecke verfügbaren Blumen, die bislang auf acht beschränkt waren – das heißt Jasmin, Rose, Orange, Tuberose, Cassie, Veilchen, Jonquille und Narzisse.

Jasmin gehört zu den angenehmsten und nützlichsten Düften, die von Parfumeuren eingesetzt werden; und ausgesprochen wertvoll sind die duftenden Schätze, welche sie

"Aus des Jasmins bescheidnen Blüten,
Die tags den Duft so sorglich hüten,
Daß erst, wenn ganz entschwand das Sonnenlicht,
Aus zarten Kelchen köstliches Geheimnis bricht."[1]

gewinnen. Er wurde von den Arabern eingeführt, welche ihn Yasmyn – daher sein heutiger Name – nannten. Die duftendste Art ist der *Jasminum odoratissimum*, der im Süden Frankreichs in großem Maßstab kultiviert wird. Er wird durch Veredelung von wildem Jasmin gezogen und trägt im

[1] Light of the Harem (Licht des Harems)

zweiten Jahr Blüten. Er wächst zu einem drei bis vier Fuß hohen Strauch heran und benötigt ein kühles, offenes, vor Nordwinden geschütztes Gelände. Die Blütezeit dauert von Juli bis Oktober. Die Blüten öffnen sich mit großer Regelmäßigkeit jeden Morgen um sechs Uhr und werden nach Sonnenaufgang gepflückt, da der Morgentau ihr Aroma beeinträchtigen würde. Jeder Strauch liefert etwa vierundzwanzig Unzen Blüten.

Als nächstes kommen wir zur Königin der Blumen, der Rose – dem ewigen Thema von Dichtern aller Jahrhunderte und aller Nationen, deren hauptsächlicher Reiz aber für den prosaischen Parfumeur in ihrem köstlichen Duft liegt, mit dem die Natur sie beschenkt hat.

"Was hat gekrönt der Rose Schönheitsruhm?
Ihr süßer Duft, ihr bestes Eigenthum."[1]

Und wie gut weiß der Parfumeur diesen Duft zu nutzen; denn er zwingt die liebliche Blume, ihm ihr Aroma in jeder Form zu überlassen und gewinnt daraus ein ätherisches Öl, ein destilliertes Wasser, ein parfumiertes Öl und eine Pomade. Selbst ihre verwelkten Blütenblätter werden als Basis für Sachet-Puder nutzbar gemacht, da sie ihren Duft über eine beträchtliche Zeit bewahren.

Die für die Parfumerie verwendete Sorte ist die hundertblättrige Rose (*Rosa centifolia*). Sie wird auf breiter Basis in der Nähe von Adrianopel in der Türkei kultiviert, woher das weithin berühmte Rosenöl kommt; sowie im Süden von Frankreich, wo Pomaden und Öle hergestellt werden. Rosenbäume werden in kühle Erde gepflanzt und können Nordwind ohne Schaden ausgesetzt werden. Sie tragen im zweiten Jahr etwa acht Unzen an Blüten und zwölf Unzen in

[1] Shakespeare "Sonette" liv.

den Folgejahren. Die Blütezeit ist im Mai, und die Blüten, die sich im allgemeinen während der Nacht öffnen, müssen vor Sonnenaufgang gesammelt werden, da sie nach diesem Zeitpunkt die Hälfte ihres Duftes einbüßen.

Die für die Duftherstellung verwendeten Orangenblüten sind die der Pomeranze oder des bitteren Orangenbaumes (*Citrus bigarradia*). Durch Destillation gewinnt man aus ihnen ein unter dem Namen *Néroly* bekanntes ätherisches Öl, welches zu den Hauptingredienzen von Eau de Cologne gehört; mit Hilfe von Mazeration werden aus ihnen ferner eine Pomade und ein Öl gewonnen. Aus den Blättern des Baumes wird ein Petitgrain genanntes ätherisches Öl produziert und aus der Fruchtschale eine weitere Essenz ausgepreßt, die die Bezeichnung *"Pomeranzenöl"* trägt. Aus dem süßen Orangenbaum (*Citrus aurantium*) werden ebenfalls Essenzen erzeugt, aber sie sind mit Ausnahme des aus der Schale gewonnenen und als *"Portugalöl"* bezeichneten Öls von sehr minderer Qualität. Diese beiden Bäume sehen sich sehr ähnlich, aber die Blattstiele weichen geringfügig voneinander ab, wobei die der bitteren *Pomeranze* herzförmig sind. Die größten Anpflanzungen mit bitteren Pomeranzenbäumen befinden sich im Süden Frankreichs, in Kalabrien und auf Sizilien. Dieser Baum benötigt einen sehr trockenen Boden mit Südlage. Er blüht drei Jahre nach seiner Veredelung und steigert sich jedes Jahr, bis er im Alter von etwa zwanzig Jahren seine Höchstleistung erreicht. Die Menge richtet sich nach Alter und Lage, wobei ein ausgewachsener Baum im Durchschnitt zwischen 50 bis 60 lbs. an Blüten produziert. Die Blütezeit ist im Mai, und

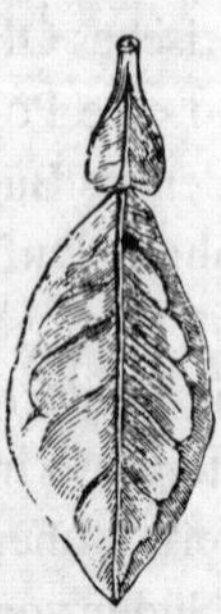

Blatt der bitteren Pomeranze

die Blüten werden zwei- bis dreimal wöchentlich nach Sonnenaufgang gepflückt.

Die Tuberose (*Polyanthes tuberosa*) ist auf den ostindischen Inseln heimisch, wo sie auf Java und Ceylon wild wächst. Sie wurde erstmals im Jahre 1594 von dem spanischen Arzt Simon de Tovar nach Europa gebracht. Den Holländern gehörte eine Zeitlang das Monopol für diese Pflanze, da sie sie in Treibhäusern kultivierten. Aber heute hat sie ihren Weg nach Frankreich, Italien und Spanien gefunden und gedeiht prächtig in diesen Klimata:

> "Hier, wo mit huldvoll Grün ein ewig junger Frühling
> Erwärmt die linde Luft und krönt das junge Jahr,
> Verströmen Tuberosen ihren Duft, erglühen Veilchen immerdar."

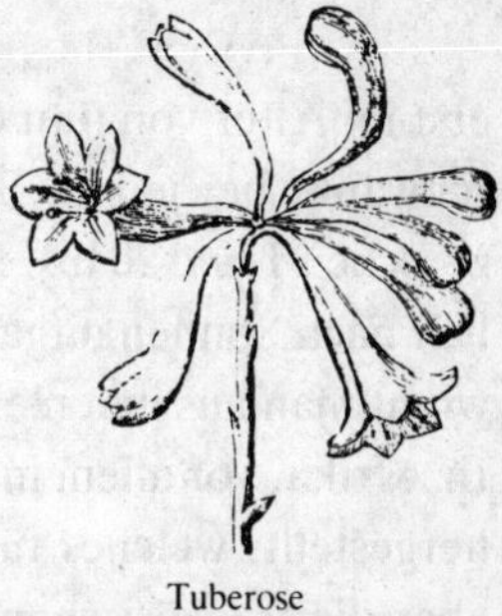

Tuberose

Sie wächst aus einer Zwiebel, die im Herbst gepflanzt wird und im folgenden Jahr blüht. Der Stengel wird etwa drei Fuß hoch und produziert jeden Tag zwei voll entwickelte Blüten, die sich entsprechend der Örtlichkeit zwischen elf Uhr vormittags und drei Uhr nachmittags mit der größten Regelmäßigkeit öffnen: sie müssen sofort gepflückt werden, da ihr Duft nicht lange vorhält.

Cassie (*Acacia farnesiana*) ist ein Gewächs der Akazien-Familie, das nur in südlichen Breitengraden wächst. Ihre Höhe bewegt sich zwischen fünf bis sechs Fuß, und sie ist in den Monaten Oktober und November mit runden, goldgelben Blüten bedeckt, die die hübscheste Wirkung erzielen, wenn sie durch das zarte, samaragdgrüne Blätterwerk hindurchlugen. Wer in dieser Saison die Küste Genuas bereist hat, wird sich ohne Zweifel daran erinnern, welch entzükkende Sträußchen und Girlanden aus Cassieblüten, gemischt mit anderen Blumen, gebunden werden. Für den Parfumeur ist sie eine äußerst wertvolle Gehilfin, da sie in höchstem Maße einen frischen blumigen Duft besitzt, der sie in Kompositionen sehr nützlich macht. Er hat etwas Ähnlichkeit mit dem des Veilchens und wird, da er sehr viel stärker ist, häufig zum Verstärken jenes von Natur aus schwachen Duftes eingesetzt.

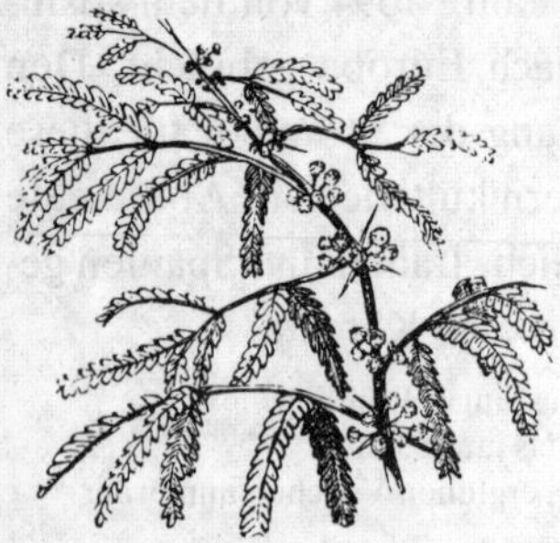

Cassie

Für die Cassie ist ein sehr trockener, sonniger Boden notwendig. Der Baum trägt erst im Alter von fünf oder sechs Jahren Blüten. Die Ernte schwankt bei jedem Baum entsprechend Alter und Lage zwischen 1 und 20 lbs. Die Blüten werden dreimal wöchentlich nach Sonnenaufgang gepflückt. Durch Mazeration gewinnt man aus ihnen ein sehr starkes Öl und eine Pomade. In Afrika, vor allem in Tunis, wird ein ätherisches Cassieöl hergestellt, welches für etwa £ 4 pro Unze verkauft wird; aber die französischen und italienischen Blüten sind nicht kräftig genug, um eine Essenz abzugeben.

Das Veilchen gehört zu den entzückendsten Düften in der Natur, und zu Recht konnte Shakespeare ausrufen:

"So fuhr ich an das erste Veilchen: Sprich,
Von wannen Du den süßen Duft dir stahlst?
Aus meines Liebsten Munde sicherlich!"[1]

Es ist ein Duft, der allen gefällt, selbst den Zartesten und Anfälligsten, und es ist kein Wunder, daß er so allgemein

[1] Shakespeare Sonette XCIX

beliebt ist. Die größten und fast einzigen Veilchenanpflanzungen haben sich bisher bei Nizza befunden, dessen außergewöhnliche Lage es zum vorteilhaftesten Ort für sie macht. Als Sorte wird das doppelte Parma-Veilchen (*Viola odorata*) verwendet. Es benötigt einen sehr kühlen und schattigen Grund und wird im allgemeinen in den Orangen- und Zitronenhainen zu Füßen der Bäume gesetzt, die es mit ihrem dichten Laub vor der Sonnenhitze schützen. Es blüht von Anfang Februar bis Mitte April, und jede Pflanze trägt nur wenige Unzen Blüten, die zweimal wöchentlich nach Sonnenaufgang gepflückt werden.

Jonquille (*Narcissus jonquila*) und Narzisse (*Narcissus odorata*) sind zwei Zwiebelpflanzen, die gleichfalls für Parfumeriezwecke kultiviert werden, aber in sehr viel kleineren Mengen als die bereits erwähnten, da ihr eigenartiges Aroma ihren Einsatz begrenzt. Die erstgenannte wächst vorwiegend im Süden Frankreichs und die letztgenannte in Algerien. Reseda, Flieder und Weißdorn werden ebenfalls gelegentlich zu Pomaden verarbeitet, aber in so geringem Ausmaß, daß sie nicht erwähnenswert sind. Die nach diesen Blumen benannten Extrakte werden im allgemeinen durch Kombination erzeugt.

Die Gruppe der Kräuter umfaßt alle Duftpflanzen, wie Lavendel, Spiklavendel, Pfefferminze, Rosmarin, Thymian, Majoran, Geranium, Patschuli und Wintergrün, die durch Destillation ätherische Öle liefern.

Lavendel wurde von den Römern ausgiebig in ihren Bädern benutzt, woher es seinen Namen ableitet.[1] Es ist ein netter, sauberer Duft und ein alter und verdienter Favorit. Der beste Lavendel (*Lavandula vera*) wird bei Mitcham in

[1] Latein. lavare "waschen"

Surrey und Hitchin in Hertfordshire angebaut. Er wird aus Setzlingen gezogen, die im Herbst gepflanzt werden und im nächsten und den darauf folgenden zwei Jahren Blüten tragen, wonach sie erneuert werden müssen. Mr. James Bridges, der größte englische Lavendel- und Pfefferminzdestillateur, kultiviert diese beiden Pflanzen in großem Maßstab in der Nähe von Mitcham. Während der Blütezeit betreibt er drei riesige Destillieranlagen, von denen jede etwa eintausend Gallonen* fassen kann.

Eine große Menge Lavendelessenz wird auch in Frankreich hergestellt. Aber wie ich bereits sagte, ist sie der in England erzeugten weit unterlegen. Sie wird aus der gleichen Pflanze gewonnen, welche in den meisten alpinen Landstrichen in großer Üppigkeit wild gedeiht. Man befördert tragbare Destilliergeräte in die Berge und destilliert das Kraut an Ort und Stelle. Das gleiche Verfahren wird bei Rosmarin und Thymian praktiziert.

Spike (*Lavandula spica*) ist eine gröbere, vorwiegend zum Mischen mit der anderen oder zum Parfumieren einfacher Seifen verwendete Lavendelsorte. Eine dritte Lavendelart (*Lavandula staechas*) besitzt einen wunderbaren Duft und gäbe eine sehr wohlriechende Essenz ab, ist jedoch in Frankreich selten. Die einzigen Gegenden, wo ich sie in Mengen antraf, sind Spanien und Portugal, und dort wird sie nur benutzt, um damit bei festlichen Anlässen die Böden der Kirchen und Häuser zu bestreuen oder am Johannistag Freudenfeuer anzuzünden, ein Brauch, der früher auch in England mit einheimischen Pflanzen gepflegt wurde.

Pfefferminze (*Mentha piperita*) wird mehr von Süßwarenherstellern als von Parfumeuren verwendet, obwohl

* 1 Gallon = 4,405 Liter

letztere sie für Zahnpulver und Duftwasser für Waschzwecke nützlich finden. Wie bei Lavendel wird die beste Qualität in England angebaut, da die ausländische Pfefferminze sehr minderwertig ist. Die zweitbeste Sorte nach der englischen kommt aus Amerika.

Rosmarin (*Rosmarinus officinalis*) ist eine weitere Pflanze aus der Familie der Lippenblütler, die eine vorwiegend zum Parfumieren von Seifen eingesetzte kräftige Essenz liefert. Die Ähnlichkeit zwischen ihrem Aroma und dem von Campher ist sehr bemerkenswert.

Es werden zwei Sorten Thymian destilliert – gemeiner Thymian (*Thymus vulgaris*) und wilder Thymian oder Feldthymian (*Thymus serpyllum*). Majoran (*Origana majorana*) gehört der gleichen Gattung an.

Die Rosengeranie (*Pelargonium odoratissimum*) ergibt eine von Parfumeuren wegen ihres kräftigen Aromas hochgeschätzte Essenz, mit deren Hilfe sie einfachen Artikeln zu sehr viel geringeren Kosten eine *rosige Note* verleihen können als durch die Verwendung von Rosenöl, welches sechsmal so teuer ist. Sie wird im Süden Frankreichs, in Algerien und Spanien kultiviert. Letzteres liefert die feinste Essenz, die in der Hauptsache aus dem fruchtbaren Huerta de Valentia* stammt.

Patschuli

Patschuli (*Pogostemon patchouli*) kommt aus Indien, wo es unter dem Namen *Puchaput* bekannt ist. Es hat ein sehr eigenartiges Aroma, das manchen ebenso widerwärtig wie anderen angenehm ist.

* Talkessel um Valencia

Wintergrün (*Gaultheria procumbens*) erhalten wir aus Nordamerika. Diese Essenz ist außerordentlich stark und muß mit großer Vorsicht eingesetzt werden, soll sie einen angenehmen Effekt erzielen. Gut mit anderen vermischt, verleiht sie Seife eine volle *blumige* Note.

Die Andropogon[1]-Gruppe besteht aus drei Sorten aromatischer Gräser, die im Überfluß in Indien und hauptsächlich auf Ceylon gedeihen, woher wir ihr ätherisches Öl beziehen. Es sind das *Andropogon schaenanthus* oder Lemongras, das zum Imitieren von Verbena benutzt wird, da es einen etwas ähnlichen Duft hat; das *Andropogon citratum* oder Citronella, das die Grundlage des Duftes der Honigseife bildet; und das *Andropogon nardus* oder Ingwergrasöl, fälschlicherweise auch indisches Geranium genannt, welches ich bereits in Kapitel VIII erwähnt habe. Ich bedaure, sagen zu müssen, daß letzteres im Orient in der Hauptsache zum Verfälschen von Rosenöl eingesetzt wird, das zwischen 30 bis 40 Schilling pro Unze kostet, während das andere Öl kaum einen Schilling pro Unze wert ist.

Die Citrus-Gruppe umfaßt Bergamott (*Citrus bergamia*), süße Orange (*Citrus aurantium*), bittere Orange (*Citrus bigarradia*), Zitrone (*Citrus medica*), Zedrat (*Citrus cedrata*) und Limette (*Citrus limetta*). Ätherische Öle werden, wie im letzten Kapitel beschrieben, aus den Schalen all dieser Früchte ausgepreßt oder destilliert. Die Gewürz-Gruppe schließt Cassia, Zimt, Nelken, Macis, Muskat und Piment ein.

Cassia, das wie Zimt den Menschen der Antike wohlbekannt war und von ihnen hochgeschätzt wurde, wird aus *Laurus cassia* destilliert, einem auf den ostindischen Inseln

[1] Von Sanskrit so genannt, weil dieses Gras einem Männerbart ähnelt

und in China üppig wachsenden Baum der Lorbeer-Familie. Zimt gehört in dieselbe Klasse und wird aus der Rinde des *Laurus cinnamomum* extrahiert. Eine weniger feine Essenz wird aus den Blättern desselben Baumes gewonnen.

Nelken sind die Blütenknospen des *Caryophyllus aromaticus*, eines auf dem Indischen Archipel beheimateten Baumes. Die besten kommen aus Sansibar. Die Essenz wird in der Hauptsache zum Parfumieren von Seife verwendet. In winzigen Mengen läßt sie sich allerdings auch mit einigen Taschentuchparfums gut verbinden, vorwiegend mit der Gartennelke und Levkoje, deren Duft dem ihren sehr gleicht.

Nelken

Muskat

Macis und Muskat stammen beide von dem *Myristica moschata*, wobei letzterer die Frucht dieses Baumes und ersterer eine ihrer Hüllen oder Hülsen ist.

Piment oder Allspice ist die Beere des *Eugenia pimenta*, aus der ein ätherisches Öl destilliert wird, welches – wie die beiden letztgenannten – zum Parfumieren von Seife eingesetzt wird.

Die Gruppe der Hölzer setzt sich aus Sandelholz, Rosenholz, Rhodium, Zedernholz und Sassafras zusammen.

Sandelholz kommt aus Asien, wo es als das *Parfum par*

excellence sehr geschätzt wird und die Grundlage aller Toilettenpräparate bildet. Es gibt mehrere Arten, von denen die beste der *Santalum citrinum* ist, aus dem das von Parfumeuren eingesetzte ätherische Öl hauptsächlich destilliert wird. Ich sah auf der letzten Ausstellung einige sehr gute Muster aus Westaustralien und Neukaledonien.

Rosenholz (*Lignum aspalathum*), Rhodium (*Convolvulus scoparia*) und Zedernholz (*Juniperus virginiana*) liefern gleichfalls ätherische Öle, die jedoch von Parfumeuren wenig benutzt werden.

Benzoin

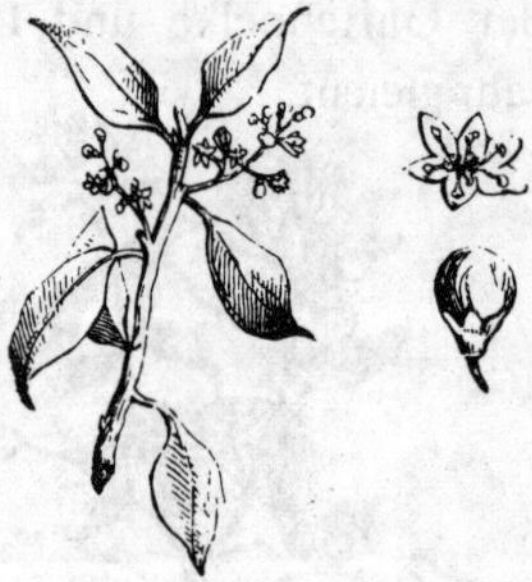

Campher

Das aus dem *Laurus sassafras*, einem in Nordamerika vielverbreiteten Baum, destillierte Sassafras ist wegen seines frischen kräftigen Aromas eine sehr nützliche Essenz für Seife.

Die Wurzelgruppe beschränkt sich auf Orris-Wurzel und Vetivert.

Orris oder Iris ist das Rhizom der *Iris Florentina*, deren Anbau in Italien, hauptsächlich in der Toskana, sehr verbreitet ist. In getrocknetem Zustand strömt sie einen köstlichen, veilchenartigen Duft aus, der sie zum Parfumieren von Toiletten-, Sachet- und Zahnpulvern sehr nützlich macht. In Alkohol eingeweicht, verliert sie den Veilchenduft aufgrund der in ihr enthaltenen harzigen Substanzen, die sich auflösen und ihn überdecken. Aber ihr Duft bleibt immer noch so angenehm, daß er als Basis vieler preiswerter Parfums dienen kann.

Vetivert oder Kus-kus ist das Rhizom der in Indien wildwachsenden Pflanze *Anatherum muricatum*, wie im vorausgegangenen Kapital erwähnt. Es formt die Grundlage des Parfums namens *Mousseline*, das seinen Namen von dem

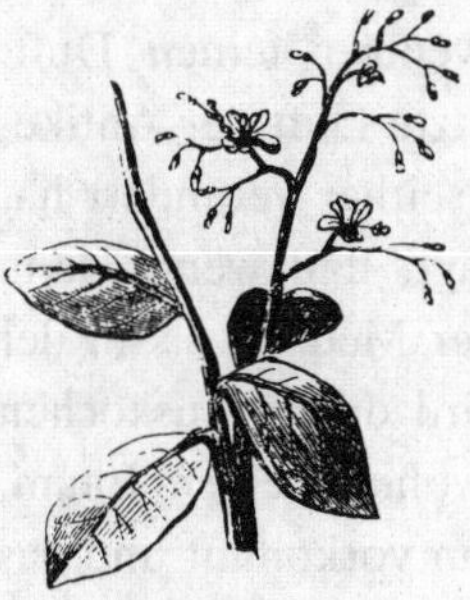

Dipterix odorata

Sassafras

eigenartigen Geruch *indischen Musselins* ableitet, der früher hohes Ansehen in Europa genoß und von den Einheimischen mit dieser Wurzel parfumiert wurde. Einige Zypressenarten in Indien besitzen ebenfalls wohlriechende Wurzeln, werden aber in Europa wenig benutzt.

Die Gruppe der Samen schließt Anissamen (*Pimpinella anisum*), Dill (*Anethum graveolens*), Fenchel (*Anethum faeniculum*) und Kümmel (*Carum carui*) ein, alles Doldengewächse, deren aromatische Samen ätherische Öle liefern, wobei das letztgenannte Gewürz am häufigsten verwendet wird. Die aus *Hibiscus abelmoschus* gewonnenen Moschuskörner gehören ebenfalls dieser Gruppe an.

Die Gruppe der Balsame und Gummiharze umfaßt Peru-Balsam, Tolu-Balsam, Benzoin, Styrax, Myrrhe und Campher. Mit Ausnahme von Campher handelt es sich insgesamt um Exudationen verschiedener Bäume; Peru-Balsam gewinnt man aus dem *Myroxylon Peruiferum*, Tolu-Balsam aus *Toluifer balsamum*, Benzoin (oder Benjamin-Gummiharz) aus *Styrax benzoin* und Myrrhe aus *Balsamodendron myrrha*. Die vier erstgenannten besitzen einen vanilleartigen, wenn auch weniger feinen Duft. Myrrhe war der am höchsten geschätzte Duft der Antike, aber die Geschmäcker müssen sich seither verändert haben, denn heute ist er kaum gefragt, und wenn, dann nur für Zahnmittel. Der mehr in der Medizin als in der Parfumerie eingesetzte Campher wird durch Auskochen des Holzes von *Laurus camphora* gewonnen, einem Baum, der hauptsächlich in China und Japan vorkommt und das fertige Harz enthält.

Die fruchtige Gruppe umfaßt Bittere Mandeln, Tonkin-Bohnen und Vanille. Das ätherische Öl von Bitteren Mandeln gewinnt man durch Destillieren des trockenen Fruchtkuchens nach Auspressen des Fettöls. Es enthält acht bis zehn Prozent Blausäure, die durch Redestillation über Pottasche eliminiert werden kann.

Tonkinbohnen sind die Frucht des *Dipterix odorata*, eines in Westindien und Südamerika wachsenden Baumes.

Vanille ist die Schote einer in Mexiko beheimateten schönen Schlingpflanze (*Vanilla planifolia*), die aber vor kurzem auf der französischen Insel Réunion eingeführt wurde, wo sie prächtig gedeiht. Diese Kolonie erzeugt heute jährlich mehr als 12 000 lbs. des teuren Duftes, und unter den vielen schönen Proben, die auf der letzten Ausstellung gezeigt wurden, erachtete man neun einer Medaille oder rühmlichen Erwähnung wert. Eine Art Bastardvanille, Vanilloes genannt, wird aus der in Westindien und Guayana vorkommenden *Vanilla Pompona* gewonnen.

Vanille-Pflanze

Die künstliche Gruppe enthält alle durch chemische Verbindungen produzierten künstlichen Aromata. Hiervon wird das im allgemeinen Mirbane oder künstliche Mandelessenz genannte Nitrobenzin in der Parfumerie am häufigsten eingesetzt. Man gewinnt es, indem man rektifiziertes Naphta* mit Salpeter- und Schwefelsäure oder nur mit Salpetersäure behandelt. Das Naphta wird langsam durch eine Röhre in die Säuren gegossen, und die Essenz schwimmt nach Beendigung des anschließenden Zersetzungsprozesses auf der Oberfläche der Flüssigkeit. Künst-

* Erdöl-Benzin

liche Zitronen- und Zimtessenzen sind ebenfalls erzeugt worden, aber ihre Qualität reicht für die praktische Anwendung nicht aus. Darüber hinaus werden künstliche Essenzen hergestellt, die Fruchtaromata imitieren, allerdings in erster Linie für die Herstellung von Süßwaren. Die Birnenessenz ist ein Amyläther, die Apfelessenz ein Amyl enthaltender Baldrianäther und die Ananasessenz ein Butteräther. Um ihr Aroma entwickeln zu können, müssen sie mit dem Fünf- bis Sechsfachen ihres Gewichtes an Alkohol verdünnt werden.

Damit schließt sich die Liste der bisher von Parfumeuren eingesetzten Materialien; aber es gibt noch viele andere, über den Erdball verstreute duftende Schätze, die aufgrund mangelnder Kommunikation oder ihrer schwierigen Extraktion den Weg noch nicht in unsere Laboratorien gefunden haben, dies aber in Zukunft durchaus noch tun können.

Über die diversen in Ostindien destillierten Blumenessenzen habe ich in einem früheren Kapitel berichtet. Die unzureichende Art ihrer Herstellung und ihr sehr hoher Preis hindern uns daran, sie in irgendeiner Weise zu nutzen, aber diese beiden Hindernisse können eines Tages aus dem Weg geräumt sein.

In Australien gibt es zahlreiche Bäume mit wohlriechenden Blättern, vor allem den Tasmanischen Pfefferminzbaum (*Eucalyptus amygdalina*), den Pfefferminz-Baum (*Eucalyptus odorata*), den blauen Gummi-Baum (*Eucalyptus globulus*) etc. Aus diesen Blättern destillierte ätherische Öle wurden auf der letzten Ausstellung gezeigt, und obgleich sie laut Katalog nur für Malzwecke geeignet sein sollen, äußerte ich meine Meinung dahingehend, daß man sie für die Parfumerie verfügbar machen könnte. Ein von mir durchgeführtes Experiment mit dem Öl von *Eucalyptus amygdalina*, das ein seltsames Muskatnußaroma kombiniert mit Pfefferminz besitzt, bestätigte mich darin. Ich freue mich, festzustellen, daß die Kolonisten ihre Aufmerksamkeit diesem Thema zugewandt haben und diese Öle nun auf unsere Märkte schicken. Auch die australische Akazie kommt dort häufig vor, und da sie der Cassie im Duft stark ähnelt, könnte dies ausgenutzt werden. Vor gar nicht langer Zeit erhielt ich ein aus den Blumen der Silber-Akazie (*Acacia dealbata*) hergestelltes Pomadenmuster aus Tasmanien, aber es war aufgrund des Mangels an Erfahrung seitens des Erzeugers sehr minderwertig. Neusüdwales und Queensland erzeugen Myall-Holz (*Acacia pendula*), das einen intensiven und sehr schönen Veilchengeruch besitzt – ein in der Natur sehr seltener Duft.

Von den auf der Ausstellung gezeigten neuen Duftprodukten möchte ich *Alyxia aromatica* erwähnen, eine duftende Rinde aus Cochin-China, eine andere aus Neukaledonien mit Namen *Ocotea aromatica* und ein stark duftendes Holz (*Licoria odorata*) aus Französisch-Guayana, das ein kräftiges Bergamott-Aroma besitzt.

Zum Nutzen aller, die an dieser Materie interessiert sind oder mehr darüber erfahren möchten, habe ich eine Tabelle angefügt, die alle in der Parfumerie eingesetzten Materialien in alphabetischer Reihenfolge auflistet. Darüber hinaus gibt es, wie ich bereits sagte, eine große Anzahl aromatischer Pflanzen und Blumen, die für die Parfumeurskunst noch nicht verfügbar sind. Allein die Flora von Nizza liefert 150 verschiedene Arten, deren einzige Aufgabe bislang darin bestand, die Luft seiner Hügel und Täler zu balsamieren. Aber vielleicht wird man sie eines Tages einsetzen können, denn

"Arabien kann sich
Keiner glückseligeren Winde rühmen als jener,
Die hier frei die Sinne durchströmen
Und die entzückte Seele fesseln."

Flora

ANHANG

Seite

LISTE DER ILLUSTRATIONEN

* Boswellia lawsonia – der echte Weihrauch

LISTE DER ILLUSTRATIONEN

LISTE DER ILLUSTRATIONEN

LISTE DER ILLUSTRATIONEN

* Sich die Haare blondierende Dame

LISTE DER ILLUSTRATIONEN

Anmerkungen zu den Kapiteln I–XII

KAPITEL I – Physiologie der Düfte

Seite 19

Thomson, James

(1700-1748) engl. Dichter; bekannt durch seine Naturdichtungen, insbes. den Zyklus ‘Jahreszeiten’, dessen betonte Naturverbundenheit eine neue Ära in der engl. Poesie einleitete; weitere Werke, Tragödien, Gedichte, Maskenspiele.

Seite 22

Milton, John

(1608-1674) engl. Dichter; zu seinen Werken in Englisch und Latein gehören Gedichte, Oden, Maskenspiele, Sonette, Idylle sowie politische Traktate und Pamphlete, in denen Milton sich für die Rechte des Individiums und des Volkes einsetzte; als Anhänger der Republikaner war er ab 1649 Geheimsekretär in Cromwells Staatsrat; in seinem großen Epos ‘Das verlorene Paradies’ schildert der erblindete Dichter den Kampf zwischen Gott und Satan.

Seite 23

Euripides

(um 484-406 v. Chr.) griech. Dichter; gehört mit Äschylos und Sophokles zu den drei größten attischen Trauerspieldichtern; Meister in der Schilderung menschlicher Leidenschaften insbes. der Liebe und Vergeltungssucht; Werke u.a. Alkestis, Helena, Herakles, Hippolytos, Iphigenie auf Tauris, Medea, Orestes, Die Troerinnen.

Seite 25

Cheops (Chufu)

Ägyptischer Herrscher der 4. Dynastie (um 2650-2540 v. Chr.) und Erbauer der 137 m hohen, größten und ältesten der drei großen Pyramiden von Gizeh.

Seite 27

Linnaeus, Karl von Linné

(1707-1778) schwed. Naturforscher und Arzt; lehrte Medizin und Botanik; Schöpfer der Fachsprache der klassifizierenden Biologie der Botanik, die durch Gattung- und Artnamen Pflanzen und Tiere eindeutig bezeichnet; das

Linnésche System des Pflanzenreiches basiert auf der Einteilung nach Staub- und Fruchtblättern; Werke u.a. Systema naturae, Genera plantarum, Materia medica, Philosophia botanica, Species plantarum.

Seite 28

Fourcroy, Antoine François, Comte de

(1755-1809) franz. Chemiker und Anhänger Lavoisiers; Professor der Chemie an der med. Hochschule in Paris; trug wesentl. zur Einführung wissenschaftl. Fächer in franz. Schulen bei; Verfasser zahlreicher wissenschaftl. Abhandlungen und hervorragender Verwalter und Förderer der Wissenschaften.

Von Haller, Albrecht, de Haller

(1708-1777) schweiz. Arzt, Forscher und Dichter; veröffentlichte von 1757-1766 eine achtbändige Zusammenfassung der physiologischen Kenntnisse der Zeit unter dem Titel 'Physiologische Elemente'.

Seite 29

Rousseau, Jean Jacques

(1712-1778) franz.-schweiz. Dichter und Philosoph; wurde 1750 mit seiner Abhandlung über die Künste und Wissenschaften berühmt, in der er die Möglichkeit jeglichen Fortschritts leugnet; mit Schriften wie 'Der gesellschaftl. Vertrag oder die Grundregeln des allgemein. Staatsrechts' (1762) – Verkündigung der Souveränität des Volkes, das sich freiwillig durch den Gesellschaftsvertrag zum Staat zusammenschließt – wurde er einer der geistigen Wegbereiter der franz. Revolution; weitere Werke La Nouvelle Héloise, Confessions, etc,

Zimmermann, Johann Georg, Ritter von

(1728-1795) schweiz. Philosoph und Arzt; Leibarzt des engl. Königs Georg III und später Friedrich des Großen; verfaßte zahlreiche Abhandlungen über Kultur und Philosophie in Deutschland.

Moore, Thomas

(1779-1852) irisch. Schriftsteller und Diplomat;lebte auf Bermuda; verfaßte u.a. eine Biographie von Lord Byron und 'Lalla Rukh', eine 1817 veröffentlichte romantische orientalische Dichtung.

Tennyson, Alfred, Lord of Aldworth and Farringford

(1809-1892) engl. Dichter ; 1850 Poet laureat von England; gilt als typischer Vertreter der viktorianischen Ära; seine Gedichte, Balladen und Dramen zeichnen sich durch hohe Sprachkunst und ethischen Idealismus aus; Verfasser u.a. von: Die zwei Stimmen, Lotusesser, Ein Traum von Schönen Frauen, Morte d'Arthur, Clara Vere de Vere, Die Prinzessin, Maud, Enoch Arden, Der Falke, Der Heilige Gral.

Hippokrates von Kos

(geb. um 460 v. Chr.) griech. Arzt und Zeitgenosse Platos; Begründer der griech. Arzneikunst; nur wenige der ihm zugeschriebenen 72 Werke sind echt.

Seite 30

Plinius, Gajus Plinius der Ältere

(24-79 n. Chr.) röm. Schriftsteller; Befehlshaber der röm. Flotte in Misenum; starb bei Ausbruch des Vesuv, der Pompeji zerstörte; von seinen Schriften ist die 37bändige 'Naturalis historia' erhalten, ein Sammelwerk, das u.a. wichtige und später vielzitierte kultur- und kunstgeschichtliche Hinweise enthält.

Seite 36

Belzoni,Giovanni Battista

(1778-1823) ital. Entdecker ägypt. Altertümer; drang als erster in die zweite Pyramide von Gizeh ein; veröffentlichte 1819 in Englisch 'Bericht über die Entdeckungen in den Pyramiden, Tempeln, Gräbern und Ausgrabungen in Ägypten und Nubien'; starb auf einer Expedition nach Benin.

Savary, Anne Jean Marie René, Herzog von Rovigo

(1774-1833) franz. General und Diplomat; enger Mitarbeiter Napoleons; schrieb einen Bericht über die ägyptische Expedition des franz. Heeres; nach dem Vertrag von Tilsit Botschafter Frankreichs in Petersburg.

Champollion, Jean-François

(1790-1832) franz. Gelehrter und Ägyptologe; entzifferte 1822 die Hieroglyphen mit Hilfe des 'Steins von Rosetta', einem von napoleonischen Soldaten 1799 an der Nilmündung bei Rosetta gefundenen Steins, der eine Inschrift in Hieroglyphen mit Übertragung in Griechisch sowie demotischen Schriftzeichen aufwies.

Gardener Wilkinson, Sir

(1797-1875) engl. Reisender und Ägyptologe; unternahm zwischen 1821 und 1833 ausgedehnte Reisen in Ägypten; Verfasser mehrer Bücher über das alte Ägypten.

Seite 37

Isis

Ägypt. Göttin; mit ihrem Bruder und Gemahl Osiris Mittelpunkt der ägypt. Religion; Mutter des Horus; wird in der ägypt. Kunst als Frau mit Kuhhörnern und Sonnenscheibe dargestellt; z.Zt. der Ptolemäer war der Isis-Kult bis nach Rom verbreitet.

Osiris

Ägypt. Gott; Bruder und Gemahl der Isis; Bruder des Seth; Vater des Horus; Gott der Fruchtbarkeit und der Taten; wird der Sage zufolge von Seth erschlagen, von Horus gerächt und wieder zum Leben erweckt; nach Wiedererwekkung Herrscher des Totenreiches im Westen.

Typhaon, Typhaeus, Typhon

In der griech. Mythologie Sohn des Tartarus und der Gäa; schreckliches Ungeheuer (nicht Göttern und nicht Sterblichen ähnlich); von Zeus unter dem Ätna begraben, der seitdem Feuer speit.

Ramses, Rhamses III

Ägypt. König der 20. Dynastie (um 1188-1157 v. Chr.); erbaute u.a. den Felsentempel von Abu Simbel in Nubien und den Tempel in Abydos sowie den Schiffahrtskanal zwischen Nil und dem Roten Meer.

Seite 38

Heliopolis

(griech.-Sonnenstadt) im Altertum religiöses Zentrum in Unterägypten mit berühmtem Sonnenheiligtum.

Re, Rê

Atum, Ammon, Amon, Amun – altägypt. Gott der Fruchtbarkeit und der Zeugung; offizieller Reichsgott im Mittleren und Neuen Reich; später auch als Sonnengott Amun-Rê verehrt.

Apis

Altägypt. Stiergott; galt als Erscheinugsform des Ptah, des Gottes der Handwerkskunst.

Seite 40

Ptolemäer

(305-30 v.Chr.) hellenist. Herrscherdynastie in Ägypten; ausgehend von Ptolemäus, Satrap von Ägypten im Reich Alexanders des Grossen; als nach dessen Tod das Reich in die Diadochenreiche aufgeteilt wurde, ließ sich Ptolemäus 305 v.Chr. zum König von Ägypten krönen, das unter den Ptolemäer-Königen I-XIV unabhängige Monarchie war; letzte Ptolemäerin war Kleopatra VII, die Große, Tochter von Ptolemäus XII und bis zu ihrem Selbstmord 30 v.Chr. Königin von Ägypten; unter Ptolemäus II wurde Alexandria zum kultur. Mittelpunkt der hellenist. Kultur, Bibliothek, Museen etc.

Pythagoras

(um 580-496 v.Chr.) griech. Philosoph und Wissenschaftler aus Samos; Gründer der pythagoreischen Schule mit Mysterienkult; lehrte Seelenwanderung und in ganzen Zahlen ausdrückbare Harmonie des Weltbaus.

Seite 41

Herodot

(um 500/495-424 v.Chr.) griech. Chronist aus Halikarnassos; von Cicero 'Vater der Geschichte' genannt; gab eine relativ zuverlässige Darstellung des bekannten Erdbildes; unternahm ausdehnte Reisen nach Asien, Afrika und Italien, um durch Anschauung (theoria) Kenntnisse (historia) zu erwerben; sein mehrjähriger Aufenthalt in Athen, wo er mit Perikles und Sophokles befreundet war, bewirkte, daß Herodotus sein Geschichtswerk unter den Aspekt der Konfrontation zwischen Hellenen und Barbaren, d.h. Athen und Persien, stellte;

damit unterschied sich sein neunbändiges Werk von dem anderer Zeitchronisten und machte es zur ersten 'Weltgeschichte', in der die Geschichte Griechenlands bis 479 v.Chr. behandelt wird.

Seite 43
Talent

Antike Gewichtseinheit – 60 Minen = 58,944 kg; als Rechnungsmünze und Valuteneinheit (Silber- und Goldgewichtsäquivalent) verwendet.

Seite 48
Theben

Alte Stadt am Nil in Oberägypten; während der 11. Dynastie Reichshauptstadt; Hauptkultstätte des Amun; großangelegte Tempel- und Grabanlagen beim heutigen Karnak und Luxor; zerstört 663 v.Chr.

Seite 49
Rosenfingrige Aurora

Röm. Göttin nach Eos, der griech. Göttin der Morgenröte; Schwester des Helios (Sonne) und der Selene (Mond); erhebt sich jeden Morgen auf leuchtendem Wagen zum Himmel.

Seite 51
Plutarch

(um 46-125 n.Chr.) griech. Philosoph; Anhänger der Philosophie Platos; sein großes Werk sind die für die Kenntnis des Altertums wichtigen Parallelbiographien von jeweils 23 bedeutenden Griechen und Römern.

Seite 52
Agesilaus, Agesilaos

(442-360 v.Chr.) Agesilaos II, König von Sparta; bekämpfte die Perser in Kleinasien und versuchte die spartan. Hegemonie in Griechenland gegen die von Persien unterstützte Koalition griech. Städte zu behaupten.

Seite 59
Ägyptische Gefangenschaft

Einwanderung semitischer Hirtenvölker in Ägypten bereits um 1400 v.Chr.; ab 1260 Frondienst der Israeliten unter Ramses II; 1230 führt der legendäre jüd. Religionsstifter Moses die Israeliten aus Ägypten nach Palästina zurück.

Seite 60
Strabon, Strabo

(um 63-28/23 v.Chr.) griech. Geograph und Geschichtsschreiber; in seinem 17bändigen geograph. Werk werden u.a. erstmals Britannien und Germanien ausführlich dargestellt.

Seite 62

Eusebius

(um 260-340 n.Chr.) Eusebius von Cäsarea; Kirchenlehrer und Vater der Kirchengeschichte; wurde 314 Bischof von Cäserea in Palästina; Verfasser u.a. einer Kirchengeschichte in zehn Bänden.

Talmud

Der zwischen 200-500 n.Chr. entstandene Talmud – bestehend aus Mischna (Wiederholung des Gesetzes mit Kommentar) und Gemara (Spruchsammlung über die Vollendung) – ist neben dem Alten Testament das wichtigste Buch des orthodoxen Judentums und die grundlegende Schrift zum Studium der jüdischen Theologie.

Seite 63

Maimonides, Moses – Rabbi Mose ben Maimon

(1135-1204) jüd. Religionsphilosoph und Rationalist aus dem maurischen Cordoba; Leibarzt des mohammedanischen Sultans; beeinflußte die religiöse Entwicklung der Juden vor allem mit seiner Darstellung des jüd. Gesetzes in der Mischna Thora und seinem philsophischen Werk 'Führer der Unschlüssigen'.

Seite 64

Opobalsamum

Sucus balsami – die kostbarste Art von Wohlgerüchen und selbst im Orient, wo die Pflanze heimisch ist, sehr selten; von den Römern sehr geschätzt (Anmerk. zu Juvenals Satiren).

Gesenius, Wilhelm

(1786-1842) dtsch. Philologe; Professor in Halle und Begründer der hebräischen Grammatik und Lexikographie.

Seite 69

Ptolemäus, Claudius

(um 150 n.Chr.) ägypt. Geograph, Mathematiker und Astronom in Alexandria; faßte die astronom. Kenntnisse seiner Zeit im Ptolemäischen Weltsystem zusammen (arab. Almagest), das die Erde als Mittelpunkt der Welt annimmt und bis Kopernikus allgemein anerkannt wurde; ebenfalls überliefert ist von ihm ein Sternkatalog mit 1028 Sternen sowie eine Schrift, die die mathemat. Kenntnisse für die Längen- und Breitenbestimmung von Orten vermittelt.

Butan, Bhutan

Staat Asien, der im Norden an China, im Osten, Westen und Süden an Indien grenzt.

Seite 70

Galen, Galenus, Claudius

(um 129-199 n.Chr.) röm. Arzt aus Pergamon in Griechenland; neben Hippokrates der bedeutendste Arzt der Antike; entwickelte die Anatomie aufgrund von Tiersektionen und lehrte, daß die ärztliche Behandlung die Naturheilkraft unterstützen muß; kam 162 nach Rom und arbeitete dort vier Jahre als Gladiatorenarzt bevor er Leibarzt von Kaiser Marc Aurel wurde; schuf ein umfassendes System der Medizin, das mehrere Jahrhunderte die Heilkunst beherrschte.

Dioscorides, Pedanios

(im 1. Jhr. n.Chr.) griech. Arzt und Verfasser einer Heilmitteltheorie (um 78 n.Chr.)

Gedrosia

Im Altertum Landschaft im südöstl. Iran am Persischen Meerbusen – das heutige Belutschistan.

Seite 71

Tamil

Zu den drawidischen Sprachen gehörende Literatursprache (v.a. in Südindien und Sri Lanka) mit über 2000jähriger kontinuierl. Tradition und einer eigenen Schrift sowie mehr als 30 Millionen Sprechern.

Seite 72

Myrrha

Tochter von Cinyras (Cinyrus), König von Zypern; verführt in der Sage den ahnungslosen Vater und gebärt ihm nach der Flucht aus der Heimat den Sohn Adonis; von den Göttern in einen Myrrhenstrauch verwandelt, aus dem sie mit balsamischen Tränen ihr Unglück beweint.

Seite 75

Septuaginta

Älteste griech. Übersetzung des Alten Testaments; angeblich von 72 palästinensischen Juden auf Anforderung von Ptolemäus II (309-246 v.Chr.) in Alexandria angefertigt; möglicherweise aber auch so benannt, weil sie von den siebzig Mitgliedern des jüd. Sanhedrin (oberster Gerichtshof und höchster Rat in Jerusalem z.Zt. des Neuen Testaments) autorisiert wurde.

Vulgata

Name der von Hieronymus um 404 n.Chr. beendeten latein. Bibelübersetzung; in der kath. Kirche seit Gregor I (um 600 n.Chr.) allgemein in Gebrauch; vom Konzil von Trient 1546 als authentisch, d.h. in Glaubens-. und Sittenlehren als unbedingt zuverlässig, erklärt.

Seite 78

Zion

Ursprünglich die Bezeichnung eines Hügels bei Jerusalem; später Tempelberg der Stadt; auch stellvertretend für Jerusalem gebraucht.

Seite 79

Babylonische Gefangenschaft

Zwangsaufenthalt des nach der Eroberung und Zerstörung Jerusalems durch Nebukadnezar II (597 und 586 v. Chr.) nach Babylon verschleppten größten Teils der Juden, bis diese unter Cyrus ab 538/37 schubweise zurückwandern durften.

Josephus, Flavius

(um 37-100 n.Chr.) jüd. Staatsmann, Feldherr und Geschichtsschreiber; jüd. Feldherr im galiläischen Aufstand gegen Rom; später Günstling Vespasians und Titus'; kam mit Titus nach Rom und wurde röm. Bürger; schrieb in Rom in griech. Sprache die 'Geschichte des jüdischen Krieges' und 'Jüdische Altertümer'.

Seite 84

Layard, Austen Henry

(1827-1894) engl. Altertumsforscher; entdeckte die Ruinen von Ninive; veröffentlichte 1853 sein Buch 'Niniveh and Babylon'.

Nimrod, Nimrud

Nimrud/Kalach; nördl. von Assur gelegene Stadt des assyr. Reiches; zeitweise Reichshauptstadt; gegründet um 1260 v.Chr. vom assyr. König Salmanassar I (um 1276-1246 v.Chr.).

Seite 85

Ashur, Assur

Akkad. Aschschur; Stadtgott von Assur und Reichsgott von Assyrien; Hauptgottheit der assyr. Götterwelt.

Nimrod

Sagenhafter assyr. König und Jäger.

Assyrien

Land um die Stadt Assur (akkad. Aschschur); heute Nord-Irak; erste größere politische Einheit im 18. Jhr. v.Chr.; Aufstieg zur Weltmacht im 9. und 8. Jhr. v.Chr.; im 7. Jhr. Zerfall unter dem Druck der Meder undd Babylonier; 614 fiel Assur, 612 Ninive und Nimrud/Kalach.

Assur, Aschschur

Altoriental. Stadt am rechten Tigrisufer; seit dem 3. Jhrt. v.Chr. besiedelt; Ausgangspunkt und bis ins 9. Jhr. v.Chr. Hauptstadt des nach Assur benannten assyr. Reiches, ebenfalls als Assur bezeichnet; 614 von den Medern zerstört; Ruinenstätte von Aschschur Scharkat im Irak; seit 1903-1914 umfangreiche Ausgrabungen der Deutsch-Orientalischen Gesellschaft unter Leitung von E.W. Andrea und R. Koldewey.

Ninive, Nineveh

Im Altertum Hauptstadt des Assyrerreiches am Tigris; seit 2000 v.Chr. als Hauptstätte der Verehrung der Liebesgöttin Ischtar bekannt; 612 von den Medern zerstört; Ausgrabungen seit Mitte des 19. Jhr. nach Entdeckung durch den engl. Forscher Layard.

Meder

Altorient. westiran. Volk mit indogerman. Sprache; im 1. Jhr. v.Chr. Bewohner des nordwestiran. Hochlandes; erstmals 835 v.Chr. erwähnt; die Meder zerstörten das assyr. Großreich; unter Kyros II (Cyrus) erhoben sich ab 588 v.Chr. die Perser gegen die Meder und unterwarfen sie; ab 550 v.Chr. gehörte Medien zum Achämenidenreich.

Chaldäer

Bewohner des südöstl. Teils von Mesopotamien – Chaldäa; wichtigster Großstamm der Aramäer in Süd-Babylonien, der von 626-539 v.Chr. die letzte babylon. Dynastie stellte.

Diodorus Siculus

(um Christi Geburt) Diodorus aus Sizilien; griech. Historiker; schrieb eine populäre griech. Weltgeschichte in 40 Bänden, von der die Bände I-V und XI-XX erhalten sind.

Botta, Paul Emile

(1802-1870) ital. Reisender und Assyrienarchäologe; seine Ausgrabungen in Khorsabad bahnten 1843 den Weg für Layards Arbeit.

Seite 86

Baal-Belus

Bezeichnung für diverse Gottheiten der westsemit. Völker (Syrer, Palästinenser) als Himmels-, Sonnen-, Berg-, Stadt- und Landgottheit und insbesondere der Name des kanaanäischen Wettergottes; lokale Baalkulte gab es in Syrien, Phönikien und Palästina und seit dem 9. Jhr. v.Chr. auch in Israel und Juda, wo diese von den alttestamentarischen Propheten heftig bekämpft wurden.

Ischtar, Aschtoret, Astarte, Mylitta

Ab etwa 2300 v.Chr. treten in Sumerien anstelle der früheren Erdmutter Inin mehrere weibliche Gottheiten, u.a. Ischtar, die Liebes- und Schlachtengöttin, zu deren Verehrung Tempelprostitution betrieben wurde; Ischtar als babylon.-assyr. Hauptgöttin entsprach der kanaanäischen Astarte oder Aschtoret und wurde in der spätantiken Welt als Mylitta, Herrin orgiastischer Kulte, angebetet.

Dagon

Der bedeutendste Gott der Philister mit Tempeln in Ashod und Gaza im antiken Kanaan; halb Mensch, halb Fisch ist er das männliche Gegenstück zu Ischtar.

Seite 87

Turm von Babel

Urbild des sogenannten Babylonischen Turms ist der um 600 v.Chr. von Nebukadnezar II zu Ehren des babylonischen Stadtgottes Marduk erbaute ca. 92 m hohe Tempelturm Etemenanki des Mardukheiligtums (Esagila).

Seite 88

Semiramis, Samuramat

(im 9. Jhr. v.Chr.) legendäre assyr. Königin bis 807 v.Chr.; heiratete König Ninus von Assyrien, den angeblichen Gründer von Ninive und folgte ihm nach seinem Tode auf den Thron; führte erfolgreiche Feldzüge anstelle ihres unmündigen Sohnes; ihre ungewöhnliche Persönlichkeit wird zur Semiramis der Sage; ihr wird dieErbauung zahlreicher Städte und großer Kunstwerke – u.a. auch der 'Hängenden Gärten' – zugeschrieben.

Seite 89

Darius I

(gest. 485/86 v.Chr.) Sohn des Hystapes, der Große; Großkönig seit 522; rettete nach dem Tod des Kambyses das vom Zerfall bedrohte Perserreich und erweiterte das Reich vor allem im Osten bis zum Indus; Darius führte eine einheitl. Reichsverwaltung mit 20 Satrapien ein, erließ eine Straßenordnung und schuf eine Währung, indem er die ersten Gold-und Silbermünzen prägen ließ; er ist der Erbauer der sogenannten Königstraße von Susa nach Sardes im Rahmen eines großangelegten Straßennetzes im ganzen Reich; seine Feldzüge gegen die Skythen (513) und gegen Hellas (492-490) schlugen fehl.

Zoroaster, Zarathustra

(um 599-522 v.Chr.) altpers. Religionsstifter; gemäß der Lehre des wahrscheinl. im 6. Jhr. v.Chr. tätigen Religionsstifters liegen das Reich des Lichtes (Gott Ahura Masda) und das Reich der Finsternis (Gott Ahriman) in ständigem Kampf miteinander; es ist die Pflicht des Menschen, sich in allen Dingen rein zu halten (Parsismus), bis der von Ahura Masda gesandte Erlöser den Gott der Finsternis besiegt und eine bessere Welt erschafft.

Sassaniden

Persische Dynastie von 226-651 n.Chr.; unter den Nachkommen des Priesters Sassan, dem Großvater des ersten Sassanidenherrschers Ardaschir I, erlebte Persien seine zweite Blüte, die das Reich nach erfolgreichen Kämpfen gegen Araber, Türken und Hunnen im 6. Jhr. n.Chr. über ganz Vorderasien ausdehnen; Wiedereinführung der Lehre Zarathustras durch den Sassanidenherrscher Ardaschir (227-241).

Seite 90

Sardanapalus, Assurbanipal

(um 668-629 v.Chr.) assyr. König; Sohn des Asahaddon; verlor 655 Ägypten; eroberte 648 Babylon, 639 Elam; schuf die Bibliothek von Ninive mit Hunderten von Tontafeln mit assyr. Keilschrift; letzter König Assyriens.

Duris

(um 340 v.Chr. geb.) Duris von Samos; griech. Historiker und Schüler des Theophrastus von Erseus; schrieb eine umfassende Geschichte der hellenist.-mazedon. Periode im Anschluß an die Schlacht von Leuktra (371 v.Chr.), in der Theben Sparta besiegte.

Seite 91

Athenaeus, Athenaios

(im 2. Jhr. n.Chr.) Athenaios von Naukratis, griech. Schriftsteller; schrieb um 195 n.Chr. das 'Sophistenmahl', eine Sammlung von Zitaten, Anekdoten und Literaturbruchstücken.

Arbaces

Historisch nicht belegter General des assyr. Königs Sardanapalus und angeblicher Begründer des medischen Reiches.

Nebukadnezar II

(605-562 v.Chr.) Sohn des Nabopolassars; babylon. König, der Große; besiegte 605 bei Karchemis am Euphrat den ägyptischen Pharao Necho II; eroberte Syrien und baute Babylon zur befestigten Großstadt aus.

Amytes, Amythis

(im 6. Jhr. v.Chr.) medische Prinzessin; verheiratet mit Nebukadnezar II von Babylon, der für sie um 575 einen Palast mit Terassengärten in Babylon anlegen ließ (wahrscheinlich die sogenannten 'Hängenden Gärten der Semiramis'), die zu einem der 'Weltwunder' der Antike wurden.

Seite 94

Xenophon

(430-355 v.Chr.) griech. Schriftsteller aus Athen; Schüler des Sokrates; nahm im griech. Söldnerheer im Kriegszug des Cyrus II (Kyros) gegen Ataxerxes teil; nach der Niederlage des Cyrus bei Cunaxa (Kunaxa) wählte das griech. Heer Xenophon zu einem seiner Generäle und betraute ihn mit der Leitung des gefährlichen Rückzugs nach Trapezunt am Schwarzen Meer; Xenophon berichtet über diesen Rückzug in der 'Anabasis – Der Zug der Zehntausend'; weitere Werke Cyropaedia, Hellenica, Memorabilia des Sokrates etc.

Seite 95

Astyages

(im 6. Jhr. v.Chr.) med. König von 584-550 v.Chr.; nach Herodot letzter König des med. Reiches und Sohn von Cyaxares; bekämpfte den pers. König Cyrus, aber seine Truppen rebellierten und er wurde von Cyrus gefangengenommen und eingesperrt.

Susa

Im Altertum Hauptstadt von Elam (bibl. Name des Landes östl. vom Tigris und nördl. vom Pers. Golf); später zeitweise Residenz des Perserreiches; bereits 3000 v.Chr. gegründet; 640 v.Chr. von Assurbanipal erobert und zerstört.

Darius III

(im 4. Jhr. v.Chr.) Codomannus, pers. König von 336-330 v.Chr.; verlor sein Reich im Kampf gegen Alexander den Großen und wurde auf der Flucht durch seine Gefolgsleute ermordet.

Seite 96

Antiochus Epiphanes

(gest. 164 v.Chr.) Antiochus IV, seit 175 v.Chr. König aus der Dynastie der Seleukiden; eroberte 170 v.Chr. Ägypten; verantwortlich für den Aufstand der Makkabäer, der zur Loslösung der Juden von Syrien führte.

Seite 98

Persepolis

(Griech. Stadt der Perser) unter Darius I erbaute Hauptstadt des altpers. Reiches; durch Alexander den Großen niedergebrannt; Teile der Achämenidenpaläste, Terassenwände und Treppen blieben erhalten.

Seite 99

Mausolus von Karien (Caria)

(im 4. Jhr. v.Chr.) ursprüngl. pers. Satrap; seit 377 Dynast in Karien; seine Gemahlin Artemisia erbaute ihm nach seinem Tode um 353 v.Chr. in der Hauptstadt Halikarnassos ein etwa 50 m hohes tempelartiges Grabmahl (Mausoleum) mit einem Umfang von 129 m, geschmückt mit Kolossalstatuen des Königspaares und Reliefs von den Bildhauern Skopas, Bryaxis, Thimotheos und Leochares; das Mausoleum zählte ebenfalls zu den 'Weltwundern' der Antike.

Seite 103

Homer

(etwa im 9. Jhr. v.Chr.) von homeros – griech. der Blinde –; bis heute weiß man nicht, ob Homer eine historische Gestalt oder ein erfundener Name ist; die Antike stellte ihn als 'blinden Sänger' dar, der im 9. Jhr. v.Chr. die überlieferten Heldenlieder einer halb-mythischen Vorzeit zu den beiden großen Epen 'Ilias' und "Odyssee' verschmolzen hat; diese in je 24 Gesänge gegliederten und im Versmaß des heroischen Hexameters geschriebenen erzählenden Gedichte stehen am Beginn der griech. und damit europäischen Literatur.

Hesiod

(im 8. Jhr. v.Chr.) griech. Dichter aus Askra in Böotien; mit Hesiod meldete sich zwei Generationen nach Homer erstmals das griech.. Mutterland zu Wort; durch die persönliche Aussage unterschied sich Hesiods Werk außerdem von der Anonymität der bisherigen epischen Dichtung; Hauptwerke sind die 'Theogenie' mit der Hesiod versucht, die Götter und göttlichen Mächte Homers und des Volksglaubens in ein zeitliches und genealogisches System zu bringen und 'Werke und Tage', eine epische Dichtung, die das Ergebnis eines persönlichen Rechtsstreites mit seinem Bruder war; mit ihr bemühte sich Hesiod um Belehrung seiner Leser, um ihnen so zur größeren Gerechtigkeit gegen die Willkür der Herrschenden zu verhelfen; neben der Anerkennung der Leistung des Bauern suchte Hesiod in 'Werke und Tage' auch eine Antwort auf die Frage nach dem Ursprung menschlicher Ungerechtigkeit.

Seite 104

Panathenaea, Panathenäen

(ab etwa 560 v.Chr.) von Peisistratos in Athen eingerichtetes Fest, das jährlich zu Ehren der Göttin Athene begangen wurde; die sechstägigen Feierlichkeiten, die alle 6 Jahre besonders aufwendig begangen wurden, bestanden u.a. aus einer Prozession der Bürgerschaft auf die Burg, Vorträgen Homers und Wettkämpfen, für die die panathenäischen Amphoren als Kampfpreis ausgesetzt waren; dargestellt am Parthenon.

Dionysien

(ab etwa 560 v.Chr.) ebenfalls von Peisistratos in Athen eingerichtetes Fest, das 544 zum Staatskult erhoben wurde; aufgrund der dabei abgehaltenen musischen Wettkämpfe, u.a. der Aufführungen von Tragödien und Komödien mit Preisverleihungen, gelten die Dionysien als Ursprung des griech. und europ. Theaters; die Dionysienfeiern nahmen teilweise ekstatische Formen an, in deren Verlauf die Jüngerinnen des Gottes Dionysos – Mänaden genannt – junge Tiere zerrissen und deren rohes Fleich verzehrten.

Bacchus, Dionysos

Der aus Thrakien stammende phallische Kult des Dionysos (lat. Bacchus) erhielt in Griechenland gezügeltere Formen; Dionysos wird als Sohn des Zeus und der Semele in der griech. Mythologie zum Gott der Fruchtbarkeit insbes. des Weinstocks; er pflanzte die Rebe und erfand das Keltern.

Seite 105

Eleusianische (eleusinische) Mysterien

In der attischen Stadt Eleusis am Golf von Ägina (22 km nordwestl. von Athen) veranstaltete Feiern zu Ehren der Gottheiten Demeter und Kore-Persephone;

die jeweils im Herbst stattfindenden Mysterienfeiern des Fruchtbarkeitskultes waren nur Eingeweihten (Mysten) zugänglich; der Kult der Demeter-Ceres, der Göttin des Getreide-Ackerbaus und aller Fruchtbarkeit, gehörte zu den mächtigsten Kulten in Griechenland; den Gläubigen wurde ein ewiges Leben im Jenseits – dem Elysium – versprochen, dem in der griech. Mythologie vom Lethestrom umfloßenen Gefilde der Seligen in der Unterwelt.

Seite 106

Nektar und Ambrosia

(Nektar – griech. – Göttertrank) in der griech. Mythologie der Trank der Götter, der ihnen ewige Jugend spendete.
(griech. v. ambrosius – unsterblich) in der griech. Mythologie die Unsterblichkeit verleihende Speise der Götter.

Seite 107

Sappho

(im 7. Jhr. v.Chr.) griech. Dichterin von der Insel Lesbos vor der türkischen Westküste; erste Frau in der Weltliteratur; neben dem lesbischen Dichter Alkaois Mitbegründerin der 'lesbischen' Lyrik, d.h. Liebes-, Wein- und politische Lieder; versammelte in der Hauptstadt Myrtilene junge Mädchen in kultisch erzieherischer Gesellschaft um sich; von ihren Götterhymnen, Hochzeits- und Liebesliedern sind nur Bruchstücke erhalten.

Seite 108

Circe, Kirke

In der griech. Mythologie Zauberin auf der Insel Aia, die die Gefährten des Odysseus in Schweine verwandelt.

Medea

In der griech. Mythologie mit Zauberkräften begabte Tochter des Königs von Kolchis; nachdem Medea dem Argonauten Jason bei der Gewinnung des goldenen Vlieses geholfen hatte, floh sie mit ihm und heiratete ihn; als Jason sie bat, seinen alten Vater zu verjüngen, kochte Medea aus Zauberkräutern einen Sud, schnitt dem schlafenden Aeson die Halsschlagadern auf und füllte diese, nachdem das alte Blut ausgeflossen war, mit dem Zaubersaft, wonach Aeson wunderbar verjüngt aufwachte; Euripides verwendete den Stoff der Sage 431 v.Chr. für seine Tragödie 'Medea', in der auch die Verjüngungsszene geschildert wird.

Nymphe Oenone

In der griech. Mythologie auf dem Berg Ida lebende Nymphe, die sich in den trojan. Königssohn Paris verliebte; Oenone weissagte Paris das Unglück, das aus seiner Reise nach Griechenland entstehen würde; als Paris im Kampf um Troja von den Griechen tödlich verwundet wurde, ließ er sich zu Oenone tragen und bat sie um Hilfe; Oenone verweigerte ihm diese, beging aber Selbstmord, als sie von seinem Tod erfuhr.

Solon

(um 640/30-564/59 v.Chr.) athen. Staatsmann und Gesetzgeber; wurde 594 zum Archonten gewählt; führte im Rahmen seiner Politik des Ausgleichs und der Gerechtigkeit eine Rechtserneuerung in Athen durch; Solon hob die Schuldsklaverei auf, begrenzte den Grundbesitz, führte eine Einteilung der Bürger in vier Klassen durch mit entsprechender Wehr- und Steuerpflicht (Regierung durch 9 Archonten aus der 1. Klasse, Rat der Vierhundert aus den ersten drei Klassen und Volksversammlung aller Klassen); er veranlaßte ferner eine Münzreform und zeichnete das geltende Privatrecht auf; wegen seiner großen Vedienste zählten ihn die Athener zu den Sieben Weisen ihres Volkes; Solon dichtete Elegien und Epigramme und war bis ins hohe Alter ständig auf Reisen, um seine Kenntnisse zu erweitern.

Seite 109

Diogenes von Sinope

(um 412-323 v.Chr.) griech. Philosoph und bedeutendster Vertreter des Kynismus; Schüler des Antisthenes; der durch zahlreiche Anekdoten bekannte Philosoph gehörte der von seinem Lehrer begründeten populären philosophischen Richtung an, die Bedürfnislosigkeit, Selbstgenügsamkeit und Aufhebung aller gesellschaftlichen Vorurteile forderte und ein naturnahes, anspruchsloses Leben lehrte.

Chrysippos, Chrysippus

(um 281/277-208/204 v.Chr.) griech. Philosoph und Systematiker aus Soli auf Sizilien; bedeutender Logiker und Mitbegründer der stoischen Schule; Schüler des Zeno und des Cleanthes; er hinterließ etwa 700 Schriften.

Arsinoe

Namen von vier ägypt. Prinzessinnen aus dem Hause der Ptolemäer:

1) Arsinoe – Tochter von Ptolemäus I, geb. um 316 v.Chr., verheiratet mit Lysimachus, dem König von Thrakien
2) Arsinoe – Tochter von 1), verheiratet mit Ptolemäus II
3) Arsinoe – Tochter von Ptolemäus III und verheiratet mit Ptolemäus IV
4) Arsinoe – Tochter von Ptolemäus XIII und Schwester Kleopatras

Berenice, Berenike

(ermordet 221 v.Chr.) ptolemäische Königin; gelobte, für die glückliche Rückkehr ihres Gatten Ptolemäus III aus dem 3. syr. Krieg eine Locke ihres Haupthaares den Göttern zu opfern; danach das Sternbild 'Haupthaar der Berenike'.

Seite 111

Theophrastus

(um 370-287 v.Chr.) griech. Gelehrter und Schriftsteller aus Eresos auf Lesbos; besuchte die Akademie Platos in Athen; später Lieblingsschüler und Anhänger des Aristoteles und sein Nachfolger als Leiter der peripatetischen Schule (peripatetische Philosophie des Aristoteles nach dem Ort seiner Vorträge von griech. perpatos – Wandelgang); zu seinen Werken gehört eine neunbändige Pflanzenkunde und 6 Bücher über Pflanzenphysiologie sowie 190 Fragmente und die 'Charaktere'; die Pflanzenkunde machte Theophrastus zum Begründer und bedeutendsten antiken Vertreter der wissenschaftlichen Botanik, wobei er mit der umfassenden Beschreibung indischer Vegetation als Ausbeute des Alexanderfeldzuges bis in die Gegenwart tonangebend geblieben ist.

Antiphanes

(um 408/405 - 330 v.Chr.) bedeutender griech. Dichter der mittleren attischen Komödie.

Aristophanes

(um 445-385 v.Chr.) griech. Dichter von Lustspielen und Satiren; nur 11 seiner etwa 45 Stücke sind erhalten, u.a. Die Acharner, Die Ritter, Der Friede, Die Vögel, Die Frösche, Die Wolken, Lysistrate, Plutos und Die Weiberversammlung, in denen er über die politisch satirische Komödie das zeitgenössische Leben Athens glossiert.

Hipponax

(im 6. Jhr. v.Chr.) griech. Dichter aus Ephesos; bekannt für seine scharfen Spottgedichte in Hink-Jamben.

Eubulus

(im 5. Jhr. v.Chr.) griech. Dichter aus Athen; von seinen 104 Stücken mit hauptsächlich mythischem Inhalt sind nur noch Fragmente erhalten

Seite 113

Anakreon

(im 6. Jhr. v.Chr.) griech. Dichter von der Insel Teos nördl. von Samos; um 530 v. Chr. lud Polykratos von Samos den vor den Persern flüchtenden 'teischen Sänger' an seinen Hof; später ging Anakreon auf Einladung des Peisisstratiden Hipparch nach Athen; von den fünf Büchern der Lieder und Gedichte Anakreons über Wein und Liebe sind nur Fragmente erhalten; trotzdem beeinflußte sein Werk die Dichtung bis in unsere Zeit, insbes. die franz. Dichter der Plejade Ronsart und Belleau und die deutsche Barockdichtung.

Seite 114

Sokrates

(um 470-399 v.Chr.) griech. Philosoph in Athen; Lehrer des Plato; verurteilte alles Scheinwissen insbes. in den Lehren der Sophisten und suchte durch ständiges kritisches Fragen – sokratische Methode – seine Mitmenschen zur besseren Erkenntnis zu bringen; wegen angeblicher Gotteslästerung in Athen zum Selbstmord durch den Giftbecher verurteilt; Sokrates hinterließ keine Schriften, aber seine Lehre wurde durch Plato und Xenophon fortgeführt und überliefert.

Seite 115

Äskulap, Asklepios

In der griech. Mythologie Gott der Heilkunde; wohl ursprünglich in Schlangengestalt verehrt, daher sein Schlangenstab.

Seite 116

Cyrus, Kyros, Kurusch

Name pers. Könige; Cyrus II, König seit 559 v.Chr. (gest. 529 v.Chr.); Begründer des pers. Großreiches; eroberte Medien, Lydien und Babylon; das von ihm errichtete Herrschaftssystem beruhte auf Toleranz und Schonung der Gegner.

Seite 117

Myron, Miron

(im 5. Jhr. v.Chr.) griech. Bildhauer aus Attika; berühmt durch seine Tierbilder und Werke wie der Diskuswerfer (eine der ersten Darstellungen einer schnellen Bewegungsphase) und die bronzene Athena- und Marsyas-Gruppe, die nur in römischen Marmorkopien erhalten sind.

Seite 125

Ovid, Publius Ovidius Naso

(43 v.Chr.-17/18 n.Chr.) röm. Dichter;der elegante, formvollendet Dichter der Weltstadt Rom ist der letzte große Elegiker; nach einer durch Reisen ergänzten guten Ausbildung in Rom schlug Ovid die Staatslaufbahn ein, von der er sich jedoch bald zurückzog, um seinen schriftstellerischen Ambitionen nachzugehen; Kaiser Augustus verbannte ihn 8 n.Chr. nach Tomi im heutigen Rumänien, wo er nach zehnjährigem Exil verbittert starb; seine Werke, u.a. die Amores, die Heroides, die 15 Bücher der Metamorphosen, die Ars amatoria und die Remedia amoris, die fragmentarisch erhaltenen Medicamina faciei, die 6 Bücher des römischen Festkalenders 'Fasti' sowie die Klagelieder Tristia und die Epistulae ex Ponto aus dem Exil, gehören zu den meistgelesenen römischen Dichtungen.

Seite 128

Scipio Africanus, Publius Cornelius Scipio Africanus major

(um 235-183 v.Chr.) röm. Feldherr; 210-106 Prokonsul; 205 und 194 Konsul; Eroberer Spaniens und Sieger über Hannibal bei Zama (202) im ersten punischen Krieg; Scipio trug wesentlich zur Förderung und Verbreitung der griech. Kultur in Rom bei.

P. Titinus Meno

P. Titinus Meno soll im Jahre 454(-299 n.Chr.) zuerst Barbiere aus Sizilien nach Rom geholt haben – Anmerkung im Juvenal, 5.Satire,5.

Triumvir

Bezeichnung eines Mitgliedes des sogenannten Triumvirats, einem Bündnis im antiken Rom, das die Leitung des Staates durch drei Männer – die sogenannten Triumvirn – vorsah; das erste Triumvirat 60 v.Chr. bestand aus Cäsar, Crassus und Pompejus, das zweite 43 v.Chr. aus Octavian (dem späteren Kaiser Augustus), Antonius und Lepidus.

Antiochus

Das antike Antiochia (heute Antakya in der Türkei: Hauptstadt des Seleukidenreiches und mit etwa 500 000 Einwohnern die größte Stadt im antiken Orient.

Seite 129

Crassus, Marcus Licinius

(um 115-53 v.Chr.) genannt Dives – der Reiche; röm. Politiker; übte mit seinem sprichwörtlichen Reichtum nachhaltigen Einfluß auf die röm. Politik aus; schlug 71 v.Chr. den Spartakus-Aufstand nieder; 70 und 55 zusammen mit Pompejus Konsul; schloß 60 mit Cäsar und Pompejus das 1. Triumvirat; als Prokonsul von Syrien 53 von den Parthern bei Carrhae geschlagen.

Gesetz gegen Luxus

Luxusgesetz des Julius Cäsar lt. Suetonius – Prohibitae lecticis margaritisque uti, quae nec viros nec liberos haberent et minores essent annis quadraginta quinque – Den Frauen, welche weder Männer noch Kinder haben und jünger als fünfundzwanzig Jahre sind, ist verboten, Sänften zu gebrauchen und Perlen zu tragen.

Otho, L. Roscius

(im 1. Jhr. n.Chr.) der Pathikus; nach der von ihm veranlaßten Ermordung seines Vorgängers Galba am 15.1.69 röm. Kaiser für drei Monate; beging nach der verlorenen Schlacht gegen Vitellius bei Bebriacum am 16. April 69 Selbstmord.

Suetonius, Gajus Suetonius Tranquillus

(um 75-150 n.Chr.) röm. Grammatiker und Historiker; der gelernte Anwalt wurde unter Kaiser Hadrian Sekretär am Kaiserhof; seinem Zugang zum kaiserlichen Hausarchiv sind die relativ zuverlässigen Einzelheiten zu verdanken, die er in seinen Kaiserbiographien der ersten 12 römischen Kaiser von Cäsar bis Domitian verarbeitet hat; von den 11 namentlich bekannten Werken des Suetonius sind außer den Kaiserbiographien nur Fragmente seiner Kurzbiographien berühmter Persönlichkeiten (z.B. Horaz und Terenz) erhalten.

Galba, Servius Sulpicius

(4 v.Chr.-69 n.Chr.) röm. Kaiser seit 68; seine rigorosen Maßnahmen führten in Rom zur Unzufriedenheit der Prätorianer und zum Abfall Germaniens, Galliens und Britanniens; wird im Januar 69 von Otho ermordet.

Juvenal, D. Junius Juvenalis

(um 60-140 n.Chr.) röm. Redner und Dichter;widmete sich bis etwa seinem vierzigsten Lebensjahr der Redekunst, bevor er sich der Dichtung verschrieb; in seinen 16 Satiren kritisiert er in Hexametern den Sittenverfall Roms unter der Regierung Domitians (81-96 n.Chr.) und schildert mit schonungslosem Sarkasmus die Verschwendungssucht der Reichen, die Diffamierung geistiger Arbeit, die sozialen Spannungen und die materialistische Denkweise aller Schichten; über seine näheren Lebensumstände ist wenig bekannt; in seinem achtzigsten Lebensjahr wurde ihm unter dem Vorwand einer Ehrenbezeugung von Kaiser Hadrian ein einer Verbannung gleichkommendes Militärkommando in Ägypten angetragen; zwei Jahre später starb Juvenal.

Caligula, Gajus Cäsar

(12-41 n.Chr.) Sohn des Germanicus und der Agrippina d. Älteren; genannt Caligula-Soldatenstiefelchen – die er als Kind besonders gerne trug; röm. Kaiser seit 37; Nachfolger des Tiberius; strebte eine monarch. Herrschaft im Stil hellenistischer Könige an, wurde aber wegen seiner despotischen Gewalttätigkeit und Grausamkeit von den Prätorianern ermordet.

Seite 130

Agrippa, Marcus Vispanius

(um 63/64-12 v.Chr.) röm. Feldherr; Jugendfreund und Schwiegersohn von Kaiser Augustus; baute Pantheon, Thermen, Wasserleitungen und Straßen und schuf eine Karte des röm. Reiches.

Titus, Flavius Domitianus

(39-81 n.Chr.) Sohn von Vespasian; röm. Kaiser von 79-81; zerstörte 70 n.Chr. Jerusalem nach Niederwerfung des jüdischen Aufstandes; ließ zur Erinnerung an diesen Sieg den Titusbogen am Forum in Rom errichten.

Domitian, Titus Flavius Domitianus

(51-96 n.Chr.) Nachfolger seines Bruders Titus als röm. Kaiser ab 81 n.Chr.; begann den Bau des obergermanisch-rätischen Limes; erhob Unter- und Obergermanien zur röm. Provinz; unter ihm Aufgabe Britanniens; Domitian verhalf dem autokratischen Herrschaftsprinzip zum Durchbruch und verfolgte die Senatsopposition wie auch andere oppositionelle Kräfte, z.B. die Stoiker und die Christen.

Antonius, Marcus

(um 82-30 v.Chr.) röm. Feldherr und Staatsmann; 50/49 Volkstribun; 44 Konsul mit Cäsar; bildete 43-33 mit Octavian und Lepidus das 2. Triumvirat, im Zuge dessen sich die drei Männer das Römerreich teilten; Octavian nahm Italien und die westl. Länder; Antonius Griechenland und Asien, Lepidus Afrika; 42 besiegte Antonius bei Philippi die Cäsarmörder Brutus und Cassius; 41 traf er erstmals mit Kleopatra VII zusammen; als Antonius seine Macht durch Verschenken weiter Ländereien des röm. Reiches an Kleopatra und ihre Kinder und Tatenlosigkeit als Oberbefehlshaber des röm. Heeres untergrub, ließ ihm Octavian den Oberbefehl entziehen und erklärte Kleopatra den Krieg; in der Seeschlacht von Aktium unterlag die Flotte des Antonius und der Kleopatra 31 v.Chr. der römischen unter dem Befehl von Agrippa; Antonius beging Selbstmord.

Caracalla, Marcus Aurelius Antonius Caracalla

(186-217 n.Chr.) eigentlich Bassanius; Sohn des Septimus Severus; 196 zum Cäsar, 198 zum Augustus erhoben; römischer Kaiser bis 217; bei Carrhae 217 n.Chr. ermordet; verlieh 212 das röm. Bürgerrecht an alle freien Reichsbewohner 'Constitutio Antoniniana'; erbaute ab 212 die Caracallathermen, eine riesige Thermenanlage in Rom, die 847 n.Chr. durch ein Erdbeben einstürzte.

Diokletian, Gajus Aurelius Valerius Diocletianus

(um 240-313/316 n.Chr.) röm. Kaiser seit 284; ergriff diverse Maßnahmen zur Stabilisierung des Reiches, u.a. eine neue Herrschafts- und Thronfolgeordnung – die Tetrachie –, eine Münz-, Heeres- und Verwaltungsreform sowie das Festsetzen von Höchstpreisen; trat 305 mit dem 285 von ihm erhobenen Mitkaiser Maximilian zurück.

Quadrans

Lat. – der vierte Teil.

Seite 131

Hadrian, Publius Aelius Hadrianus

(76-138 n.Chr.) röm. Kaiser seit 117; verzichtete auf teure Reichsexpansion und sicherte die Grenzen gegen Germanien durch den Limes und in Britannien durch den Hadrianswall; widmete sich dem inneren Ausbau des Reiches und der Neuordnung von Heer und Reichsverwaltung; ordnete die Rechtspflege durch das Edictum perpetuum; veranlaßte die Erbauung des Zeustempels in Athen, des Pantheons und seines Mausoleums, der Engelsburg, in Rom, sowie der Villas Adriana bei Tibur.

Seite 135

Psekas

(v. befeuchten, salben) eine Sklavin für den Haarputz.

Seite 137

Lucanus, Marcus Annaeus Lucanus

(39-65 n.Chr.) röm. Schriftsteller; Neffe Senecas; nach ursprünglicher Billigung Neros wandte sich Lucanus angesichts der wachsenden Zügellosigkeit des Kaisers bald völlig von diesem ab; nach der Teilnahme an der sogenannten Pisonischen Verschwörung gegen Nero mußten Lucanus und Seneca 65 n.Chr. auf Befehl Selbstmord begehen; in den zehn Bänden seines wahrscheinlich unvollendet gebliebenen Epos 'Pharsalia' oder 'Bellum civile' über den Bürgerkrieg zwischen Cäsar und Pompejus knüpft Lucanus an das alte geschichtliche Epos Roms an und tritt für die republikanische Freiheit ein.

Martial, Marcus Valerius Martialis

(um 40-102 n.Chr.) röm. Dichter; Plinius nannte Martial einen talentierten, geistreichen, temperamentvollen Mann, dessen Gedichte viel Witz, viel Galle und nicht weniger Lauterkeit zeigten; die in 51 Büchern zusammengefaßten Epigramme Martials machten ihn zum größten Meister dieser Kunstform; dazu gehören u.a. das Liber spectaculorum zur Einweihung des Kolosseums in Rom, seine Aufschriften für Saturnaliengeschenke und seine 12 Bände Epigrammata.

Catull, Gajus Valerius Catullus

(um 84-54 v.Chr.) röm. Lyriker; die von Catull verfaßten Hochzeitslieder, Epigramme und Liebeslieder stellen den jungverstorbenen Dichter neben Horaz an die Spitze der klassischen römischen Lyriker.

Seite 141

Hyperboreias, Hyperboreer

Ein bei den Römern unbestimmter Begriff – Land bis zum Nordpol hin etwa; Völker, die nördlicher als Thrakien leben – d.h. soviel wie unter dem Nordpol jenseits aller Zivilisation liegend.

Seite 149

Konstantin, Flavius Valerius Constantinus

(um 280-337 n.Chr.) der Große, Sohn des Konstantinus und der Helena; röm. Kaiser seit 306; nach Siegen über seine Mitkaiser Maxentius, Maximian, Licinius und Severus Alleinherrscher seit 324; Konstantin ersetzte das tetrach. durch das dynastische Prinzip, führte aber das Reformprogramm Diokletians fort; ernannte Konstantinopel zur neuen Reichshauptstadt; förderte im Gegensatz zu Diokletian das Christentum, wurde selbst aber erst auf dem Totenbett getauft.

Seite 151

Avicenna, Ibn Sina (arab.)

(980-1037 n.Chr.) islam. Philosoph und Arzt; Leibarzt und Wesir an pers. Fürstenhöfen; Begründer der islam. Theologie und Verfasser einer Lehre der Medizin ‘Kanon der Medizin’, die bis zum Beginn der modernen Medizin nahezu 700 Jahre unbestrittene Autorität auf diesem Fachgebiet war; in seinen drei großen philosophischen Werken entwickelte Avicenna den Aristotelismus speziell in seiner neuplatonischen Fassung; er stellte außerdem eine bedeutende Enzyklopädie zusammen.

Arabia Felix

Bezeichnung der ab 106 n.Chr. unter röm. Herrschaft stehenden Teile der arabischen Halbinsel, da man dort sagenhafte Schätze wie Weihrauch, Gold, Juwelen und Duftstoffe vermutete.

Seite 152

Saladin, Salah Ad Din Jusuf Ibn Aijub

(1137-1193 n.Chr.) seit 1175 Sultan von Ägypten und Syrien; Gründer der Dynastie der Aijubiden; eroberte 1174 Syrien, 1187 Jerusalem; kämpfte zwei Jahre gegen den englischen König Richard Löwenherz.

Byron, George Gordon Noel, Lord

(1788-1824) engl. Dichter; verließ 1816 nach einem Gesellschaftsskandal England; lebte vorübergehend in der Schweiz, wo er mit Shelley Bekanntschaft schloß und dann in verschiedenen Städten Italiens, u.a. in Venedig; starb nach kurzer Tätigkeit für die griech. Freiheitsbewegung; obwohl bereits Romantiker stand Byron teilweise noch unter dem Einfluß der formalen Klarheit des Klassizismus; die Mischung aus Melancholie, stilistischer und formaler Ironie, heiterem Witz und scharfer Satire seiner Werke wurde charakteristisch für die byronistische Modedichtung des 19. Jhr.; Werke u.a. Junker Harolds Pilgerfahrt, Manfred, Cain, Der Korsar, Der Gefangene von Chillon, Don Juan, Die Braut aus Abydos.

Niebuhr, Carsten

(1733-1815) dtsch. Forscher und Entdecker; bereiste seit 1761 die arabischen Länder und veröffentlichte 1774 eine dreibändige Reisebeschreibung über Arabien.

Seite 155

Djennet Firdous

(arab.) Garten der Wonne – Paradiesgarten Djannat al Na'im, die Regionen im Jenseits, die laut Koran den Auserwählten, d.h. den wahren Gläubigen, vorbehalten sind.

Seite 158

Sa'di, Muslih Ed Din Saadi

(um 1189-1291) pers. Dichter; aus einer Familie angesehener Korangelehrter stammend genoß Sa'di nach dem frühen Tod des Vaters den Schutz des damaligen Beherrschers seiner Geburtstadt Schiras, des Atabeg Abubekr Saad, dem zu Ehren er den Dichternamen Sa'di annahm; in seiner Jugend besuchte er in Bagdad die berühmte Hochschule Nisamieh, bevor er in seine Heimatstadt zurückkehrt; 1226 verläßt er Schiras erneut und bereiste in den anschließenden dreißig Jahren Damaskus, Zentralasien, Baktrien, Chinesisch Turkestan, Nordafrika und Indien; vor seiner endgültigen Rückkehr nach Schiras im Jahr 1256 geriet er in die Gefangenschaft der Kreuzfahrer und mußte in Tripolis Strafarbeit verrichten, bis ihn ein Gönner freikaufte; die sich durch ihre vollkommene Beherrschung der arabischen Sprache auszeichnende Dichtung Sa'dis knüpft vielfach an die Erlebnisse seiner Reisen an und gewährt einen interessanten Einblick in das Leben seiner Zeit; außer seinen beiden größten und bekanntesten Werken, dem Gulistan (Rosengarten) und dem Bustan (Baumgarten) hinterließ Sa'di eine Vielzahl von Erzählungen und Gedichten aller Gattungen bis zum übermütigen Spottgedicht; obwohl Sa'di wie die Mehrzahl der Dichter seiner Zeit und darauffolgender Jahrhunderte zu den Mystikern gehörte, nimmt die Mystik bei ihm heitere Formen an und wird stets unter dem Bild der Liebe dargestellt; die Lieder seines Diwan werden bis heute in Persien gesungen, wie auch der Gulistan und Bustan, den er im Alter von 75 Jahren schrieb, zu den größten Werken der persischen Literatur überhaupt gehören.

Seite 159

Basilie, Basilienkraut, Basilikum

Gattung der Lippenblütler mit etwa 60 Arten vor allem in den Tropen; die Gewürz-, Heil und Zierpflanze wird etwa 20-40 cm hoch und als Kraut oder Halbstrauch gezogen.

Seite 160

Hafis, Hafiz, Schems Ed Din Mohammed

(1320/25-1390) Hafis – pers. der Bewahrer; pers. Nationaldichter; Professor für Koranexegese; neben Ghaselen besteht sein lyrisches Werk aus einigen Vierzeilern (Rubais), Kassiden, Fragmenten und zwei Verserzählungen; in seinem Diwan besingt er Wein, Liebe und Genuß und verspottet die Heuchelei.

Seite 161

Merv, Merw

Ruinenstadt bei Mary in der turkmenischen UDSSR; nach Ausgrabungen im 6. Jhr.v.Chr. gegründet; im 2-3. Jhr.v.Chr. parthisch, dann sassanidisch; 651 von den Arabern, 1222 von den Mongolen erobert; 1510-24 und 1601-1747 pers.; seit dem 19. Jhr. russisch; verfiel nach Gründung der neuen Stadt Mary; Reste der parth. Stadtbefestigung, des Mausoleums für Sandschar (vor 1152) und timuridische Bauten des 15.. Jhr. freigelegt.

Seite 163

Odaliske

(türk. odalyk – Zimmermagd) weisse Sklavin in einem türk. Harem.

Lady Mary Wortley Montagu

(1689-1762) verh. mit dem engl. Diplomaten Edward Wortley Montagu, den sie auf seinen Reisen begleitete, u.a. zwischen 1716-1718 auf einer Gesandschaftsmission nach Konstantinopel; schrieb die 1763 veröffentl. Türkischen Briefe; führte die Schutzimpfung gegen Pocken in England ein; ließ sich später in Italien nieder und korrespondierte mit zahlreichen Freunden; ihre Briefe wurden später von ihrer Tochter veröffentlicht.

Seite 168

Schah Abbas

(1571-1629) Abbas I, der Große, pers. Schah seit 1587; aus der Dynastie der Safawiden; brach die Macht der Vasallenfürsten und sorgte für eine starke Zentralverwaltung; vergrößerte sein Reich in erfolgreichen Feldzügen und verlegte 1598 die Residenz nach Isfahan.

Seite 171

Philpay, Bidpai, Bid'pai

(um 200-300 n.Chr.) ind. Dichter; historisch nicht exakt belegbare Persönlichkeit; Bidpai wird die zwischen 200-300 n.Chr. in Sanskrit verfaßte Fabelsammlung 'Buch der Beispiele der alten Weisen' oder 'Die Fabeln des Bidpai' zugeschrieben; der Fürstenspiegel, der den künftigen Herrscher Lebensklugheit lehren soll, wurde zum Lehrbuch der Lebensweisheit im Orient; er erschien im 6. Jhr. in der mittelpersischen Übersetzung unter dem Titel 'Kalila wa-Dimna', die zur Grundlage für spätere Übertragungen und Umarbeitungen wurde.

Seite 172

Vikramáditya

Name mehrerer ind. Könige vorwiegend im 2.-4 Jhr. n.Chr.

Kalidasa

(im 5. Jhr. n.Chr.) ind. Dichter; Kalidasa führte als Lyriker, Epiker und Dramatiker die klassische ind. Dichtung auf einen Höhepunkt; mit dem siebenaktigen Drama 'Sakuntala' schuf er das bedeutendste Werk der ursprüngl. aus Tempeltänzen und Improvisation entstandenen Dramengattung; weitere Werke u.a. Meghaduta u. Malvika Urvaci.

Ayur Vedas, Wedas, Weden

Die ältesten bekannten Zeugnisse der ind. Literatur; die Wedas bestehen aus Rigweda – Lieder, Samaweda – Verse, Textbuch für Priester beim Somaopfer, Yajurveda – Sprüche für den Opferdienst, Atharweda-Beschwörungs- und Erläuterungsformeln sowie den Erläuterungsschriften: die Brahmana, die Aranyaka, die späteren Upanischade und die Sutra, die Hilfsbücher für die Priester.

Brahma

Ursprüngl. höchster hinduistischer Gott; später von Vishnu (Wischnu) und Siva (Schiwa) verdrängt.

Vishnu, Wischnu

Gottheit des Hinduismus, der Erhalter der Welt; bildet zusammen mit Brahma und Siva (dem Zerstörer der Welt) eine Trinität; in der ind. Kunst auch als dreiköpfige Gestalt dargestellt.

Hinduismus

Pers. Religion mit mehr als 450 Millionen Anhängern v.a. in Indien; dritte Stufe der brahmanischen Religion als Fortsetzung der vedischen Religion und des Braḥamanismus; im Weltbild des Hinduismus befindet sich die ewige Welt in einem ständigen Prozess des Werdens und Vergehens; der endlosen Kette der Wiedergeburten – dem Samsara – zu entgehen, ist Ziel der Erlösung; da Wiedergeburt auch als Tier möglich ist, gilt die Schonung alles Lebendigen (Ahimsa) als höchstes Gebot; das System der sozialen Gliederung in vier Klassen – Priester (Brahmanen), Krieger (Kschatrijas), Bauern (Waischjas) und Knechte (Schudras), die jeweils wieder in zahlreiche Kasten zerfallen – wird von der Mehrzahl der Sekten anerkannt;die beiden Hauptrichtungen des Hinduismus sind Schiwaismus und Wischnuismus, je nachdem ob Schiwa oder Wischnu an die Spitze der Götter gestellt wird; nach den ersten Ansätzen in den Texten der Wedas beginnt die eigentliche Überlieferung des Hinduismus mit dem Epos Mahabharata; er ist jedoch erst in den 18 Puranas, den in Sanskrit geschriebenen religiösen Texten des Hinduismus, etwa im 6. Jhr. n.Chr. voll entwickelt; der Hinduismus ist bis heute die wesentliche Religion in Indien.

Seite 174

Megha-duta, Meghaduta

Der Wolkenbote, Gedicht des Kalidasa.

Indra

Ind. Gott; in der wedischen Religion kriegerischer Gott; im Hinduismus Regengott.

Seite 170

Hieratische Zeichen

(Griech. hieratikon – priesterlich) von Priestern angebrachte Zeichen.

Seite 177

Hooker, Joseph Dalton, Sir

(1817-1911) engl. Botaniker und Forscher; Direktor von Kew Gardens in London, dem Sitz der Königl. Botanischen Gesellschaft in England; veröffentlichte die Ergebnisse seiner Forschungsreisen in Indien und Asien u.a. 1854 im Himalayan Journal.

Seite 178

Macartney, George, Lord

(1737-1806) engl. Diplomat und Schriftsteller; 1764 Sonderbeauftragter in Moskau; 1781 Gouverneur von Madras; 1792 Botschafter in China; erster britischer Gouverneur des Kaps der Guten Hoffnung.

Seite 179

Suttee

Witwenverbrennung; ind. Brauch, demzufolge die Witwe (Sati) mit dem verstorbenen Ehemann verbrannt wird; 1829 von den Engländern in ihrem Einflußbereich verboten, aber bis in die Zeit der ind. Union aus religiösen Gründen (sofortige Wiedervereinigung mit dem Gatten im Jenseits) im Geheimen praktiziert; Beispiele aus jüngerer Zeit sind nicht bekannt.

Seite 180

Anwar-i-Suhaili, Anvar-i-Suhaili

Titel der pers. Übersetzung des Kalila wa-Dimna durch den im 15. Jhr. lebenden persischen Schriftsteller und Prediger Kashifi aus Harat.

Seite 190

Konfuzius, Kong-Foo-Tse, Kong Fu Zi

(551-479 v.Chr.) chin. Philosoph; Begründer der später die Gesellschaft Chinas beherrschenden Institution des gelehrten Beamten und der nach ihm benannten praktischen Philosophie, die im China seit der Han-Dynastie im 3.Jhr. n.Chr. bis zum Ende des Kaisertums 1912 verbindliche Staatsdoktrin war; zentrales Anliegen ist die Fundierung der einzelnen Familie und des Staates in der Moral, d.h. der Menschlichkeit, die sich in den fünf konfuzianischen Kardinaltugenden der gegenseitigen Liebe, der Rechtschaffenheit, der Weisheit, der Sittlichkeit und der Aufrichtigkeit sowie in den sogenannten drei unumstößlichen Beziehungen – Unterordnung des Sohnes unter den Vater, des Volkes unter den Herrscher und der Frau unter den Mann – verwirklicht.

Seite 201

Freiligrath, Ferdinand

(1810-1876) deutsch. Dichter; frühe Gedichte mit Interesse am Exotischen, später politische Lyrik (Ideen der Revolution von 1848).

Botocudo, Botokudo

Botokuden, Indianerstamm im brasilianischen Bergland.

Seite 204

Fernando Po

Ehemaliger Name von Bioko, einer Insel im Golf von Biafra, 2017 km^2 groß; Teil der Republik Äquatorialguinea, Landeshauptstadt Malabo.

Yam, Yamswurzel, Jamswurzel

Jamswurzelgewächse (Pflanzenfam. der Dioscoreaceae) mit mehr als 600 Arten in den Tropen und den wärmeren Bereichen der gemäßigten Zone; wichtige tropische Nutzpflanze, deren bis zu 2o kg schwere, stärkereiche Knollen gekocht wie Süßkartoffel und Kartoffel verwendet werden.

Seite 206

Livingstone, David

(1813-1873) brit. Missionar und Forschungsreisender; durchquerte 1849-56 als erster Forscher Südafrika von Westen nach Osten; entdeckte u.a. 1855 dieViktoriafälle; starb auf der Suche nach den Quellen des Nil.

Du Chaillu, Paul Belloni

(1835-1903) Reisender und Entdecker; Entdeckungsreisen v.a. in Westafrika und Äquatorialafrika; veröffentlichte 1861 sein Buch über seine Erlebnisse und Reisen in Äquatorialafrika; weitere Werke ‘Eine Reise nach Ashangoland’.

Seite 207

Richardson, James

(1806-1851) brit. Afrikareisender und Entdecker; Mitglied der Gesellschaft gegen die Sklaverei; veröffentlichte div. Reisebeschreibungen, u.a. 'Travels in the Great Desert of Sahara' (Reisen in der Sahara); starb 1851 während einer Forschungsreise in Afrika an Fieber

Hottentotten

Eigenbezeichnung 'Khoi-Khoin'-Menschen der Menschen; Volk der khoisaniden Rasse; ursprüngl. im südlichsten Afrika lebende Hirtennomaden; von den Weißen nach Norden und Osten abgedrängt; die nach Namibia abgewanderte Gruppe der Nama hat sich als einzige rein erhalten.

Seite 209

Owen, William Fitzwilliam

(1788-1824) brit. Vizeadmiral und Entdecker; erforschte 1806 die Malediven und die ostafrikanische Küste und Sumatra im Jahr 1821; veröffentlichte 1833 seine Reisebeschreibungen über die Erforschung der afrikan. Küsten, Arabiens und Madagaskars.

Seite 213

Dinkas

Weitverbreiteter Negerstamm am rechten Ufer des Weißen Nil im heutigen Sudan; hochgewachsene kriegerische Nomaden, die in äußerst trockenen Regionen leben und Ziegen und Schafe züchten.

Seite 214

Dumont d'Urville, Jules Sebastian

(1790-1842) franz. Admiral und Entdecker; bereiste die Falkland-Inseln, Neuseeland, Neu Guinea, Fidji und den Pazifik; veröffentl. seine Reisebeschreibungen in 'Voyages autour du monde' (Reisen um die Welt).

Seite 215

Aborigines

Die ursprüngl. und ältesten Bewohner eines Landes, insbes. Australiens.

Macaulay, Thomas Babington, Lord Macaulay of Rothley

(1800-1859) engl. Historiker und lib. Politiker; 1839-41 Kriegsminister; verfaßte kritische Essays und bedeutende Werke zur engl. Geschichte.

Murrumbidgee

Fluß in Australien; Nebenfluß des Murray, des größten Stromes in Australien, der hauptsächlich durch Neusüdwales fließt; der Fluß wurde 1829 von C. Stuart erforscht.

Seite 217

Fidji-Insulaner, Fidschi-Insulaner

Bewohner der im südwestlichen Pazifik gelegenen Fidschiinseln und der Insel Rotuma; Melanesier nach Rasse und Sprache jedoch mit polynesischer Kultur.

Seite 219

Cook, James

(1728-1779) engl. Marineoffizier und Weltumsegler; unternahm 3 bedeutende Südseereisen (1769-71, 1772-75 und 1776-79); entdeckte u.a. die Ostküste Australiens.

Seite 221

Wallace, Alfred Russel

(1823-1913) brit. Zoologe und Forschungsreisender; untersuchte bes. die geograph. Verbreitung von Tiergruppen und teilte die Erde in tiergeographische Regionen ein; stellte unabhängig von C. Darwin die Selektionstheorie auf.

Sioux

Weit verbreitete indian. Sprachfamilie, zu der zahlr. Dialektgruppen und Stämme gehören, u.a. Dakota, Assiniboin, Iowa, Missouri, Omaha, Osage und Crow; ursprüngl. seßhafte Feldbauern im östl. Nordamerika; einige Stämme wurden mit Erwerb des Pferdes im 18. Jhr. zu berittenen Bisonjägern und nahmen damit an der neuen Präriekultur teil.

Pawnee

Indian. Stamm der Flußtäler von Platte und Republican River in Nebraska und Kansas in Nordamerika.

Ancien Régime

(Franz. – die alte Regierungsform) insbes. die französische vor 1789.

Seite 225

Tasso, Torquato

(1544-1595) ital. Dichter; ab 1565 im Dienste der Este in Ferrara; litt ab 1577 unter Verfolgungswahn und mußte zeitweise wegen Gewaltätigkeit inhaftiert werden; danach führte er ein unstetes Wanderleben bis zu seinem Tod; Werke u.a. das Ritterepos 'Rinaldo' und 'Das befreite Jerusalem', die zahlr. Epen des Barock als Vorbild dienten; sein Schäferspiel 'Aminta' beeinflußte die spätere europ. Schäferdichtung wesentlich; ferner zahlr. lyrische Dichtungen, philosophische und literarische Dialoge.

Seite 228

Chlodwig I.

(um 465-511) Sohn Childerich I; Merowinger; erster fränk. König der salischen

Franken; König ab 482; Gründer des fränk. Reiches; um 498 durch Bischof Remigius in Reims kathl. getauft; machte 508 Paris zum Mittelpunkt des Reiches.

Exeter Buch

Berühmte, etwa um 975 zusammengestellte und niedergeschriebene Sammlung alter sächsischer Gedichte, die Bischof Leofric der Kathedrale von Exeter schenkte, wo sie sich heute noch befindet; das Buch enthält zahlr. wichtige Manuskripte und religiöse Gedichte wie Christ, Guthalc, The Phoenix, Juliana, The Wanderer, The Seafarer, Widsith, Deor and the Riddles u.a.

Seite 227

Druiden

Lt. Cäsar gebildete Priesterklasse der Kelten in Gallien und Britannien, zugleich Richter und Heilkundige ihrer Stämme; die Druiden glaubten an Unsterblichkeit und Seelenwanderung; ihre Riten wurden in Eichenhainen abgehalten; Eiche und Mistel wurden von ihnen verehrt.

Hugo der Große

(923-956) Herzog Hugo der Große von Franzien

Hugo Capet

(um 940-996) fränk. König seit 987; begründete als Erbe Hugos d. Großen Königtum und Dynastie der Kapetinger.

Malmesbury Chronik

Nach William of Malmesbury (um 1090/96-1143), engl. Historiker und Schriftsteller; erzogen in der Abtei von Malmesbury und später dort Bibliothekar; er genoß nicht nur als Historiker sondern auch als Schriftsteller aufgrund seines lebendigen, bildhaften Stils hohen Ruf; Werke u.a. Gesta Regum Anglorum, das die engl. Geschichte von 449-1127 n.Chr. behandelt und Historia Novella, das die Geschichte bis 1142 fortführt; Gesta Pontificum Anglorum und De Antiquitate Glastoniensis Ecclesiae; in der Gesta Regum Anglorum sind zwei Passagen über König Arthur enthalten, die ihn als großen Kriegsherrn schildern aber zahlreiche andere Legenden um ihn als unwahr bezeichnen.

Seite 229

Eadmer

(gest. um 1124) Mönch von Canterbury; schrieb eine lateinische Chronik der Ereignisse zu seiner Lebzeit bis 1122 – Historia Novorum in Anglia – sowie eine Biographie seines Freundes Anselm – Vita Anselmi.

Jakob I

(1566-1625) engl. König seit 1603; Sohn Maria Stuarts und Lord Darnleys; seit 1567 auch König von Schottland als Jakob VI.

Heinrich I

(1068-1135) engl. König seit 1100; Sohn Wilhelm des Eroberers; dritter normann. König; vereinigte 1106 die Normandie mit England.

Philip III.

(1396-1467) der Gute; Herzog von Burgund seit 1419; erkannte im Vertrag von Troyes Heinrich V von England als franz. Thronfolger an.

Seite 230

Philip II

(1165-1223) franz. König seit 1180; ließ 1202 König Johann ohne Land von England wegen Verletzung seiner Vasallenpflichten die franz. Lehen entziehen.

Heinrich III

(1551-1589) franz. König seit 1574; Sohn von Heinrich II; erließ 1585 das Edikt von Nemours gegen die Hugenotten und begann den 8. Hugenottenkrieg; wurde bei der Belagerung von Paris ermordet.

Ludwig XIV

(1638-1715) franz. König seit 1643; bis 1661 unter der Regentschaft Annas von Österreich, der Königinmutter; prägte den Machtstaat des Absolutismus durch Konzentration der Verwaltung, Entmachtung der Parlamente, Steigerung der materiellen Mittel des Staates (Merkantilismus); veranlaßte 1661 den Schloßbau von Versailles.

Alisaunder, Alexander

König Alisaunder; die Legende von Alexander dem Großen; ein romantisches Gedicht aus dem 14. Jhr. mit mehr als 8000 Zeilen, dessen 2. Teil die Gefahren und Eroberungen Alexanders in Asien behandelt; das Gedicht ist Teil der Alexanderdichtungen, die aus dem im 2.Jhr. in Alexandria verfaßten Alexanderroman des Pseudo-Kallisthenes entstanden; maßgebend für das Mittelalter waren ein übersetzter Auszug aus dem 9.Jhr. und die Alexanderdichtung des Leo von Neapel um 950; führend in Frankreich wurden 1120 Albéric de Besançon und Alexandre de Bernay 1180 mit seinem Roman de Alexandre; das mittelhochdeutsche Alexanderlied des Pfaffen Lamprecht entstand 1150; seit der Renaissance wurde Alexander auch zum Helden galanter Liebesabenteuer.

Seite 231

Perce-Forest, Perceforest

Romantische franz. Dichtung in Prosa aus dem 16. Jhr.; sie versucht, die Artuslegende mit der Legende von Alexander dem Großen zu verbinden, indem ein Gefolgsmann Alexanders – Perceforest – in der Dichtung zum König von England ausgerufen wird.

Seite 232

Chaucer, Geoffrey

(um 1340-1400) engl. Dichter; sprachlich noch dem Mittelalter verpflichtet steht Chaucer inhaltlich bereits an der Schwelle zur Renaissance v.a. durch die realistische Wiedergabe der Wirklichkeit und die Betonung des persönlichen Lebensgefühls; Chaucer genoß die Gönnerschaft von Richard II und bekleidete verschiedene Stellungen am engl. Hof; im Zuge einer Mission nach Genua und Florenz lernte er 1372-73 wahrscheinlich Petrarca und Dante kennen; sein unvollendetes Hauptwerk sind die von 1378-1400 verfaßten 'Canterbury Tales'; eine Sammlung von Versnovellen von 29 Personen, die an einer Wallfahrt zum Grab des heiligen Thomas in Canterbury teilnehmen; Geoffrey Chaucer wurde aufgrund seiner Verdienste um die englischsprachige Literatur in der Westminster Abbey beigesetzt.

Seite 236

Katharina von Medici

(1519-1589) Tochter Lorenzo II von Medici aus Florenz; verheiratet mit Heinrich II von Frankreich, König seit 1547; von 1560-63 regierte Katharina als Königin und Regentin für ihren unmündigen Sohn und gewann bedeutenden politischen Einfluß in dem Bemühen, die Krone den Valois zu bewahren und die Einheit des Staates trotz der Hugenottenkriege zu retten; Mutter von Franz II, Karl IX und Heinrich III.

Heinrich IV

(1553-1610) Heinrich von Navarra; franz. König seit 1589; erster König aus dem Hause Bourbon; Hugenottenführer, der aus politischen Gründen aber 1593 zum Katholizismus übertrat; 1598 ermordet.

Heinrich II

(1519-1559) Sohn Franz I.; aus dem Hause Angoulême; franz. König seit 1547.

Seite 237

Stowe, John

(um 1525-1605) engl. Chronist und Antiquar; sammelte und übertrug ab 1560 alte Manuskripte und verfaßte historische Werke; er gilt als der genaueste und sachlichste Historiker seines Jahrhunderts; bedeutende Werke u.a. 'The Works of Geoffrey Chaucer', die Chronik Englands, eine Chronik Londons sowie die Chroniken von Matthew Paris, Thomas Walsingham und Holinshed; da Stowe sein gesamtes Vermögen für seine literarischen Ambitionen ausgab, war er gezwungen, eine zeitlang sogar von wohltätigen Spenden zu leben.

Seite 239

Drayton, Michael

(1563-1631) engl. Dichter; über sein Leben ist wenig bekannt; Drayton verfaßte zahlreiche historische, topographische und religiöse Gedichte sowie Oden, Sonnette und Satiren; Werke u.a. 'Idea-the Shepherd's garland', 'Ideas Mirrour' und sein großes Gedicht über England 'Polyolbion'.

Jodocus Badius, Ascensius Jodoens Badius

(1462-1535) fläm. Gelehrter und Drucker.

Seite 240

Marston, John

(1575-1634) engl. Dramatiker und Dichter; seine Komödien, Satiren und Tragödien geißeln teils soziale Mißstände teils die Unzulänglichkeiten seiner schriftstellerischen Rivalen; Werke u.a. Antonio and Mellida, Antonio's Revenge, The Malcontent, Certain Satires, Metamorphose of Pygmalion's Image, The Scourge of Villanie und Eastward Hoe, eine gegen die Schotten gerichtete und zusammen mit Jonson und Chapman verfaßte Komödie, für die das Trio vorübergehend eingesperrt wurde, sowie The Dutch Courtesan, The Parasitasten und What you Will; 1607 gab Marston die Schriftstellerei auf und wurde Mönch.

Seite 241

Marlowe, Christopher

(1564-1593) engl. Dichter; bedeutendster engl. Dramatiker vor Shakespeare; aufgrund seiner atheistischen Ansichten wurde 1593 ein Haftbefehl gegen ihn ausgestellt; angeblich wegen eines Streites wurde er 1593 in einer Taverne ermordet, obwohl spätere Untersuchungen den Verdacht zulassen, daß sein Mörder ein Regierungsagent war und sein Tod einen polit. Hintergrund hatte; Werke u.a. Tamburlaine, Dr. Faustus, The Jew of Malta, Edward II; Marlowe übersetzte Ovids Amores und das 1. Buch von Lukans Pharsalia ins Englische.

Strype, John

(1643-1737) engl. Biograph und Kirchenchronist; verfaßte die Biographien von Persönlichkeiten wie Cranmer, Cheke und Parker.

Burton, Robert

(1577-1640) engl. Mathematiker, Philosoph und Schriftsteller; schrieb 1621 die 'Anatomy of Melancholy', ein quasi-medizinisches Werk über die Wissenschaft der Melancholie, das von einem gewissen Sinn für Humor, Pathos und religiöser Toleranz gekennzeichnet ist; zur Untermauerung seiner Theorien setzte Burton eine Vielzahl von literarischen Zitaten ein.

Ben Jonson, Benjamin Jonson

(1572-1637) engl. Dichter und Schriftsteller; nach diversen Betätigungen begann Jonson ab 1597 für Henslowes Theatergesellschaft zu schreiben; in seinem ersten Stück 'Every Man in His Humour' trat Shakespeare als Schauspieler auf; zu seinen Gönnern gehörten hohe engl. Adelige wie die Sidneys, der Graf von Pembroke und der Herzog und die Herzogin von Newcastle; obgleich er nicht offiziell zum Poet laureat ernannt wurde, gewährte ihm Karl I ab 1616 die mit dieser Position verbundenen Vorteile einschl. einer Pension; nach einer Reihe von Tragödien und Komödien – u.a. Volpone, The Alchemist, Bartholomew Fayre, The Devil is an Ass (Der Teufel ist ein Esel), Cynthia's Revels und Sejanus – wandte sich Jonson ab 1605 mehr der Produktion von Maskenspielen für den Hof zu, die unter ihm als Unterhaltungsform ihren Höhepunkt erreichten; seine Werke umfassen ferner eine Reihe von Gedichten – The Forest, Underwoods -, Epigramme und Übersetzungen und das Prosawerk 'Discoveries made upon Men and Matter'; er wurde in Westminster Abbey begraben und seine Grabinschrift faßt die Meinung seiner Zeitgenossen über ihn zusammen 'O rare Ben Jonson'.

Seite 242

Richelieu, Armand Jean du Plessis, Herzog von Richelieu

(1585-1642) franz. Kardinal und Staatsmann; ab 1624 leitender Minister Ludwigs XIII; verhalf dem Absolutismus zum Durchbruch; Begründer der Académie Française.

Beaumont, Francis

(1584-1616) engl. Dichter und Dramatiker; seit 1606 Zusammenarbeit mit John Fletcher; besonderes Talent zeigte Francis Beaumont bei der Konstruktion von Handlungen für Komödien und Tragödien insbes. den Stücken, die er zusammen mit John Fletcher verfaßte.

Fletcher, John

(1579-1626) engl. Dichter und Dramatiker; die Zahl der in Zusammenarbeit mit Beaumont verfaßten Theaterstücke bis 1616 betrug etwa 15; alleiniger Verfasser von nicht weniger als 16 Stücken und Mitautor mit Massinger und Rowley an weiteren Werken; es ist nicht ausgeschlossen, daß er ebenfalls an Shakespeares Heinrich VIII mitgewirkt hat; wichtigste Werke u.a. The Faithfull Shepherdess, Valentinian, The Loyal Subject, The Pilgrim, Rule a Wife and Have a Wife, Monsieur Thomas and The Chances, A King and No King, Bonduca, Thierry and Theodoret, Hilaster etc.

Seite 243

Newcastle, Margaret, Herzogin von Newcastle

(1592-1676) verheiratet mit William Cavendish; Autorin einer Reihe von Gedichten, Essays und Stücken sowie einer Biographie ihres Gatten.

Karl II

(1630-1685) engl. König ab 1660; Sohn Karls I; erneuerte die Monarchie nach Cromwell in England.

Pepys, Samuel

(1633-1703) engl. Staatssekretär und Schriftsteller; dank der Förderung der ihm verwandten Familie Montagu bekleidete Pepys diverse Sekretariatsfunktionen im Staatsdienst, u.a. der des Sekretärs der Admiralität; sein berühmtes Tagebuch beginnt 1660 und vermittelt ein lebhaftes Bild des zeitgenössischen Alltags seiner Gesellschaftsschicht, bei Hofe und der Marineverwaltung; obwohl er seine Notizen 1669 aufgrund schlechter Sehfähigkeit einstellte, verfaßte Pepys anläßlich seines Aufenthaltes in Tangier im Jahre 1683 noch ein weiteres Tagebuch; 1825 wurden die in Kurzschrift gemachten Eintragungen der im Besitz des Magdalene College der Universität von Cambridge befindlichen Bücher erstmals übertragen und der Öffentlichkeit zugänglich gemacht.

Seite 244

Butler, Samuel

(1612-1680) engl. Satiriker; der Bauernsohn war zunächst Diener der Gräfin Elisabeth von Kent bis er 1661 in die Dienste des Grafen Carbery trat; seit etwa 1673 wurde er von George Villiers, dem zweiten Herzog von Buckingham gefördert, den er in seinem Stück 'Hudibras' öffentlich verspottete; das Stück fand jedoch den Beifall von Karl II, der dem Autor dafür 300 Pfund sowie eine Jahrespension von £ 100 zukommen ließ; Butler geriet jedoch bald in Vergessenheit und soll in Armut gestorben sein.

Grammont, Philibert

(1621-1707) franz. Höfling und Günstling am Hofe Ludwig XIV; arbeitete mit Tourenne und Condé zusammen; ging später nach England zum Hof von Karl II; im Alter von etwa 80 Jahren schrieb er seine Memoiren 'The Amourous Intrigues of the Court of Charles II – A Revelation of the World of Villany' (Amouröse Intrigen am Hofe Karls II – Eine Enthüllung über die Welt der Schurkerei).

Condé

Seitenlinie des Hauses Bourbon von der Mitte des 16. Jhr. bis 1830.

Shadwell, Thomas

(um 1642-1692) engl. Dramatiker und Dichter; folgte dem engl. Dichter Dryden als Poet laureat zur Zeit der Revolution; lebte in offener Fehde mit Ben Jonson und Dryden, die er wiederholt in seinen Satiren attackierte; Werke u.a. The Enchanted Island (eine Oper nach Shakespeares Tempest), Timon of Athens, Epsom Wells, Bury Fair und The Sullen Lovers nach einem Werk von Molière; seine Stücke vermitteln ein interessantes Bild der zeitgenössischen Sitten.

Seite 245

Taylor, John

(1580-1653) engl. Dichter, der Wasserpoet; neben seiner ursprüngl. Profession als Fährmann auf der Themse verdiente sich Taylor zusätzliches Geld mit seinem Talent für ausgelassene Reime und Prosa; Jonson und andere Dichter gehörten zu seinen Förderern und die Londoner und der Hof schätzten ihn wegen seines unterhaltenden Witzes; eine Sammelausgabe seiner Werke wurde 1630 mit dem Titel 'All the Workes of John Taylor, The Water Poet' veröffentlicht.

Seite 248

Poussin, Nicolas

(um 1593/94-1665) franz. Maler; der von ihm eingeführte klassizistische gemäßigte Stil in der Malerei insbes. in seinen Landschaften wurde für lange Zeit vorbildlich; Hauptwerke u.a. Triumph der Flora, Urteil Salomons, Landschaft mit Orpheus und Euridyke, Schäfer in Arkadien, Midas vor Bacchus und Die Marter des Heiligen Erasmus.

Eduard VI

(1537-1553) engl. König seit 1547; Sohn Heinrichs VIII; letzter Tudor; für den zehnjährigen König regierten als Protektoren der Herzog von Somerset und Graf Warwick; unter ihm findet die Reformation der Kirche Eingang in England.

Madame de Pompadour, Jeanne Antoinette Poisson, Marquise de

(1721-1764) Mätresse von Ludwig XV, König von Frankreich; trotz bürgerlicher Herkunft politisch sehr einflußreich; förderte Künste und Wissenschaften und beeinflußte die Bautätigkeit des Königs.

Seite 249

Livre

Franz. Münze nach einer alten franz. Gewichtseinheit bis zur Einführung des Franc im Jahre 1795.

Georg

Name englischer Könige; aus der Linie Braunschweig-Lüneburg: Georg I (1660-1727) Hannoverscher Kurfürst seit 1698, engl. König seit 1714; Georg II (1683-1760) Sohn und Nachfolger von Georg I; Georg III (1738–1820), König seit 1760; Enkel von Georg II; Georg IV (1762-1830) Sohn und Nachfolger von Georg III, Prinzregent seit 1811, König seit 1820.

Seite 250

Tatler, The Tatler

Engl. Zeitschrift ab 1709 bis 1711, die dreimal wöchentlich erschien; obwohl zunächst als reines Unterhaltungsmagazin gedacht, nahm es bald zu allen Fragen des Anstands und des guten Tons Stellung und stellte Geschmacknormen auf; Episoden und Kurzgeschichten verdeutlichten die Prinzipien; der Tatler übte einen gewissen Einfluß auf die Denkensart im 18. Jhr. in einer bestimmten Gesellschaftsschicht aus; er wurde zwischen 1732-1785 und später von 1820-1829 nach längeren Unterbrechungen wieder aufgelegt.

Seite 251

Ethelred, Aethelred

(866-871) König von Wessex.

Franz I

(1494-1547) franz. König aus dem Hause Angoulême ab 1515.

Seite 252

Heinrich VIII

(1591-1647) Sohn von Heinrich VII; engl. König seit 1509 aus dem Hause Tudor.

Holbein, Hans – d.J.

(um 1497/98-1543) dt. Maler und Zeichner; Lehre bei seinem Vater Hans Holbein d.Ä. und bei Herbster in Basel; 1526-28 und 1532 Auftragsarbeiten in England; Hofmaler Heinrichs VIII; seine sachl. kühl beobachteten Porträts zeigen sein großes maler. Können auch in der Wiedergabe stoff. Qualitäten; neben Ölgemälden auch zahlr. Zeichnungen.

Amman, Jost

(1539-1591) schweiz. Illustrator; ursprüngl. Glasmaler; seit 1561 in Nürnberg tätig; zahlreiche Radierungen und Holzschnitte.

Karl I

(1600-1649) engl. König seit 1625 aus dem Hause Stuart.

Middleton, Thomas

(1570-1627) engl. Dramatiker; verfaßte satirische Komödien über zeitgenössische Sitten; später unter dem Einfluß von Rowley auch romantische Komödien; zahlreiche Werke entstanden in Zusammenarbeit mit Dekker, Rowley, Munday u.a.; er verfaßte ferner Maskenspiéle und Feststücke für öffentliche Feste und wurde 1620 zum Londoner Stadtchronisten ernannt; 1624 wurde er für das Verfassen des politischen Dramas 'A Game of Chess' mit seinen Schauspielern vor den Staatsrat beordert; zu seinen seinerzeit sehr populären Werken gehören u.a. Michaelmas Terme, A Mad World, My Masters, The Roring Girle, A Fair Quarrel, The Changeling; er ist Autor diverser Gedichte und Prosastücke.

Seite 253

Rundköpfe – Roundheads

Mitglieder oder Anhänger der Parlamentspartei im englischen Bürgerkrieg im 17. Jhr.

Seite 254

Richard II

(1367-1399) engl. König seit 1377; aus dem Hause Anjou-Plantagenet.

Isabeau de Bavière, Isabella von Bayern

(1371-1435) verheiratet mit Karl VI von Frankreich; ; schloß 1420 den Vertrag von Troyes mit Heinrich V von England, den sie gegen ihren Sohn Karl VII als Erben des franz. Thrones anerkannte.

Seite 255

Lord Brooke, Greville, Sir Fulke, 1. Baron Brooke

(1554-1628) engl. Höfling und Schriftsteller; Günstling Elisabeths I; Mitglied des Parlaments; befreundet mit Bacon, Camden, Daniel und D'Avenant; außer seiner Tragödie 'Mustapha' und einigen Gedichten wurden seine Werke erst nach seinem Tod veröffentlicht; dazu gehören u.a. seine gesammelten Werke, sein 'Life of Sidney' und die Tragödie 'Alaham' sowie Caelica, eine Sammlung von Sonnetten und Liedern.

Seite 262

Spanisch-Estremadura

Historische Region in Südwest Spanien an der portugiesischen Grenze; umfaßt die Provinzen Badajos und Cáceres.

Seite 281

Camoes, Luis Vaz de

(um 1524/25-1580) portug. Dichter; sein unsteter Lebenswandel führte den großen portugies. Dichter mehrmals sogar ins Gefängnis; Hauptwerk sind die 1572 entstandenen 'Luisaden', das bedeutendste portugies. Epos, in dem er in 10 Gesängen die historischen Taten der Portugiesen insbes. die Fahrt Vasco da Gamas nach Indien in mythologischem Rahmen darstellt; auch als Lyriker vor allem durch seine Sonnette berühmt.

Seite 299

Musselin

Nach der Stadt Mosul (Mossul); leinwandbindinger Kleiderstoff aus schwach gedrehten, feinen Garnen.

Hinweise zu den Übersetzungen der Zitate

Wenn nicht anders vermerkt, erfolgte die Übertragung der Zitate aus der englischen Vorlage.

Für die übrigen Zitate wurden vorzugsweise Übertragungen der Originaltexte aus dem 18. und 19. Jahrhundert verwendet

Seiten 22, 83 und 84

Johann Miltons Episches Gedichte von dem verlohrnen Paradiese; übersetzt und durchgehends mit Anmerckungen über die Kunst des Poeten begleitet von Johann Jacob Bodmer, Zürich bey Conrad Drell und Com., 1742 und Leipzig bey Joh. Friedrich Gleditsch.

Seite 35

Antonius und Cleopatra; frei übersetzt und bearbeitet von Franz Dingelstedt, Wien, Druck und Verlag von Carl Gerod's Sohn 1879.

Seite 104

Hesiod – sämtliche Werke 'Werke und Tage'; Deutsch von Thassilo von Scherffer, Dieterich'sche Verlagsbuchhandlung, Wiesbaden 1940

Seiten 106 und 122

Homer 'Ilias' Wolfgang Schadewaldts neue Übertragung, Insel-Verlag Frankfurt 1975

Seiten 107, 112 und 118

Homer 'Odyssee'; übersetzt von Johann Heinrich Voss, 1947 Insel-Verlag, Leipzig

Seite 117

Homer 'Ilias'; übertragen von Hans Rupé, 1948 im Ernst Heimeran Verlag

Seiten 116 und 119

Anakreon und die Anakreontischen Lieder; übertragen von Eduard Mörike, Neuaufl. Verlag Heinrich Hermann Meister, Heidelberg 1955 (XXXV. Ode)
Die Gedichte Anakreons und der Sappho Oden; übersetzt von Johann Nikolaus Götz 1760.

Seiten 125, 126 und 141

Publius Ovidius Naso's Werke, Heilmittel gegen die Liebe und Schönheitsmittel; metrisch überstzt von W. Hertzberg, Stuttgart, Verlag der J.B. Metzler'schen Buchhandlung 1855 und 'Festkalender' 1. Bd., 1838

Seiten 135 und 136

Juvenal – Sitten- und Kulturgemälde aus Rom um die Zeit des Kaisers Domitian; In deutschen Jamben von Dr. Th. Jos. Hilgers, weil. Director des Gymnasiums zu Hagenau, Leipzig, Verlag von Joh. Ambr. Barth, 1876

Seite 29

Catull's Buch der Lieder von Herm. Griebenow, Halle a.d. Saale, Druck und Verlag von Otto Hendel, 1889

Seiten 140 und 146

Martial 'Epigramme'; eingeleitet und im antiken Versmaß übertragen von Rudolf Helm, Artemis Verlag, Zürich und Stuttgart 1957

Seite 143

Ovid 'Die Liebeselegien' Lateinisch und Deutsch von Friedrich Walter Lenz, Akademie-Verlag, Berlin 1966

Seiten 149 und 152

Byron's sämtl. Werke von Adolf Böttger, Dritter Band, Leipzig, Verlag von Otto Wigand 1841 'Die Braut von Abydos' Türk. Erzählung.

Seiten 154, 159 und 166

Muslih ad Din Sa'di – Moslecheddin Sadi's Rosengarten (Gulistan) Deutsch, Leipzig, Brockhaus 1846

Seiten 160 und 161

Der Sänger aus Schiras, Hafisische Lieder verdeutscht durch Friedrich Bodenstedt, Berlin 1877

Seite 163

Thomas Moore 'Lalla Rukh die mongolische Prinzessin', Romantische Dichtung von Thomas Moore; aüs dem Englischen in den Sylbenmaaßen des Originals übersetzt von Friedrich Baron de la Motte Fouqué, Berlin 1822, in der Schlesingerschen Buch- und Musikhandlung

Seite 172, 173, 174, 175, 176 und 188

Kalidasa's 'Sakuntala' Aus dem Sanskrit und Prakrit metrisch übers. von Ernst Meier; Verlag des Bibliographischen Instituts, Hildburghausen 1867

Seiten 240 und 241

Shakespeare 'Viel Lärm um Nichts', neu übersetzt von Richard Flatter, Walter Krieg Verlag, Wien, Bad Bocklet, Zürich 1955

Seite 255

Shakespeare 'Sämtliche Werke' – Die beiden Veroneser und Der Kaufmann aus Venedig – übersetzt von August Wilhelm von Schlegel und Ludwig Tieck, Neuaufl. Verlag Lambert Schneider, Heidelberg 1953

Seiten 261, 289 und 292

Shakespeare's Gedichte – Deutsch von Wilhelm Jordan, Berlin Verlag von G. Reimer, 1861

WICHTIGESTE IN DER PARFUMERIE BENUTZTE MATERIALIEN

NAME	EXTRAHIERT AUS	ERZEUGUNGSLAND
Mandel (bitter)	Amygdalus amara	Nordafrika
Ambra	Sekret des Physeter macrocephalus	Fundorte entweder auf dem Meer treibend oder an den Küsten Indiens, Chinas, Japans, Grönlands und anderen Stellen
Anissamen	Pimpinella anisum	Nordeuropa
Sternanissamen	Illicium anisatum	China und Japan
Perubalsam	Myroxylon	Westküste Südamerikas
Tolubalsam	Toluiferus balsamum	dito
Benzoin Gummiharz	Styrax benzoin	Siam, Sumatra und Singapur
Bergamott	Citrus Bergamia Schale	Kalabrien und Sizilien
Bittere Pomeranze	Citrus bigaradia Schale	Italien
Campher	Laurus comphora	China und Japan
Kümmel	Carum carui	England, Deutschland und Frankreich
Cascarilla	Croton cascarilla	Bahama Inseln
Cassia	Laurus Cassia	Ostindische Inseln und China
Cassie	Acacia farnesiana	Südfrankreich, Italien, Algerien und Tunis
Zeder	Pinus Cedra und Juniperus Virginiana	Syrien, Vereinigten Staaten und Honduras
Cedrat	Citrus cedrata Schale	Südfrankreich und Italien
Zimt	Laurus Cinnamonum Rinde	Ceylon
Zimtblätter	Blätter desselben Baumes	dito
Citronella	Andropogon Citratum	dito
Zibet	Sekret der Viverra Civetta	Indisches Archipel und Afrika
Nelken (Gewürznelken)	Blüte der Caryophyllus aromaticus	Indisches Archipel und Sansibar
Dill	Anethum graveolens	England
Fenchel	Anethum foeniculum	Südfrankreich
Geranie	Pelargonium odoratissimum	Südfrankreich, Italien, Algerien und Spanien
Ingwergras	Andropogon nardus	Ceylon
Iris oder Orris	Wurzel der Iris florentina	Italien
Jasmin	Jasminum odoratissimum	Südfrankreich, Italien, Tunis und Algerien
Jonquille	Narcissus Jonquila	Südfrankreich und Italien
Lorbeer	Cerasus lauro-cerasus Blätter	dito

NAME	EXTRAHIERT AUS	ERZEUGUNGSLAND
Lavendel	Lavendula vera	England, Südfrankreich und Italien
Zitrone	Citrus medica Schale	Küste von Genua, Kalabrien, Sizilien und Spanien
Lemongras	Andropogon Schaenantus	Ceylon
Limette	Citrus limetta Rinde	Südfrankreich
Macis	Ausgedrückt aus Muskatabfall	Indisches Archipel
Majoran	Origana majorana	Südfrankreich
Mirbane	Nitrobenzin oder künstliches Mandelöl	England und Frankreich
Moschus	Sekret des Moschus moschatus	Tibet, China u. Sibirien
Moschuskörner	Hibiscus abelmoschus	Westindische Inseln
Myrte	Myrtus communis	Südfrankreich
Myrrhe	Balsamodendron Myrrha	Ostindische Inseln und Arabien
Narcisse	Narcissus odorata	Algerien
Neroli (bigarrade)	Blüten des Citrus Bigarradia	Südfrankreich, Italien
Neroli (Portugal)	Blüten des Citrus aurantium	dito
Muskat	Myristica moschata	Indisches Archipel
Orange oder Portugal	Citrus aurantium Rinde	Kalabrien und Sizilien
Orangenblüten	Blüten des Citrus Bigarradia	Südfrankreich und Italien
Patschuli	Pogostemon Patchouli	Indien und China
Pfefferminz	Mintha piperita	England und die Vereinigten Staaten
Petit grain (bigarrade)	Blätter des Citrus Bigarradia	Südfrankreich und Algerien
Petit grain (Portugal)	Blätter des Citrus aurantium	dito
Rose	Rosa centifolia	Südfrankreich, Italien und die Türkei
Rosmarin	Romarinus officinalis	Südfrankreich
Rosenholz	Lignum aspalathum	Südamerika
Sandelholz	Santalum citrinum	Indien, China, Indisches Archipel u. Westaustralien
Sassafrass	Laurus sassafras	Vereinigten Staaten
Serpolet (Feldthymian)	Thymus Serpyllum	Südfrankreich
Spiklavendel	Lavandula Spica	dito
Styrax	Liquidamber styraciflua	Türkei
Thymian	Thymus vulgaris	Südfrankreich
Tonkin	Bohnen der Dipterix odorata	Südamerika und Westindische Inseln
Tuberose	Polianthus tuberosa	Südfrankreich und Italien
Vanille	Schote der Vanilla planifolia	Mexiko
Verbena	Aloysia citriodora	Spanien
Veilchen	Viola odorata	Südfrankreich und Italien
Vetivert	Anatherum muricatum	Indien
Wintergrün	Gaultheria procumbens	Vereinigte Staaten

Wolfgang Schivelbusch

Das Paradies, der Geschmack und die Vernunft

Eine Geschichte der Genußmittel

Ullstein Buch 34116

Wie kommt es, daß in Europa zu bestimmten Zeiten ganz neuartige Genußmittel erscheinen? Sind der Kaffee, der Tee, der Tabak reiner Zufall kolonialer Entdekkung, oder befriedigen sie neue Genußbedürfnisse, die es vorher nicht gab, und wie lassen sich diese neuartigen Genußmittel beschreiben? – Entlang diesen Fragen entwirft Wolfgang Schivelbusch eine spannende Kultur- und Sozialgeschichte der Neuzeit, in der er zeigt, wie die Genußmittel an der Geschichte des neuzeitlichen Menschen mitgewirkt haben.

Ullstein Sachbuch